规划之"衡"

——我国城乡规划实施的制度探索

文超祥 著

中国建筑工业出版社

图书在版编目（CIP）数据

规划之"衡"——我国城乡规划实施的制度探索 / 文
超祥著；— 北京：中国建筑工业出版社，2016.11
ISBN 978-7-112-20084-9

Ⅰ.①规… Ⅱ.①文… Ⅲ.①城乡规划－研究－中国 Ⅳ.
①TU984.2

中国版本图书馆CIP数据核字（2016）第273474号

　　本书系统介绍了行政法领域"平衡模式"的理论背景和基本观点，从城市总体规
划和控制性详细规划两个法定规划层面，针对目前内容繁杂、主次不清的弊端，提出
分层次、分类别编制审批的模式，以平衡行政权与公民权的思想为指导，从实施组织
机制、监督机制、反馈机制、绩效考核机制和救济机制等五个方面建构了城乡规划实
施的平衡机制。此外，本书还通过对诚实信用原则、比例原则、和谐理念及和解制度
等三个维度的深入分析，探讨了"平衡模式"构建中的"信"、"度"、"和"等制
度设计的基本准则。

　　全书可供广大城乡规划师、城乡规划管理人员、高等院校城乡规划专业等师生学
习参考。

责任编辑：吴宇江　李珈莹
书籍设计：京点制版
责任校对：王宇枢　张　颖

规划之"衡"——我国城乡规划实施的制度探索
文超祥　著

＊

中国建筑工业出版社出版、发行（北京海淀三里河路9号）
各地新华书店、建筑书店经销
北京京点图文设计有限公司制版
北京同文印刷有限责任公司印刷

＊

开本：787×1092毫米　1/16　印张：13¾　字数：303千字
2017年2月第一版　2017年2月第一次印刷
定价：**50.00元**
ISBN 978-7-112-20084-9
　　（29513）

有一种广为流行的说法，认为城市规划是"向权力诉说真理"。这种说法的不当之处在于把城市规划仅看作是城市规划设计人员的一种行为或成果。而这种认识之所以被广泛认同，则与我国的现行城乡规划制度基本上是面向规划编制及其审批而非面向规划实施不无关系。但是，城乡规划不应当被看作是一种认识、一种研究或设计成果，而应当是一种行动。

在我国，城乡规划历来被定位为是"政府行为"，但它更应当是一种社会行动。城乡规划是公共政策，似乎已被广为接受成为一种共识。城乡规划是否是真理、是否正确，这不是一个理论问题或认识问题，而是一个需要赋之予行动的实践问题。城乡规划作为一种干预城市发展的政策性工具和手段，它所遵循的并不只是认识论的原则，更重要的是实践论的原则。城乡规划并不是一种"纯粹（理论）理性"，而是属于"实践理性"的范畴，属于道德伦理的范畴。评价一个城乡规划的好坏，是否"科学"、是否符合客观规律的真理，应当是看其对于城乡发展的影响是否满足城乡居民的生活及其发展的需求，是否具有推进城乡合理发展的正效应，是否体现它应有的社会价值。而要做到这一点，就像我在《城市规划本质的回归》（2005 年）一文中所述，"必须改变那种规划师视自己为指引城市居民走向理想生活的启蒙者和'牧师'的精英主义规划传统，实现由精英的理想模式规划向公众的实践模式规划的转型。城市规划应该走向'公众参与'，走向多学科、多价值观的合作与探索，进行连续过程的对话式引导，以及讲求实效的灵活性操作的道路。"

城乡规划作为政府、规划师与企业、开发商及居民进行社会交往对话和协调的一种语言、一个平台，它要遵循的是交往行为模式的有效性要求。它是一种以语言为媒介、以理解为取向、使行为者得到合作的行动，它不仅是一个解释过程或理解过程，还是一个互动的、反思的、质疑的和互补的过程。因此，各种利益的权衡和照顾，矛盾的协调、谅解以及共识的达成，以期获得维护公共利益的目标，应始终贯穿于城乡规划的编制与实施的全过程。

从另一个角度看，"城市规划是向权力诉说真理"，这也许体现了西方城乡规划制度所流行的"控权模式"的理念，即"规划法是控制规划执法机关行政的法"，强调对行政管理机构行政行为的制约，强调各种不同的利益诉求，强调保护个人权利的重要性。这也许对我国具有以"管理模式"为特色的城乡规划制度是一个反思和补充。

城市并不是一种自然产生、发展和变化的自然现象，而是一种文化现象。作为一种文化现象，它不属于"必然"的"规律"领域，而属于"自由"的"目的"领域。城市规划所做的并不是为"自然立法"去遵循"规律"的工作，而是为"自身立法"的理性工作，体现了自己立法、自己遵守的自律性的自由。城乡规划是要为人的意志的自由创造找到一种适宜的"自由度"，是对自主性创造的一种控制，即对"自由裁量权"的"度"的控制。因此，城乡规划遵循的不是"科学"法则而是道德法则；它不是依据"规律"行事，而是依据"选择"行事。城市发展的"合理"性与城乡规划的"可操作性"，就建立于全体居民的创造性和选择性之上，这就是城乡规划应当"以人为本"的本义。因为不同的群体之间有不同的价值观，所以也就有不同的"选择"，就需要进行协调和平衡。

在当前新常态情景下的新型城镇化，中央政府所提倡推行的"多规合一"中对"生态红线"、"城市发展用地边界线"的划定，也是对地方政府违规"乱作为"的一个制约，具有"真理"效应。然而，当城市的"内涵式发展"，从"增量规划"转向"存量规划"时，那些想有点"作为"的党政官员们在"城市发展边界线"内的乱作为，也许对城市的破坏程度和对居民及"不同利益群体"的利益侵害可能更难以预测。"存量规划"比"增量规划"会更多地涉及具体相关利益者的权益，因此更需要建立利益和价值观的"平衡"机制。

城市规划的范式已从"开发导向"走向"关系导向"；从开发控制的管理模式走向平衡利益的关系协调模式；它将重点关注和保障公共利益，实现各种利益群体与个人的相对公平、公正的平衡关系。城乡规划从"蓝图"到政策，从"乌托邦"到"管控"（管治），从追求理想到纠错（批判性反思）和对现实问题解决的预设与"愈后"，作为一种公共政策，它的重点在于公共决策和公共管理，而制度设计则成为其关键。

文超祥教授在其博士论文的基础上所补充、修改而成的这部论著，以"平衡模式"为指导，探索面向实施的城乡规划制度的建设途径，在当前我国努力实践新型城镇化道路、进行城乡社会治理的情景下更显其积极意义。十年磨一剑，该论著的付梓出版既是一个小结，又是一个开端。对我国城乡规划实施制度的探索还将有很长的路要走，愿该书能成为此探索之路上的有用之石。

马武定
2016 年 4 月

目 录

第 1 章

绪　论

1.1　平衡与失衡

烦琐的规划许可程序、粗暴的规划执法行为、艰难的权利救济经历……，公众对于规划行政权的行使，似乎充满了抱怨！

缜密的侵占公益心思、强大的行政干预手段、翻新的规避执法花招……，公务人员对于公民权可能的滥用，又有着万般的无奈！

公民权与行政权，这两种贯穿于城乡规划实施过程中的重要力量，其间的平衡如何实现，是城乡规划得以实施的关键所在。然而不幸的是，现实中两者总是处于"失衡"的状态，这也成为了我国城乡规划实施困境的主要原因。

"平衡"一词，在经典文献中有"相"、"协"、"式"、"合"、"和"等互为交叉的意蕴，也包含着"阴阳互补"，"允执厥中"等特定的社会治理策略，与"中庸"的核心价值观念密不可分[①]。在自然界和人类社会中，平衡都是一个最为基本的准则。

《现代汉语词典》将"平衡"解释为两个含义：一个是指对立的各方面在数量或质量上相等或相抵，如产销平衡、收支平衡等；另一个是指几个力同时作用在一个物体上，各个力相互抵消，物体保持相对静止的状态、匀速直线运动状态或绕轴匀速转动状态。苏联的布哈林曾提出哲学上的"平衡论"，马丁·洛克林在《公法与政治理论》中对英国公法的几种平衡理论作了深刻阐释。美国著名法学家罗斯科·庞德认为："一个法律制度之所以成功，乃是因为它成功地在专断权力之一端与受限权力之另一端间达到了平衡并维持了这种平衡。这种平衡不可能永远维持下去，文明的进步会不断地使法律制度失去平衡；而通过把理性适用于经验之上，这种平衡又会得到恢复，而且也只有凭靠这种方式，政治组织社会才能使自己得以永远地存在下去。"[②]

《城乡规划法》具有行政法的基本属性，需要在行政权与公民权之间维持合理的平衡。"失衡"有两种表现类型：一是行政权过于强大，相对方过于弱小，这是当前行政法完善的主流方向并已经受到了广泛关注。二是行政权过于弱小，相对方权利过于强大。在民主与法治的大潮中，这种情况往往被忽视。实际上，不论哪种形式的"失衡"，都将导致城

① 罗豪才，等. 行政法平衡理论讲演录 [M]. 北京：北京大学出版社，2011：167.
② （美）E·博登海默. 法理学——法律哲学与法律方法 [M]. 邓正来译. 北京：中国政法大学出版社，2004：145.

乡规划实施不力的局面。

1.2 城乡规划实施的"平衡"

在城乡规划制度设计中,需要对行政权和公民权的激励和约束这两种机制分别进行"双向强化"。对于行政主体而言,在保障强有力的约束机制以避免其违法行政的同时,也应当充分激励其积极行政。而对于相对方而言,既要充分激励公民权的维护,也应约束其可能出现的权利滥用。

无论是过去的《城市规划条例》和《城市规划法》,还是现行的《城乡规划法》,都在出台不久之后,就面临修订的呼声。然而,一部法律的修订并不可能成为摆脱城乡规划实施困境的灵丹妙药。城乡规划既是一门技术,同时更是一门社会科学,是实现民主政治的重要手段。无论是传统或现代意义的城乡规划,其诞生之日起就与制度设计密不可分。可以说,完善城乡规划制度是促进学科发展的重要任务。

然而,城乡规划制度究竟应当建立在何种理论基础上,才能与现阶段我国行政法律背景及城乡规划发展的方向相适应,以往对于这一命题关注甚少。本书以"平衡模式"法治理念为基础,对传统及新中国成立后城乡规划制度的发展历程进行深入剖析。同时对西方两大法系国家的城乡规划制度的发展趋势展开比较研究,提出建立以"平衡模式"为理论基础、面向实施的制度设计。应当指出,"面向实施"与"面向管理"有着本质区别。"面向管理"是从行政管理的角度出发,具有明显的"管理模式"色彩,侧重城乡规划行政部门进行管理的单向性行为。而"面向实施"则强调行政管理方与行政相对方、相关利害关系人,乃至普通公众的"双向互动"。

我国历史上延续至清末的中华法系,其内在精神与外在形式都与西方法律相去甚远。自鸦片战争以来,西方法律制度作为文化的一部分,强烈震撼着古老的中华文明,并最终促成了我国近代城乡规划制度的转型。然而,这并不意味着传统文化退出了中国人的社会生活。实际上,在制度层面隐退的传统文化,仍然深刻地影响着我们的思维模式和行为习惯。深刻领会我们的文化传统,并在尊重的基础上进行制度建设,才是一种正确的态度。传统城乡规划制度具有根深蒂固的"管理模式"色彩,同时也具有接受"平衡模式"的根基,这就是儒家的核心思想——中庸。

时下对于西方城乡规划制度的研究已渐成热潮,西方模式真的适合现阶段的中国吗?哪些可以在中国土壤上得以生根发芽,哪些又不适合国情而必须慎重对待呢?凡此,都需要我们进行历史分析和比较研究,才可能得出相对客观的结论。从西方两大法系城乡规划制度的发展来看,尽管两者之间存在较大差异,但基本上呈现出一种相互学习、相互接近的总体态势,即分别从"管理模式"或"控权模式"两端,逐渐向"平衡模式"的演进。

1.3 相关研究概述

目前关于城乡规划实施的制度研究，大多局限在具体条文或制度的探讨。本书从城乡规划的基本价值观出发，探讨了行政法理论基础，并以此作为城乡规划实施的制度设计依据。关于这一领域相关研究的进展，兹分类综述如下。

1.3.1 相关法学研究

（1）法学理论

沈宗灵的《比较法研究》、张中秋的《中西法律文化比较研究》、尹伊君的《社会变迁的法律解释》等，均可谓经典之作，对于深刻理解法律制度背后的社会经济基础以及文化根源具有重要的指导意义。沈宗灵的《比较法研究》是对当代主要法系、法律制度等方面的比较法综合性基础研究，有利于我们从总体上认识西方法律制度，并以之指导城乡规划相关法学研究。张中秋先生的《中西法律文化比较研究》，是一部富有创见的著作，该书从法的形成、法的本位、法的文化属性、法与宗教伦理、法的体系、法的学术、法的精神、法律文化的价值取向等八个方面，深刻分析了中西法律文化的本质差异，为中西法律制度的比较研究指出了方向。尹伊君的《社会变迁的法律解释》，从社会变迁的角度提出了传统的重要作用，启示我们在法律制度的变革或移植中，必须充分重视传统因素。该书还对当前盲目崇拜西方法律制度的思潮提出了质疑，对清末修律运动以来忽视传统的弊端进行了深刻反思，指出在新时期必须寻找与传统结合的法制建设途径。

（2）行政法理论

1993年初，罗豪才发表了《现代行政法的理论基石——论行政机关与相对一方的权利义务平衡》一文，正式提出了"现代行政法理论基础—平衡论"这个核心命题。平衡论最基本的主张是："现代行政法的目的、功能以及整个制度的设置应该是平衡行政权与公民权以及相应的公共利益与个人利益等社会多元利益。它包括两方面的含义：一是立法上权利义务的公平配置；二是以利益衡量的方法贯穿于整个行政法的解释与适用过程。根据平衡论的观点，行政权与公民权的关系，是行政法所调整的一对基本矛盾。在总体上实现行政权与公民权的平衡，对于实现行政机关与公民义务的平衡，两者各自权利义务之间的平衡，乃至各方法律地位的平衡，具有基础性、决定性的意义[①]"。

2000年，罗豪才、宋功德的《现代行政法学与制约、激励机制》，从制约和激励行政机关和相对方的角度，提出了实现"平衡模式"的具体策略，为平衡论提供了有力支撑。其后不久，师生二人于2002年再次合作发表了《行政法的平衡与失衡》一文，对平衡论提出后引发的学术争鸣进行了全面回顾和总结。认为行政法的平衡是指行政权力与相对方

---

① 罗豪才，袁曙宏，李文栋. 现代行政法的理论基础——论行政机关与相对一方的权利义务平衡 [J]. 中国法学，1993（1）：52-59.

权利的结构性均衡，主要围绕行政法的制约机制与激励机制而构建内部和谐一致的行政法律制度体系来实现。这种制度的形成必然依赖于行政法主体的多方博弈，也就是说，行政法的平衡是一种对策均衡。文章对建立平衡理论实证基础的可能性及其途径进行了思索，并指出博弈分析在法律制度构建中的重要意义。

可以说，经过 20 余年的学术争鸣，平衡论已经成为当代行政法学界的主流思想。当然，对于平衡论的重视并非中国特有的现象，而是全球化背景下的共同课题。国外方面，也有不少关于平衡思想的论著，但还没有直接提出"平衡模式"的学术主张。有的学者通过对功能主义和规范主义的评价，认为应当找到一条"中间"路线。

(3) 城乡规划法理论基础

在经济全球化背景下，如何保证城乡规划行政机关被广泛授权的同时受到有效节制，如何在提高行政效率和保护公民权利之间维持合理平衡，是城乡规划法的重要任务。尽管世界各国的法律制度呈现一种相互学习和融合的趋势，有的学者也在呼唤全球城市以及相应的法律制度，但当前并不存在一种普遍适用的所谓"全球模式"。

张萍博士在《从国家本位到公众本位——建构我国城市规划法规的思想基础》中，主张以公众本位取代国家本位，并指出，公众本位的价值基础是对个人权利的尊重。张博士认为："我国城市规划法规中的国家本位的思想理念，是在计划经济影响的历史条件下确立的，是社会特定发展阶段下政治经济体制和社会伦理观念影响的必然结果，它不可能适应现时期中国市场经济的特征，以及对城乡规划法规提出的新要求"[1]，并引用诺贝尔经济学奖得主布坎南的观点：在市场规划过程中，无论市民、开发商、政府官员，还是地方政府，多基于自己或地方的利益，而不是虚无缥缈的"公共意志和社会公共利益"。由此可见，张博士提出的"公众本位"其实质还是"权利本位"，或者说是"个人本位"，也就是"控权模式"的基本价值观念。此外，郑德高在《城市规划运行过程中的控权论和程序正义》中也提出："控权论的理论基础，就是要在城市规划领域内加强公民权的作用，防止规划管理人员滥用职权"，更是直接倡导"控权模式"[2]。

(4) 法律的博弈分析

20 世纪 50 年代以来，博弈论备受世人关注而成为"显学"，对当代社会产生了深刻影响。甚至有人认为，研究人对于价值关系的现代经济学完全可以用博弈论来改写，因为博弈论研究人与人之间的关系，更接近社会生活的客观现实。博弈论在城乡规划决策过程中具有重大的指导意义，以"平衡模式"构建城乡规划实施制度，离不开这一重要手段。然而，国内学者对此似乎还远没有充分认识，相关研究并没有取得重大进展，对于解释城乡规划实施中各类问题的作用还显得十分有限。道格拉斯·G·拜尔等著的《法律的博弈分析》，系统运用博弈理论和信息经济学的方法来研究法律问题。尽管作者并没有直接针对城乡规

---

[1] 张萍.从国家本位到公众本位——建构我国城市规划法规的思想基础 [J]. 城市规划汇刊，2000（4）：21-24.

[2] 郑德高.城市规划运行过程中的控权论和程序正义 [J]. 城市规划，2000（10）：26-29.

划领域，但关于土地开发和公共设施建设投资等方面的博弈分析，对于城乡规划制度建设同样具有借鉴意义。

1.3.2 城乡规划的公共政策属性

西方国家到 20 世纪 80 年代之后，城乡规划已经不再是提供确切的蓝图，而是成为规划政策原则的集成，并依此而使规划内在地联系成为一个基本的框架。由此，城乡规划才有可能真正地担当起引导和控制城市发展和建设的作用。在社会经济转型期，城乡规划由单一的行政管理和技术管理正逐步走向以人为本的公共管理，成为民主法治的重要手段。童明在《政府视角的城市规划》中认为，城市规划本质上应当是一项严格的政治行为，包含以下特征：（1）它是关于未来将要采取的行为；（2）这种行为建立在合理地掌握知识，并合理地运用知识的基础之上；（3）它拥有正式的组织，起着公共政策、公共服务，以及这些设施及功能的资金管理和分析的功能[①]。

张庭伟在《城市发展决策及规划实施问题》中认为：从规划师看来，编制城市规划是一种技术工作，编制出的规划图纸、文本是基于规划学科理论和技术规范之上的技术文件。从市政府看来，城市规划工作是政府行为，是政府施政的手段之一，规划局作为政府机构，当然应以实现政府的施政目标为主要职责。虽然两者都称为"城市规划"，但取向相异。所以规划实施问题的本质是如何使作为技术行为的城乡规划变成政府行为的城市规划，克服两者间的差距。城市规划是实用科学，只有实施了才能体现其社会价值。若是规划只停留在规划师的技术行为而不被政府作为政府行为而采用实施，那么城市规划就失去了存在的价值。城乡规划要能实施，必须从两方面进行努力。一方面，规划自身要有较高的实施可能性，要对当地的经济、社会的制约条件及优势有充分的了解和分析，提出的规划方案要考虑到市政府决策的特点及制约，力求在保障全体市民长期利益的同时，使规划更多反映出市政府的意愿，能在一定时期内解决市政府关心的主要问题，反映出城市建设上的进步。另一方面，规划师要以自己的信息优势参与决策，不但研究"物"，也要研究"人"，即规划的服务对象——市民和各利益集团，帮助弱势集团（如社区组织）增强参与决策的能力。所以，城市规划要实施，就不能不从单纯技术性的物质形态规划转向对城市"深层结构"，即经济、社会、政策方面的规划[②]。

从理想国、乌托邦和田园城市，一直到今天大量的规划方案，我们不能只把它们当作一种工程蓝图，也不能按照一般的工程思维模式，而是应该采用人文的、社会的理论思维。过去一提起加强城乡规划的科学性，其出发点就是强化规划的理性，总是试图通过引进新的分析技术、新的预测模型、甚至是新的设计手法和表现手段，来加大城乡规划工作的科技含量（准确地说是高新技术含量），似乎这样就能够制定并实施一个科学的规划了。恰

---

① 童明. 政府视角的城市规划 [M]. 北京：中国建筑工业出版社，2005.56.
② 张庭伟. 城市发展决策及规划实施问题 [J]. 城市规划汇刊，2000（3）：10-13.

恰是这种工程思维模式制约了城乡规划的发展，将城乡规划科学化的命题引向了城乡规划高技术化的歧路。

1.3.3 我国城乡规划制度建设

目前，关于中国古代城乡规划制度建设的研究尚不多见。董鉴泓先生的《中国城市建设史》、贺业钜先生的《中国古代城市规划史》和李国豪先生的《建苑拾英》等文献，都有少量相关内容的记载，但并没有形成系统的研究成果，相关资料也显得比较零碎，往往只是在介绍某些具体城市的建设时顺带提及。值得一提的是，刘雨婷主编的《中国历代建筑典章制度》收集了大量城市建设方面的历史资料。当然，进行深入研究还有赖于古籍文献的整理。其中主要包括《古今图书集成·律令部》、《册府元龟》等综合性古籍，以及《秦会要》、《唐会要》等会要类古籍。

在研究中国古代城市建设制度方面，日本学者仁井田陞作出了重要贡献。他的《中国法制史研究：土地法·取引法》一书，记载了大量的关于城市土地利用和管理方面的法律条文。此外，北京大学的蒲坚教授所著的《中国历代土地制度研究》一书，全面系统地研究了中国古代和近代的土地制度，也具有较高的学术价值。笔者与何流在《论近代中国城市规划法律制度的转型》一文中认为，尽管实质意义上的法律变迁是一个伴随着文化冲突的漫长时期，但制度层面上的转型却可能是相对短暂的过程。近代中国接受西方城市规划法律思想以至逐渐突破中华法系的框架，并最终在抗战后期特定历史条件下促成了城市规划法律制度层面的转型[①]。

关于新中国成立后城乡规划制度的研究，主要集中在现有制度评述和法律修改等方面，缺乏对相关制度进行全面系统的总结回顾。赵民的《城市规划行政与法制建设问题的若干探讨》，认为现代城市规划的兴起与公共政策、公共干预密切相关，在实践中表现为一种行政权力[②]。文章对城乡规划行政行为按不同标准进行了分类，为我们深入理解规划行政行为提供了思路。此外，该文还引导我们对于不断推进地方立法以最终促进国家立法的思路进行探讨。

随着改革开放以来一系列大政方针的出台，原有规划体系越来越难以适应社会发展的需求。从改革开放的总体进程看，基本上呈现出自下而上的摸索创新和自上而下的改革推进相结合的特点，体现了中国渐进式改革过程中"摸着石头过河"的务实指导思想，是局部突破、整体推进的过程。正因如此，国家一直鼓励地方在制度创新方面的积极探索。城乡规划制度的完善，也应是自上而下的改革与自下而上的变革探索的双向结合，即在国家规划体系不断推陈出新的过程中，鼓励地方多元化的积极探索。一方面，近年来国家不断推出了一系列与时俱进的法规、文件、标准和规定，以顺应变化了的形势和需要，它们对

① 何流，文超祥. 论近代中国城市规划法律制度的转型 [J]. 城市规划，2007（3）：40-46.
② 赵民. 城市规划行政与法制建设问题的若干探讨 [J]. 城市规划，2000（7）：8-11.

有效指导各地的城乡规划实践起到了积极的作用。但是另一方面，由于中国地域广大，各地的区域发展差异明显，不同区域城市间的城市化进程不同，城市发展面临的主要问题存在差异，规划工作的基础环境和技术条件也有巨大差异，这些差异性就要求在实践中有必要在国家框架之下体现地方的特色。地方多元化的积极探索与国家规划体系的不断完善是相互促进的，多元化的地方探索取得的经验与教训，可以为国家规划体系的调整完善提供借鉴，并通过总结提炼上升为新的理论，从而更好地指导地方的规划实践。

1.3.4　西方城乡规划制度

当前研究西方城乡规划制度的论著，往往局限于法律规范的介绍、条文的论述和具体制度的探讨，缺乏制度异同及本质的深层次研究，很少涉及制度背后的目标、宗旨乃至价值观念。总的说来，城乡规划制度的比较研究仍以借鉴西方经验为主要内容。

唐子来的《英国城市规划体系》一文中，回顾了英国城市规划法的发展历史，并从规划法规体系、规划行政体系、规划运作体系等三个方面探讨了英国的城市规划体系。作为英美法系的主要代表，英国城乡规划法律制度对于公民权的保护和对于规划执法行为的监督和救济，很值得我国学习。此外，在城乡规划中的规划协议制度，是行政合同的一种形式，也是西方国家契约精神在规划实践中的运用，是积极行政的重要手段。

我国在清末修律运动中，主要借鉴了大陆法系国家的德国和当时基本学习德国经验的日本，这对于其后的制度建设具有特殊的影响。吴唯佳的《德国城市规划法》、《中国和联邦德国城市规划法的比较》、《德国城市规划核心法的发展、框架与组织》等一系列论文，为我们深刻认识德国城乡规划制度创造了条件。德国的行政合同和行政指导制度，对于促进积极行政，发扬非权力行政方式的作用，都是非常成功的。德国在国家基本法的《行政程序法》中，单独用一节（其篇幅和我国1899年版的《城市规划法》相当）规范了规划的制定和变更的程序，这对于我国完善城乡规划的程序性规范，具有重要的启示。

日本在早期受大陆法系的影响十分显著，第二次世界大战后受到英美法系国家，特别是美国的影响，表现了两大法系结合的特点，但学界仍从渊源角度将日本列入大陆法系国家。由于日本与中国在历史上的交流密切，文化传统也有共同之处，所以研究日本的规划制度有着特殊的意义。实际上，清末修律运动中，我国很多法律都是学习日本的，而不少西方法律论著，也是通过日本传入中国，甚至一些重要的术语，也是按照日文翻译而来。唐子来和李京生的《日本的城市规划体系》，在回顾历史的基础上，对日本的规划制度进行了全面的梳理，并归纳了日本城乡规划体制的发展特征。其中公共部门与民间部门共同出资、共同经营管理的开发模式，又称官民合同方式，这也是行政合同的一种形式。

同济大学主持的研究课题《发达国家和地区的城市规划体系》，对22个国家和地区的城乡规划法进行了全方位的比较。据此，唐子来、吴志强等发表了《若干发达国家和地区的城市规划体系评述》，从现代城市规划产生的背景、规划法规、规划行政、规划编制、开发控制、发展趋势等方面进行了比较研究，并在此基础上总结了城市规划体系的基本特征。其后，吴志强、唐子来发表了《论城市规划法系在市场经济条件下的演进》一文，通过对英国、法国、德国、日本、美国、新加坡、韩国以及我国香港特别行政区、台湾地区等的城乡规划法律制度的演进历程进行全面的分析，提出了我国城市规划法系建设的思考。

1.3.5　城乡规划实施机制

陈岩松、王巍的《关于城市总体规划编制改革的思考》，在分析当前总体规划存在的突出问题的基础上，提出了改革总体规划编制模式。该文指出，城镇体系规划纳入总体规划是在区域规划缺失情况下的权宜之计，近年来，随着各级城镇体系规划的完成，应当将城镇体系规划从总体规划中分离出来，而专项规划应作为下位规划来考虑。房艳的《新时期城市总体规划编制技术路线的探讨》，首次提出将总体规划内容划分为法制性、政策性与市场性内容。尹强先生的《冲突与协调——基于政府事权的城市总体规划体制改革思路》，从合理划分事权，发挥各级政府的积极性方面进行了论述，引导我们思考城乡规划的实施性问题。同济大学课题组《武汉市城市总体规划实施机制与法制化研究》对于城市总体规划的实施进行了深入分析，并提出面向实施的城乡规划制度。其后，作者与导师马武定教授共同撰写的《关于我国城市总体规划的改革探讨》，系统论述了分层次、分类别编制和实施城市总体规划的改革思路。

控制性详细规划是规划实施的关键环节，完善相关的实施机制具有现实意义。在推进城乡规划法治化的过程中，深圳率先在国内实行了法定图则的制度，一时间引起各地同行的热烈探讨，其他城市也纷纷仿效。在法定图则实施数年之后，国内学者也进行了深刻的反思。例如，法定图则的实施中，行政相对方根据经批准生效的法定图则而实施的合法行为受到的损失如何考虑？作为诚实信用原则的具体应用，信赖保护已经在《城乡规划法》中有一定体现，然而在现实中，这些制度的实施仍然存在很大困难。

1.4　思路及方法

在理论方面，本书从法理学角度对城乡规划实施制度的思索为该领域的深入研究提供了理论平台。以"平衡模式"作为理论基础进行的城乡规划实施的具体制度设计，具有一定的创新性。通过博弈分析和利益权衡作为实现"平衡模式"的重要手段，拓展了城乡规划的学科空间。此外，对中国古代、近代以及新中国成立后的城乡规划制度进行了全面而系统的历史研究，也填补了相关领域的空白。

在实践方面，本书探讨了我国城乡规划制度的历史渊源，并在对西方国家制度进行比较研究后，结合我国国情提出了以"平衡模式"为基础构建城乡规划实施的观点和具体对策。这对于当前我国城乡规划实施制度的完善，特别是地方性法规的健全等方面，都具有较大的应用价值。本书提出城乡规划制度建设应面向实施而非面向编制审批，并从城市总体规划和控制性详细规划两个层面就如何构建具体制度提出了对策，对于促进城乡规划实施具有积极的意义。而关于比例原则、诚实信用原则、和谐理念及和解制度的深入研究，从"信、度、和"等三个角度，提出了"平衡模式"制度设计的具体方法（图1-1 研究框架图）。

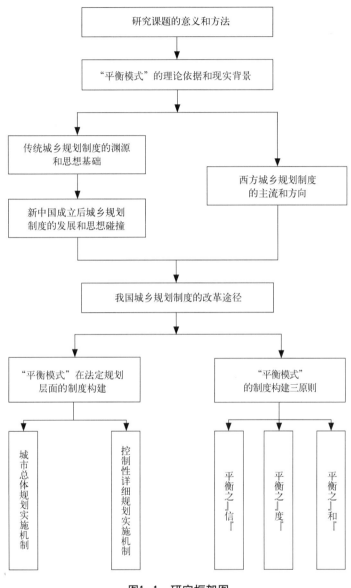

图1-1 研究框架图

第 2 章

中西殊途,"平衡"同归——"平衡模式"的理论依据和现实背景

构建面向实施的城乡规划制度,就必须对城乡规划进行法理学分析。行政法理论基础是建立在对行政法核心问题和本质的不同认识之上,不同行政法观念的系统化和理论化,用以指导行政法治建设和行政法学研究,具有整体性和全面性的特点。随着世界经济全球化,各国的政治法律制度表现出一定的相互借鉴与融合,西方两大法系始终存在一种向"全球化时代"的行政法平衡思想进化的趋势。当前并不存在所谓的"国际模式",但"平衡模式"已成为共同的发展方向,然而其实现的路径却截然相反。英美国家是从"控权模式"走向"平衡模式",我国则应从"管理模式"走向"平衡模式",虽则"同归",但却"殊途",对此,我们应有清醒的认识。

2.1　西方行政学说的启示

西方行政学说具有悠久的历史,对于城乡规划制度建设有着重要的指导意义。不同时代出现的各种行政学说,往往能够在一定程度或某个角度解释现代行政中的一些现象,促进我们思考城乡规划实施中的各种问题,并探求合理有效的解决方案。其中,西蒙的行为主义、帕金森的"帕金森定律"、布坎南的公共选择理论、奥斯本的企业家政府、登哈特的新公共服务理论、罗森布鲁姆的多元公共行政观等行政学说,至今仍具有较大的影响力。

2.1.1　西蒙的行为主义

西方 20 世纪 40 年代,出现对二三十年代"正统时期"行政学说的批判高潮。其中以西蒙批判最为彻底,他主张以行政行为研究代替正统行政学研究。西蒙出生于 1916 年,1936 年和 1943 年先后获芝加哥大学学士和博士学位,并有耶鲁等大学的荣誉学位。1949年以来,西蒙担任匹兹堡的卡内基—梅隆大学行政学和心理学教授,同时还担任美国总统咨询委员会顾问、美国社会科学研究会主席、全美科学研究会行为科学研究分会主席等社会职务。西蒙于 1978 年获得诺贝尔经济学奖,是唯一以非经济学家身份获此殊荣的学者。此外,他还获得美国心理学会杰出科学贡献奖、全美计算机协会的 A·M 图灵奖等重要奖项。西蒙主张将逻辑实证主义精神应用于社会科学研究,认为自然科学与社会科学的研究方法基本一致。他致力于运筹学与计算机科学等决策技术研究,应用数学、统计学、心理

学、社会学以及经济学等多学科知识从事行政学研究。因此，他的学术论文除在政治、行政、企业管理等刊物刊载外，也在数学、心理学和经济学等杂志刊载，其代表作品是《行政行为——行政组织决策过程的研究》。西蒙行政学说的主要内容包括行政学研究方法理论、行政决策理论、行政组织理论，其核心内容是行政决策论[①]。

（1）决策与行政学研究。西蒙关于决策与行政学的研究，主要包括以下论点：传统行政学注重"执行"，忽视行动之前的决策。实现组织目标的实际工作是由组织最基层的操作层的操作人员执行的，行政人员实现组织目标的作用大小，取决于其对下级操作人员的决策影响大小。传统对组织说明限于说明组织的职责分配与组织的正式权力结构，不注意组织中其他影响力量与沟通系统，恰当的描述应该是对组织中每一个人做什么决策以及决策受到何种影响的描述。好的行政行为本质上具有效率，决定效率的最简单的办法就是行政组织中每一个决策的理性程度。行政程序是划分组织中每一个人应做哪一部分决策的程序。

（2）有限理性与决策准则。西蒙认为，行政理论是关于意向理性和有限理性的一种独特理论——是关于那些因缺乏寻求最优的才智而转向满意的人类行为的理论。传统"经济人"的假设包含4个条件：存在数种可以相互替代的行为类别；行为的后果明确；主体拥有充分的信息和情报；主体具有确定的偏好程序表。而这种客观理性在现实中并不存在，因此，西蒙主张用"行政人"代替"经济人"，其基础就是有限理性，"行政人"宁愿"满意"而不愿作最大限度的追求，满意于从眼前可供选择的办法中选择最佳办法。由于行政人对于行政形势的分析易于简化，不可能把握决策环境中各个方面的相互关系，因此只能是有限理性。基于此，西蒙提出"令人满意"准则代替"最优化"准则，在决策时决定一套标准，用以说明什么是令人满意的最低限度的方案，如果拟采用的备选方案满足或超过了这些标准，即令人满意。

（3）行政决策过程。西蒙指出，"人们通常对'决策制定者'这一形象的作用描述得过分狭窄。'决策制定者'像个骑马思考问题的人，考虑成熟之后，突然把他的决定指示给他的随从……，或者说：'决策制定者'是一位埋头审阅公文，戴眼镜的绅士。正是在标有（X）记号的字里行间思考着。……上述诸形象都具有重要的共通之处，即'决策制定者'是一位能在关键抉择时刻，在十字路口选定最佳路线的人"。由于只注意了最后的片刻，上述各种形象都对决策做了歪曲的描绘。他们忽略了完整的全过程，忽略了最后时刻之前的复杂的了解、调查、分析的过程以及在此之后的评价过程。因此，决策绝不是只限于从几个备选方案中选定一个这样一种行动，而是包括几个阶段和涉及许多方面的整个过程，他据此提出了决策四阶段理论。第一阶段称之为"情报活动"，其任务是探查环境，寻求要求决策的条件；第二阶段称之为"设计活动"，其任务是设计、制定和分析可能采取的备选行动方案；第三阶段称之为"抉择活动"，其任务是选择适用的行动方案；第四阶

---

① 丁煌.西方行政学说史[M].武汉：武汉大学出版社，2004：165-186.

段称之为"审查活动",对已经作出的抉择进行评价。四个阶段虽然有先后,但实际上循环反复,西蒙形象地比喻为"大圈套小圈,小圈之中还有圈"。

2.1.2 帕金森和帕金森定律

西方行政学说的发展历程中,对于公共行政组织的分析一直是专家、学者的专利,普通老百姓很少关注。20世纪40—50年代,英国作家帕金森以讽刺的笔调、小品文的方式对官僚组织的弊端进行了富有价值的剖析,从而使单调的组织分析成为民众街头巷尾、茶余饭后经常谈论的话题。而他也享有"民众行政理论家"的美称。帕金森出生于1909年,毕业于英国剑桥大学伊曼纽尔学院,曾担任新加坡大学教授以及哈佛大学客座教授。1957年出版的《帕金森定律及关于行政的其他研究》成为其代表作[1]。

(1)帕金森定律

帕金森在对组织机构的无效活动进行调查和分析中,提出关于组织机构臃肿低效形成原因的定律。他发现:组织机构所完成的工作和人员多少并没有什么联系,管理层次的增加也与工作本身无关。而造成这种事实的原因是由一个规律性的动机所导致:工作的增加只是为了填满完成这一工作时可资利用的时间。帕金森定律包括两个法则,即增加部属的法则和增加工作量的法则。

帕金森通过讲述一位闲来无事的老太太为了给她的外甥女寄一张明信片足足花了一整天的故事作为引证。这位老太太用了一个小时找明信片;一个小时找眼镜;一个半小时查对地址;一个小时十五分钟写明信片;二十分钟考虑到下一条街的邮局时是否携带雨伞。最后,在经历了一整天的犹豫、焦急和操劳之后,老太太已是疲惫不堪。一个忙碌的人总共用几分钟就可以完成的事情,另一个人用同样的方式去做,却可能在一天的疑虑、焦虑和劳累之后疲惫不堪。因此,工作时间要求是有弹性的,在所完成的工作与所分配的人员数目之间显然很少或者根本没有什么联系。

帕金森认为,当行政官员感到工作量过大时(或者力图承担更大的任务时),他所采取的措施是受到规律制约的——一个行政官员想增加的是下级而不是对手,其目的是减少组织中的竞争对手,同时增加部属可以提高自己的地位。这就是第一法则:增加部属法则。而行政官员彼此之间人为地制造工作,增加工作量,即第二法则。他通过实证表明,20世纪多半个世纪中,海军军舰数量和海军官兵的人数均有所减少,但海军的元帅和船坞的官员人数却在迅速增加。海军部中的官员几乎增加了80%,而统计表明,完全没有一个人是实实在在的水兵。而英国殖民地:1947到1954年的统计数据,即使在大英帝国的领域急剧缩小的"第二次世界大战"期间及战后,英国殖民部行政人员的数目依然增加了许多。有意思的是,帕金森甚至对机构臃肿进行了量化分析,并得出相应的结论。

最后,帕金森引申认为,各级行政机构一旦建立,内部势必设置各种委员会、理事会

---

[1] 丁煌.西方行政学说史[M].武汉:武汉大学出版社,2004:221-228.

和局、办、厅，而财政上比较重要的问题往往必须通过它们才能解决。这种状况产生了"烦琐定律"中典型的委员会工作方式。议事日程上所要讨论的问题中，花钱的多少和讨论时间的长短成反比。

（2）启示

帕金森定律对城乡规划制度建设具有一定启示。首先，组织机构的运行，很大程度上不是为了实现组织的目标，而是为了保护和维持其本身内部的存在关系和权力威信。其成员的动机，只是为了其内部的所谓制度或个人利益，而不考虑整体目标和利益。表面勤于公务，实际上很多活动处于"无用功"，形成"伪适应"状态。因此，城乡规划制度设计中应当充分重视"人"的因素，而非一味强调技术理性。

2.1.3　布坎南公共选择理论

布坎南生于 1919 年，1941 年获田纳西大学硕士学位。第二次世界大战期间在海军服役 5 年，经历太平洋战争，退役之后在芝加哥大学深造并于 1948 年获博士学位，曾担任弗吉尼亚大学、加州大学洛杉矶分校等大学的教授，1977 年和 1982 年先后担任美国经济学会副主席和美国西部经济学会主席，并于 1986 年获诺贝尔经济学奖。他用经济方法分析政治决策过程，将人们互相交换中各自获益的概念应用于政治决策领域。其代表作是《公共选择论：经济学的政治运用》。所谓公共选择是指非市场的集体选择，实际上是政府选择。基本特点是以经济人的假定为分析武器，探讨经济人行为如何决定和支配集体行为，特别是对政府行为的集体选择所起到的制约作用 [1]。

所谓经济人假定，是指"作为一个人，无论他处于什么地位，其人的本性都是一样的，都是以追求个人利益，使个人的满足程度最大化为最基本的动机"，亦即假定人具有经济人的特点。布坎南认为，通过类似的行为假设，能够对集体选择结构特征进行一些基本的预测。他指出，国家（政府）不是神的造物，并没有无所不在和正确无误的天赋。因为国家（政府）仍是一种人类组织，在这里作决定的人和其他人并没有差别，既不更好，也不更坏，这些人一样会犯错误。布坎南认为，国家或政府的活动并不总是像应该的那样"有效"或像理论上所说的能够做到的那样"有效"。政府部门遵循的政策通常由部门领导人根据自己对共同利益的理解而制定，一方面具有较大自由，另一方面也倾向于依据自己获得的信息和个人效用最大化原则来决策。由于缺乏竞争机制、缺乏降低成本的激励机制、政府机构自我膨胀、监督信息不完备、政府的寻租行为等原因，政府机构往往效率很低。为此，布坎南主张创立一种新政治技术，提高社会民主程度；在公共部门恢复自由竞争，改善官僚体制的运转效率；改革赋税制度，约束政府权力。

布坎南的理论产生于市场经济发达的美国，在我国经济理论和行政管理领域曾一度受到热捧，对制度建设产生了深刻的影响。然而，由于社会政治制度和文化传统的巨大差异，

---

① 丁煌.西方行政学说史 [M].武汉：武汉大学出版社，2004：340-365.

我们应当结合国情加以学习和借鉴。

2.1.4 奥斯本的企业家政府理论

20 世纪 90 年代，发达国家掀起了一轮行政改革热潮，其中，奥斯本的《改革政府》风靡一时。他认为"企业家把经济资源从生产率和支出较低的地方转移到较高的地方。"企业家政府并非指政府像企业一样运作，而是具有企业家的精神。奥斯本提出了企业家政府的基本特征与改革政府的十项原则：掌舵而不是划桨；妥善授权而非事必躬亲；引入竞争机制；注重目标使命而非繁文缛节；重产出而非投入；具备顾客意识；有收益而不浪费；重预防而不是治疗；重参与协作的分权模式而非层级节制的集权模式；重市场机制调节而非仅靠行政指令控制 [①] 。

奥斯本的企业家政府理论，将利益平衡的理念贯穿其中，其最大的制度意义是，行政运作也同样需要关注成本与效率，一味关注所谓的"技术理性"或"社会公正"可能导致难以实施。

2.2 城乡规划价值观

我们一直强调，城乡规划一经审批即具有法律效力。然而，如何从法理学角度审视城乡规划的本质、地位及其作用，却长期为城乡规划界和法学界所忽视。要从法理学角度深入探讨城乡规划的性质和特点，并在此基础上促进城乡规划实施的制度建设，首先必须明确城乡规划是依赖何种价值观念而存在和发展的。作为城乡规划依据的价值观念，应当具备以下三个条件：第一，从深度来看，它必须能够深刻揭示城乡规划赖以存在的基础；第二，从广度来看，它必须能够全面解释城乡规划中存在的各种现象；第三，从高度来看，它必须具有对城乡规划相关的学术研究和制度建设进行正确指导的作用。尽管对于公共利益的争论一直没有停止，但公共利益作为一种客观存在是不容否定的。城乡规划的基础是一定层次的公共利益和个人利益的关系，这种利益关系又是对立统一的，以公共利益为本位的利益关系。随着民主政治的推进，城乡规划作为实现战略目标和公共利益的重要手段，已经被社会广泛接受。

首先，公共利益本位论科学而深刻地揭示了城乡规划的存在基础。公共利益本位论认为，法的基础是社会关系，实际上是一种利益关系，而利益关系在"质"上也就可分为公共利益与公共利益、个人利益与个人利益、公共利益与个人利益三种关系，同时，利益又有"量"上的区别。不同"质"、"量"利益关系的分解和组合，决定了城乡规划各种调整对象的划分，反之，城乡规划实质上也是上述三种关系的调整手段。

其次，公共利益本位论科学而全面地解释了城乡规划中各种现象。公共利益本位论认

---

① （美）戴维·奥斯本. 改革政府——企业精神如何改革着公营部门 [M]. 上海：上海译文出版社，1996：366-387.

为，公共利益与个人利益之间的关系是一种对立统一的关系，公共利益是矛盾的主要方面，决定着该矛盾是否为对抗性矛盾。因此，公共利益与个人利益之间的关系又是一种以公共利益为本位的利益关系，当个人利益与公共利益相冲突时，应当服从于公共利益。以此为逻辑起点，公共利益本位论回答了城乡规划的内涵和外延以及与其他类型规划的区别。

最后，公共利益本位论为完善城乡规划制度提供了科学指导。公共利益对个人利益的主导地位，决定了城乡规划除了研究价值观念之外，在具体理论上应以公共利益为主线，从规划行政主体、规划行政行为和规划行政救济等三个方面完善相关制度。城乡规划行政主体即公共利益的代表者，包括代表公共利益并对公共利益进行维护和分配的规划行政机关和其他组织。城乡规划行政行为即行政主体维护和分配公共利益的活动。城乡规划行政救济即审查行政主体的行政行为是否真正符合公共利益，并采取相应补救的制度。公共利益本位论启示我们，城乡规划的重点是将与公共利益相关的内容纳入法治化轨道，而不能面面俱到。

可见，公共利益本位论既科学地揭示了城乡规划赖以存在的基础，又以此为逻辑起点，回答了城乡规划的产生和发展、内涵和外延、本质和功能等问题；既为城乡规划诸现象的阐释奠定了科学的理论基础，又为指导相关学术研究和制度建设提供了正确的理论依据，因而能够也应当作为城乡规划的基本价值观念。从这一法学价值观念出发，以保障公民权、私有权为核心的"控权模式"显然不符合当前我国城乡规划制度的内在要求。就现阶段而言，我国城乡规划制度更应强调相对人的权利保护，以抗衡规划行政权力的滥用。但是，当个人利益与公共利益发生不可调和的矛盾时，正如罗豪才教授指出，个人利益应当服从公共利益（以合理补偿为基础）。因此，我国城乡规划不同于西方国家的重要之处，在于以集体主义（而非个人主义）为基点的平衡，国家利益始终是调节社会利益关系的出发点和归宿。尽管"平衡模式"强调各方利益的"平衡"，但却是牢固建立在公共利益本位论的法学价值观之上的一种理论基础。

城乡规划的公共利益价值观，已经得到了广泛的社会认同，关键是在城乡规划实施中，如何正确理解和真正实现公共利益。

【规划实例】广东省 S 市沙洲尾南端某地块开发历程的公共利益思考

1992 年 10 月，广东省 S 市某工业开发区与 D 发展公司签订国有土地出让合同，将市区南部的北江西侧沙洲尾近 40 公顷土地出让给该公司，当时的土地使用条件如下：性质为商业住宅，容积率为 1.71（误写为 1.71%），建筑密度为 28%～29.8%，最高建筑层数为 24 层，绿化率为 25%～30%。同年 11 月经市政府批准，同意 D 发展公司成立 S 开发公司，由其进行该片土地的开发和销售，但 D 发展公司并未按规定办理有关土地权属手续。

在其后的建设过程中，D 发展公司并没有组织编制详细规划，而是将该片土地划分为小块，采取各种方式变相出售土地进行建设，导致该片区公共设施和绿地不足等问题较为突出。

1994 年开始,S 市编制《城市总体规划（1995—2015 年)》。在该轮城市总体规划中,沙洲尾地块作为该地块最为南端的用地,而且是重要的排水沟汇入北江,规划结合地形设置第二污水处理厂。总体规划依法经广东省人民政府审批后,S 市决定收回污水处理厂用地的使用权,受经济能力所限,该项工作一直没有完成。但开发商提出的开发要求也被政府拒绝,理由是该地块已经规划为公用设施用地,只能按照规划的用地性质进行建设。

2002 年,H 投资企业与市政府协商,拟在 S 市投资建设五星级酒店。当时 S 市迫切希望发展旅游产业,市区缺乏高档酒店,政府对此十分重视。双方达成一致意见,H 投资商恰好看中沙洲尾南端的地块。于是,政府经过研究,决定将污水处理厂用地改为五星级酒店用地,污水处理厂另行选址。市政府向同级人大常委会提出申请并得到审议通过。

2007 年,广东省兴宁市发生了严重的矿难事件,广东省决定在全省范围内关闭煤矿。S 作为资源大市,煤矿产业有着重要的地位。在关闭煤矿工作的推进过程中,企业转产、职工安置、社会维稳等事项,成为当时 S 市面临的实际困难。此时,沙洲尾的五星级酒店迟迟未能建设,而与其相邻的地块,恰好是 F 煤矿的生活区。于是,H 投资商提出由其解决煤矿职工安置问题,但要求将 F 煤矿生活区的用地与沙洲尾原五星级酒店的用地统一作为房地产开发。

在此之后,该地块在规划实施中还出现了诸多更为复杂的情况,在此不复赘述。从 1992 年至 2007 年的 15 年之间,该地块从手续不全的低强度商住用地到污水处理厂,再到五星级酒店,最后以手续完备的高强度商品房开发为结局,四个阶段均以不同年代、不同理由的公共利益为建设依据。然而,其中的真实情况究竟如何?只有在全面深入分析各种利益团体的博弈基础上,才可能得到正确的答案。

2.3 "平衡模式"的理论背景和基本观点

20 世纪 80 年代末,中国学者关于行政法"管理模式"和"控权模式"的学术争鸣,为"平衡模式"的发展提供了广阔的知识背景和历史机遇。要了解"平衡模式"产生的理论背景,首先应当对西方行政法的学术传统有基本的认识。欧美行政法的学术传统主要有两个源头:以戴西（A.V.Dicey）为代表的规范主义模式（the Normativist Style）和以狄骥（Duguit）为代表的功能主义模式（the Functionalist Style）。

功能主义模式认为"行政法是有关行政的法,它决定着行政机关的组织、权力和职责",把行政法视作政府有效推行社会政策,实现社会管制或提供公共服务的工具,强调法律对提高行政效率和促进公共利益而具有的管理和便捷功能,主张以行政为中心节制司法审查和革新行政程序制度。大陆法系的法、德等国长期奉行功能主义模式,而苏联堪称该模式的极端表现形式,罗豪才称之为"管理模式"。苏联行政法学者马诺辛对行政法的定义:"行政法作为一种概念范畴就是管理法，更确切地说，就是国家管理法"①。西方传统"管理模式"的代表人物之一——德国行政法学家奥德·曼亚（Otto Mayer）在其著名的"公共权力说"中认为：国家与公民之间的关系是行政法的中心关系，但行政主体具有优越性，行政法的中心关系以支配和服从的法律关系为前提②。在"管理模式"下，行政法"失衡"的主要特征是，行政权对公民权的侵害，滋生公务人员的官僚作风。

规范主义模式把行政法视作"控制政府权力的法"，旨在通过一套规则设置保护个人权利免遭政府侵害，因此个人权利和自由优于行政便利和行政效率，在制度安排上重行政程序和司法审查的机制设置。该模式在英美行政法学界曾长期占主导地位，罗豪才称之为"控权模式"。在"控权模式"下，行政法被视作制约行政权或者行政官员的法，行政法"失衡"的主要特征是行政权力被过分制约，相对方权利过分膨胀，同时也会导致公务人员缺少积极行政的激励。

2.3.1　传统"管理模式"的基本观点和局限性

传统社会的"牧羊人"思想根深蒂固，管理者高高在上，具有明显的优越性。清末修律运动期间，主要借鉴大陆法系国家的法律制度，特别是德国和法国。抗日战争后期和战后的城乡规划法律制度的转型过程中，受到英美法系国家法律思想的较大影响，但这一过程十分短暂，大多数法律制度尚没有付诸实践就随着国民党政权的覆灭而宣告终结。新中国成立后曾有一个短暂的学习英美国家的阶段，但基本以规划编制技术为主要内容，并没有上升到制度层面。其后，在前苏联社会主义建设巨大成就产生的巨大示范效应下，城乡规划制度建设进入了全面学习苏联"管理模式"时期，其影响至今依然明显。

在"管理模式"的指导下，行政法被定位为治民之法，行政权力过于强大而相对方权利过于弱小，从而导致行政法的失衡。一方面，行政权过于强大，行政运作领域过大，行政法授权行政主体进入许多不该管、管不好的社会领域，或者授权行政主体过多实施强制性行政的权力。而且，行政法偏重于实体授权，严重缺失制约行政权的行政程序制度。另一方面，行政法赋予相对方的权利范围过小，不合理地剥夺了应当属于自治、自主范围的权利，或者相对方权利过于弱小、权利结构不合理，未能形成与行政权相互制约的机制，更无法通过行政程序与行政主体展开博弈③。在强大的行政权面前，相对方几乎处于完全被动的局面，行政机关与公民的法律地位严重不平等，"命令—服从模式"占据主导地位，公民无法参与几乎封闭的行政决策过程，其合法权益也无法得到正常保障。在公平、公正、自由等法治价值成为趋势的情况下，"管理模式"显然不可能胜任行政法理论基础的重任。行政法学界对"管理模式"的局限性进行了多方面的深刻反思，可以说，"管理模式"已

① （苏）В·М·马诺辛，等.苏维埃行政法 [M].黄道秀译.北京：群众出版社，1983：24.

② 宋功德.行政法的均衡之约 [M].北京：北京大学出版社，2004.25.

③ 罗豪才，宋功德.行政法的失衡与平衡 [J].中国法学，2001（2）：73-90.

经总体上被学界所否定。然而,其中一些合理的"精神内核"也应当得到适当地传承。

2.3.2 西方"控权模式"的基本观点和局限性

(1)"控权模式"的基本观点

尽管西方法学界并没有正式提出"控权模式",但控权作为一种观念却是实实在在的,特别是在英美法系国家,控权已经成为行政法的核心。对于我国学者在研究西方行政法理论基础中提出的"控权模式",也有不同的见解,有的学者概括为:"一种以保护个人权利为宗旨,认为行政法的核心问题是控制行政权力,行政法本质是控制行政权力的法,并以此贯穿行政法的所有内容,用以指导行政法治建设和行政法学研究的行政法理论基础模式"[①]。总的来看,"控权模式"的理论主张表现在以下几个方面:

①强调限制行政权力的范围,并严格防止公务人员滥用职权。主张立法权对行政权进行严格监控,认为立法是控制行政权力的重要手段,应当通过立法手段严格限制行政权力的范围。

②遵循规则主义的行政法治理想,认为法律高于权力,法律至上不容侵犯。其具体做法是法律与政治,特别是与政策相区别,使政府严格按照法律规则的授权行使有限的权力,而不是简单地根据政治需要发挥自由裁量权。

③严格限制自由裁量权。英美法系国家普遍对行政自由裁量权持不信任态度,如美国大法官道格拉斯所言:"无限自由裁量权是残酷的统治,它比其他人为的统治手段对自由更具破坏性[②]"。认为政府行为必须严格遵从法律规则的明确规定,而法律规则应尽量细致,在没有规则的地方,政府必须止步,不能够便宜行事,否则将被法院判定违法。由于其后的现实是行政自由裁量权的广泛存在已经被逐步接受,"控权模式"的主张者转而更为强调自由裁量权行使过程中接受严格的监督。

④司法审查是行政法最重要的内容。认为司法审查是个人权利的根本保证,支持司法干预行政,因而有关司法审查的法律是行政法的主要组成部分。在英美行政法学者看来,行政法通常以调整监督行政关系的法律规范,尤其是司法审查的法律规范,而不包括作为政府管理工具的调整行政关系的法律规范。在司法审查中,灵活解释越权无效原则和程序正当原则,使得司法管辖权相当广泛。法院在司法审查中也体现了对公民权最大程度的维护,其典型的案例是奥弗顿公园案[③]。

【案例分析】美国奥佛顿公园案

美国联邦运输部长批准动用联邦资金修建一条穿过公园的道路,公园的保护者认为这

---

① 李娟. 行政法控权理论研究 [M]. 北京:北京大学出版社,2000:6.

② (英)威廉·韦德. 行政法 [M]. 徐炳,等译. 北京:中国大百科全书出版社,1997:62.

③ (英)威廉·韦德. 行政法 [M]. 徐炳,等译. 北京:中国大百科全书出版社,1997:53.

一决定不符合法律，因为有关法律规定，只有在没有更为可行、更为节省的替代道路时，才允许修建这种穿越公园的道路。即使如此，也必须采取一切措施减少对公园的损害。运输部长认为自己有权判断是否有这种可行的、节省的替代道路，这是自由裁量权范围内的事项。根据联邦行政程序法关于司法审查可行性的规定，法律授权行政机关自行决定的行政行为免受司法审查。1971年最高法院在审理办案时认为，运输部长的解释没有考虑到联邦行政程序法所谓行政机关自行决定的行政行为是指合理行使自由裁量权的行为，如果该行为存在独断专横、反复无常、滥用自由裁量权或其他不合理的行为，就应当宣布其非法。况且，该案中"法律的意思是，运输部长不得批准破坏公园领地的计划，除非他确认替代道路存在着极为难解的问题"，这说明，法律对于运输部长的行为并非没有规定，因而不能适用自由裁量权的例外规定。

⑤行政程序强调公正，对行政效率不负责任。程序是法律的中心，以公正模式的设计程序，忽视行政的效率问题，忽视现实发展对于政府一定范围的管制的需要。

⑥个人利益优于公共利益。基于保护个人利益对行政行为的先定力持怀疑态度，在利益衡量中对个人利益的偏重的倾向也十分明显。

【观点引介】"控权模式"的三阶段

根据李娟的研究，"控权模式"的提出经过了三个阶段，第一个阶段是20世纪80年代早期，由于受苏联和东欧模式的影响，基本是从阶级性角度来阐述行政法的性质，认为"我国行政法是社会主义类型的法，它是维护无产阶级专政、保护人民利益，促进社会主义经济基础不断巩固和发展的有力工具"，对于行政法的定义也与苏联基本一致。在这种观念指导下，行政法学者的理论视角受到较大的限制，有关保障行政权合法行使的行政强制、行政许可、行政命令等制度的研究和建设较为发达，而有关保护公民权利的行政诉讼、行政复议、行政程序等制度的研究和建设远没有像今天这样的关注。这种权力色彩过于浓厚的保权观念，受到来自各方的批评。第二个阶段则是从20世纪80年代后期到90年代初，以"控权"和"保权"之争拉开序幕，以控权观念的广为传播而告终。这种以个人权利为出发点的行政法控权观念有力地促进了中国行政法的发展，防止权力滥用和为公民提供法律救济的有关制度的研究得到加强，并逐步转为现实，行政诉讼制度和行政复议制度得以建立，取得了显著成效。第三个阶段是以20世纪90年代初"平衡论"的提出为起始标志，一直持续至今。为深入研究"平衡论"，而与"管理论"正式提出，作为与"平衡论"进行比较的行政法基础理论。

(2)"控权模式"的局限性

英美行政法理论基础与其政治、经济和法律文化领域中的主导观念及其司法实践密切相关，这种主导理念就是自由主义，实际上，自由主义与个人主义存在着内在的联系。从霍布斯、洛克到罗尔斯，自由主义者在很大程度上一直坚持个人主义的立场，坚持个人至上的观点。他们强调个人的价值和权利，强调个人由于天生禀赋或潜能而具有某种超越万物的价值，强调个人应该得到最高的尊重，应该享有某些基本权利。他们强调社会的法律、政治、经济原则应该是这一原则的贯彻与实现。他们或多或少将社会视为个人的联合体，而不是有机的共同体①。"控权模式"的根本主张——以个人权利为出发点，行政法的核心是控制行政权力，一方面是自由主义观念在行政法领域直接作用的结果，另一方面又构成英美自由主义运动的重要组成部分。然而，作为资本主义国家共同现象的自由主义，为什么大陆法系国家没有出现"控权模式"，而强调政府集权的观念却在相当长的时间内占据了主导地位？特别是在德国，曾经出现过明确主张在很多领域内行政权力绝对优先的，深受封建制度影响的"特别权力论"，并在与其有传统联系的国家中广为流传。究其原因，英美自由主义有别于大陆自由主义，正如哈耶克在讨论自由主义时，提出所谓的"演进理性主义"与"构建自由主义"的对立，或者可以认为是英国式自由主义和法国式自由主义的对立。前者是经验主义的、非系统化的，后者是思辨性的、理性主义的；前者相信渐进式的改良，相信社会的自发秩序，注重法治下的自由；后者则以构建理性为基础，视所有社会与文化现象为人为设计之物，强调人们有可能而且应该根据某一被接受的原则或计划重新组织社会②。

【观点引介】哈耶克的"个人主义"

哈耶克有如下论述：我试图为之辩护的真正的个人主义的现代发展始于约翰·洛克，尤其始于伯纳德·曼德维尔和大卫·休谟；而在乔塞亚·塔克尔，亚当·弗格森和亚当·斯密，以及他们伟大的同时代人埃德蒙·伯克的著作中，这种真正的个人主义首次形成了完整的体系……这第二种的，全然不同的思想也名之为个人主义，主要以法国人和其他大陆国家的作家为代表（我认为产生这一情况的原因在于笛卡尔主义者的理性主义在这些人的著作中起了关键的作用）。这一传统的著名代表有'百科全书'派成员卢梭和重农主义者。而且从我们将要考虑的那些理由来看，这种理性主义者的个人主义总有演变为个人主义敌人——社会主义或集体主义的倾向。正是由于第一种个人主义思想具有前后一致性，我们才称之为真正的个人主义，而第二种个人主义或许必须视作与某些彻底集体主义理论一样重要的，也被看成现代社会主义的一个源泉。

"控权模式"以保护个人权利为出发点，以控制行政权力为核心问题。该模式单方面重视作为矛盾一方的个人权利的保护，并把它作为行政法的唯一宗旨，忽视了行政权力的合理维护。甚至还将行政权看作是对个人权利的威胁，提倡"无为的政府才是最好的政府"。

---

① 李强. 自由主义 [M]. 北京：中国社会科学出版社，1998：18.
② （奥）A·哈耶克. 个人主义与经济自由 [M]. 贾湛，等译. 北京：北京经济学院出版社，1991：第一章（个人主义：真与伪）.

"控权模式"产生于资产阶级上升时期，在自由资本主义阶段曾起到了积极的作用。"控权模式"关于行政法必须保障公民个人的权利与自由、政府权力范围应当受到限制、行政权力应当依法行使、应当建立完备有力的权力监控体系等观念和具体制度，在当今仍然具有积极的意义。特别是对于中国这样一个有着长期忽视个人权利传统的国家而言，更具有借鉴意义。然而，"控权模式"也存在许多局限之处，与中国的历史传统和现实国情并不相适应，主要表现在：

①对行政权力与公民权利的关系理解过于绝对化。资产阶级革命胜利后，公民权利正式得以确认，但公民权利与行政权力之间并非绝对的对立关系，"控权模式"的根本主张就正好建立在对这对矛盾的错误理解之上。在民主社会，行政权力来源于公民权利，而公民权利的存在和实现也离不开行政权力提供的保障。即使是完全的经济自由放任时期，也是如此。"控权模式"片面强调防止行政权力的滥用，忽视了个人对权利的可能滥用，忽视了行政权力在制约、监督公民权利上发挥的重要作用。

②理论前提与发展趋势的矛盾。"控权模式"依赖的两个理论前提——古典经济自由主义和英美传统自由主义政治哲学，是在一定的历史阶段产生，也难以摆脱特定历史造成的局限性，与当前现实发展的趋势不相适应。

③"控权模式"对目的和手段的错误认识。"控权模式"将保护公民个人权利作为行政法的根本目的，并根据对于行政权与公民权关系的绝对化认识，认为控权是实现这一目的的唯一手段，因而行政法的核心就是控权。这种严格控制制度也走向了极端，在政府日益成为公民福利的保障的情况之下，反而成为公民权利实现的障碍，从而背离了保护公民权的初衷。从手段来看，将控权作为实现公民个人权利的唯一手段，而不维护、促进行政权力的合法地、能动地行使，自然不可能实现保护公民权的目的，因此具有明显的局限性。从目的来看，行政法应当与宪法的根本目标一致，即主张公民权利与行政权力的平衡[1]。

2.3.3　"平衡模式"的基本观点

可以说，整个欧美行政法学界，正在逐渐打破上述两种传统模式的界限而走向新的融合。如何使政府在被广泛授权的同时受到有效的节制，如何在提高行政效率和保护个人权利之间，以及如何在公共利益与私人利益之间维持合理的平衡等等，已经成为现代行政法一个共同的发展趋势。1993年初，罗豪才教授正式提出了"现代行政法理论基础——平衡论"这一核心命题。

平衡论的提出，在国内行政法学界可谓"一石激起千层浪"，其赞成与反对的声音都十分强烈，"平衡模式"也在不断地辩论中得以完善。"平衡模式"认为涉及行政法的社会多元利益和价值都应得到尊重和协调，主张在价值冲突中诉诸中庸、平和的制度性解决方案。可以说，"平衡模式"为快速发展时期的中国行政法的移植和制度创新奠定了广泛认

---

[1]　童之伟 . 公民权利国家权力对立统一关系论纲 [J]. 中国法学，1995（6）：15-23.

同的法学基础，并已经成为我国行政法学界的主流学说。正如宋功德先生所指出："无论你对行政法平衡论持一种什么样的学术态度，我以为你都不会去否认，经过十多年的风风雨雨，平衡论已由一棵稚嫩的理论新苗长成枝繁叶茂的参天大树。而且，在年轻的中国行政法学术共同体中，以平衡论作为纽带，越来越多的对行政法理论基础所持见解具有'家族相似性'的行政法学者，围绕着罗豪才教授——平衡论的首创者，正在形成一个令人刮目相看的学术派别——平衡论 ①"。虽然关于"平衡模式"的探讨学术争鸣一直没有停止，但在以下几个方面已经形成了一系列基本认同的观点 ②：

①行政法价值导向。认为涉及行政法领域的社会多元利益、价值都应当得到尊重和协调。主张在价值冲突中诉诸中庸、平和的制度性解决方案。

②行政法的研究视角和方法。行政法学应当转移以法院或行政机关为中心的视角，直接以行政机关与公民的关系切入研究。这种关系具有时空性，在不同的社会条件下表现出不同的具体形态，而且具有广泛的关联。在研究方法上，应当强调行政权与公民权的配置，而以立法控制或司法审查作为宪政视野下的制度性保障。

③行政法的概念和调整对象。认为行政法是调整行政关系和监督行政关系的法律规范和原则的总称，其调整对象包括行政关系和监督行政关系两部分。权力与权利均具有能动性和扩张性的特点，这两种特性具有双向性，既有理性，也有非理性。因此，行政法机制的特点是双向制约和双向激励。制约机制重点是制约行政主体，激励机制重点是激励行政相对方。此外，通过协调机制实现各方主体之间的平衡和稳定。行政协商强调主体的平等性、议题的开放性和过程的互动性，是主要的协调机制，而行政契约、合作规制等是不同的方式。

④行政法关系。行政法和民法一样，均调整平等主体间的关系，并且两者调整的状态都应当是一种平等、平衡关系。但民事法律关系中的平等关系是对等关系，而行政法关系是非对等的动态平衡关系，失衡的行政法将成为"特权的法"或"无政府的法"。所谓"动态的平衡"是指，在行政法律关系的实体法律关系和程序法律关系中，行政机关和行政相对方分别为权利主体，形成两种非对等性是相互制衡的"倒置"关系，行政实体法律关系和监督行政法律关系（包括诉讼法律关系）的情形也一样，均应体现行政法在"行政权——公民权"制度设计上的平衡精神。根据行政法关系中行政权的强制性和公民参与程度的不同，行政法关系大致分为六类 ③。

【观点引介】罗豪才教授关于行政法关系的分类

高权行政法关系。 即行政主体与行政相对方直接构成"命令—服从"关系的行政法关

---

① 宋功德. 行政法的均衡之约 [M]. 北京：北京大学出版社，2004.

② 包万超. 行政法平衡理论比较研究 [J]. 中国法学，1999（2）：58-74.

③ 罗豪才，等. 行政法平衡理论讲演录 [M]. 北京：北京大学出版社，2011：31-32.

系类型。传统行政中较为广泛，现代社会不断缩减，仅存在如紧急状态下的应急行政和政府的一些内部管理。

管理行政法关系。即行政主体依据宪法和法律授权对社会生活进行日常管理的行政法关系类型。形成"职权—义务"关系。行政主体对社会生活的管理多数可纳入此领域。如行政纲要、行政计划、行政许可、行政监督检查、行政处罚等。

给付行政法关系。行政主体在特定的情况下，依法向符合条件的申请人提供物质利益或赋予其与物质利益有关权益的行为。通常是一种授益行政，形成"给付—授益"行政法关系。

指导行政关系。行政主体在其职能、职责或管辖事务范围内，为适应复杂和多样化的经济和社会管理需要，适时灵活地采取指导、劝告、建议等非强制性方法，谋求相对方同意或协力，以有效实现一定行政目的行为，形成不具有强制力的"指导—自愿"关系。

合作行政法关系。通过平等协商来确定双方权利义务的行政形态，形成"协商—合意"的关系，如行政合同。

助成行政法关系。行政主体在法定职权范围内，只从程序上或形式上对行政相对方的诉求或法律地位予以回应或确定的行政形态，形成"辅助—主导"的关系，如行政确定、行政居中调解、应急行政救助等。

⑤行政法体系。行政法律制度应当分为两大类：保障行政权有效行使的制度和抑制行政权违法行使、滥用的制度。前者包括行政立法、行政处罚、行政强制执行、行政许可、行政合同、行政指导等；后者包括行政程序、行政赔偿、行政诉讼、行政复议以及相关的监督制度（图2-1 行政法体系）。

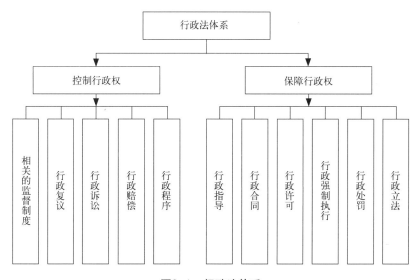

图2-1　行政法体系

2.4 "平衡模式"的现实背景

新中国成立后，基于特定的历史环境，我国城乡规划制度以实现国家管理为目的而参照苏联的"管理模式"，认为城乡规划法就是有关城乡规划行政管理的法。在 20 世纪 80 年代中后期制定城乡规划法的过程中，尽管当时已有平衡思想的萌芽，但毕竟主流观念还是"管理模式"。何况城乡规划法与国家利益、公共利益关系极为密切，在指导思想上，更是深深打上了"管理模式"的烙印。从《城市规划条例》到《城市规划法》，再到《城乡规划法》，其立法宗旨上都明显地反映了"管理模式"的特征。法律强调政府权力的权威性和国家利益的至上性，对公民个人权利考虑甚少。随着经济全球化和美国法律取得西方领导地位，"管理模式"已遭到普遍反对。国内城乡规划界研究法律的学者较多地接受了英美法系的"控权模式"，他们并没有注意到英美法系在行政法方面广泛借鉴大陆法系的事实，更没有注意到中国行政法学界从更高视角提出的"平衡模式"。作者认为，"平衡模式"作为我国城乡规划制度建设的理论基础，有着以下三方面的现实依据。

2.4.1 集体本位意识的文化传统

在城乡规划法的思想基础上，张萍博士主张以公众本位取代国家本位，并指出公众本位的价值基础是对个人权利的尊重。张博士所提出的"公众本位"其实质还是"权利本位"，或者说是"个人本位"，也就是"控权模式"的基本价值观念。此外，郑德高也提出："控权论的理论基础，就是要在城乡规划领域内加强公民权的作用，防止规划管理人员滥用职权"，更是直接倡导"控权模式"[①]。

"控权模式"片面强调防止行政权力的滥用，忽视了个人对权利可能的滥用，忽视了行政权力对公民权利提供的保护。而"管理模式"忽视对公民权利的维护，纵容了封建社会遗留的"权力本位"思想的膨胀。两者都难以胜任我国现阶段城乡规划法理论基础的重任。但"管理模式"所强调的对于合法行使的国家权力的维护，其合理内容也是法治建设的"本土资源"。集体本位意识作为一种民族精神有其可贵之处，在个人利益与国家利益存在冲突时，这种精神可有效地化解矛盾；在政府积极行政时，这种精神是行政指导、行政合同等非权力性行政方式发挥作用的社会基础。

2.4.2 国家行政法律制度背景

当前我国城乡规划法的完善，但并不是改革，作为行政法的组成部分，城乡规划制度建设不可能脱离国家行政法的大环境而独步西域，"权利本位"所依赖的一整套机制也远非城乡规划部门所能独立解决的。况且"权利本位"并非尽善尽美，英美诸国在"控权模式"出现种种弊端后，提出了"管治"思想，近来也在积极倡导"社会治理"的理念，其

---

① 郑德高.城市规划运行过程中的控权论和程序正义 [J].城市规划，2000（10）：26-29.

实质也是"平衡模式"的表现形式。正如何兴华所言："管治的本质是政府与非政府力量之间以及力量内部的互动关系"[①]。从我国行政法的发展趋势来看，尽管公民权的保护已经越来越受到重视，但在相当长的时间内，不可能按照"控权模式"构建城乡规划制度，《城乡规划法》的立法实践也反映了这一现实。作为行政法理论基础的主流学术思想，"平衡模式"可以也应当为城乡规划制度建设提供全面的理论指导。

2.4.3　快速发展阶段的社会现实

我国在相当长的时间内仍将处在快速发展阶段，从国家的总体战略来看，这一阶段在效率与公平这对矛盾中，必然会相对重视效率一端。"控权模式"的程序正义和对效率不负责的观念，与我国现阶段实施的赶超战略是无法适应的。在快速发展的中国，即便是国家层面的立法，有时也赶不上现实的变化，更何况在城乡规划这一错综复杂、瞬息万变的领域。如果不顾实际效仿"控权模式"，难免自陷泥沼。

2.5　城乡规划的法律属性

前文论及，无论中国还是西方，无论是大陆法系还是英美法系国家，都存在一种趋向"平衡模式"行政法理论基础的倾向。在法学研究中，城乡规划的本质属性问题，特别是城市总体规划和控制性详细规划的法律地位，需要达成一定的共识。只有这样，才可能更好地理解城乡规划实施制度中的"平衡模式"。西方国家城乡规划的本质属性是行政计划。行政计划包含着社会契约的精神内核，因而能必然追求各方利益的均衡。我国早期的行政法学者一般称为行政计划，但最近学术界也称之为行政规划，两者只是译法上的差异，其含义实际上基本一致。

2.5.1　行政计划

行政计划是指行政机关为达成特定的行政目的，为履行行政职能，就所面临的要解决的问题，从实际出发，对有关方法、步骤或措施等所做的设计与规划。行政计划具有选择与设定行政目标、统合行政活动方式的功能、为相对人提供导引等功能。行政计划所具有引导国民活动、引导国家和地方公共团体的预算、立法的功能，被称为"行政计划的本质"。我国学者根据行政计划所具拘束效果的不同，将行政计划分为拘束性计划和非拘束性行政计划两种类型。拘束性计划是指对所涉及对象具有拘束力的行政计划。非拘束性行政计划包括影响性计划和建议性计划两种类型。影响性计划又称诱导性计划，指计划本身没有法律上的拘束力，但行政机关通过计划的公布，运用自身的影响力或津贴辅助手段，来达到促使人们的行为符合计划目的。建议性计划又称资讯性计划，主要是提供预测、判断的信

---

① 何兴华. 管治思潮及其对人居环境领域的影响 [J]. 城市规划，2001（9）：7-12.

息，提供公众或社会参考的计划。

行政计划很早就作为一种国家管理社会的手段而存在，但其存在的必要性和不可替代性是在现代法治社会中，在国家行政活动的范围和内容不断扩大化和多元化的情况下，才日益显现。在城市建设、环境保护、交通建设、文化教育等众多领域，很大程度上运用了行政计划，以实现行政的前瞻性和有序性。基于行政计划而展开的计划行政，被称为现代行政的重要特色之一。德国行政学家 Ernst Forsthoff（1902—1974）在谈到规划兴起时的理论"三不足状态说"时认为，现代社会具有一种趋势，那就是将时间关系浓缩为空间关系。同时现代国家又面临时间紧迫性、空间不足性以及财源有限性的三不足状态。因此要求行政权必须集中、高效运行并合理配置资源，规划就成为一种不得不作的选择和最优化的选择。

城乡规划及相关规划在德国、日本等西方国家基本上都纳入行政计划的研究范畴。行政领域的规划是对立法和统治的实施，主要方式是制定规则和颁布抽象的规范性文件，其主要内容是制定目标和确立实现目标的途径，目的是达成公共利益的需要。

2.5.2 德国的行政计划

20 世纪 70 年代以来因反对东德危害自由的计划经济而一度忌讳谈及的公共计划越来越受到重视，法学角度对计划问题的研究在 1975 年开始呈现出景气的现象。根据联邦建筑法典，将有拘束力的城建规划作为地方法规（规章），在联邦远程道路和类似工程方面的计划确定则属于行政行为。这种学理上颇具争议的划分仅适用于长期得到公认和具有法律约束力的计划类型，对于其后新出现的其他计划则不适用。根据德国行政法学家平特纳的观点，当前德国行政计划主要有以下几种类型[①]:（1）具有普遍约束力的计划，包括阻止性计划和创设性计划，前者用来禁止违反计划的行为，而不是积极倡导一定的行为，一般将城建计划归入该类；后者则规定一定的行为，如城市重建计划的附属部分。（2）影响性质计划，既不禁止又不强制，而是旨在助长推动某项工作。如对经济领域的促进计划、住宅现代化项目。（3）具有内部约束力的计划，包括不同层次的土地计划（联邦土地项目、州计划、地方计划、乡镇的地上使用计划），预算案等等。（4）信息性质或远景计划，不产生约束力，但应促成一定的预测，如中期财政计划、州发展规划、中小学发展计划、"协调行动"的预期日期、社会计划等。

德国对行政计划的程序性规定相当完善，例如，作为国家基本行政程序法的《联邦德国行政程序法》，就用了整整一节篇幅专门对确定规划的程序进行了规范，内容十分详尽，几乎和我国整部《城乡规划法》的篇幅相当[②]。关于行政计划的救济问题,联邦德国可以在行政法院提请法规审查，复查城建计划的合法性。但针对基于城建规划的土地使用计划,

---

① （德）平特纳. 德国普通行政法 [M]. 朱林译. 北京：中国政法大学出版社，1999：157-162.

② （德）平特纳. 德国普通行政法 [M]. 朱林译. 北京：中国政法大学出版社，1999：248-253.

则不存在法律救济途径。此外，德国关于行政计划的法学研究也相当深入，为解决城乡规划中的复杂矛盾奠定了基础。

2.5.3　日本的行政计划

日本的行政计划始于第一次世界大战之后，最终形成于 1960 年。1999 年关于行政计划的规定就有 300 种之多。根据行政计划的内容分为经济计划、国土计划、防灾计划、产业计划、教育计划、开发计划等。根据行政计划对国民的法律拘束性分为拘束性计划和非拘束性计划。前者是指对国民权益加以直接限制的法律确认性行政计划，根据《都市计划法》第 10 条，《城市再开发法》第 66 条，《建筑基准法》第 41 条，《土地区划法》第 76 条等相关规定，行政机关可以根据市街村再开发事业的公告，对该事业施行地区内的土地形态性质的变更和建筑行为等加以限制，这种计划一般称为"土地区划整理事业计划"、"市街村再开发计划"等。非拘束性计划是指在行政组织内部作为活动基准的计划。

在日本，行政计划虽然不能提起抗告诉讼，但对依赖行政计划的长期性而付诸实施的相关人造成损害的，应予赔偿；同时对因行政计划内容违法而给国民造成损害的也应当予以赔偿。

2.5.4　城市总体规划的法律属性

城市总体规划的本质决定其属于综合性行政计划范畴，当前我国城市总体规划涉及面极广，内容涉及拘束性行政计划和非拘束性行政计划。从城市总体规划应当承担的行政计划功能来看，被称为"行政计划的本质"的引导国民、引导国家和地方公共团体的预算、立法的功能还远远没有实现。此外，总体规划中哪些内容属于拘束性行政计划，哪些是非拘束性行政计划，还很不明确。虽然中央主管部门多次下发了城乡规划强制性内容的相关文件，但由于缺乏相应的约束机制，在实际操作中效果并不理想。此外，就目前我国城市总体规划的编制内容来看，也包含了一定数量的行政指导。

2.5.5　控制性详细规划的法律属性

控制性详细规划在规划实施层面至关重要，目前我国的控制性详细规划包含了强制性内容和指导性内容，两者并没有严格的区分。一般而言，强制性内容属于行政计划范畴，并基本上可以列入拘束性行政计划，因为该部分内容具有较强的拘束力。至于指导性内容，其法律地位尚难以界定，既可划入非拘束性行政计划范畴中的建议性行政计划，也可以作为行政指导来看待。

2.6　小结

本章从分析价值观和行政法理论基础入手，初步论证了"公共利益本位论"作为城乡规划的价值观,"平衡模式"作为制度设计的理论基础,并结合西方国家的相关比较研究,对城乡规划的法律属性进行了界定(图 2-2 城乡规划的法律属性),下文将在此基础上深入探讨相关的制度设计。

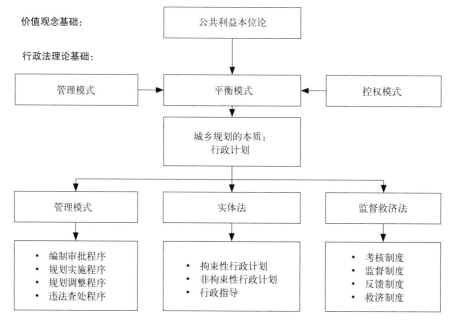

图2-2　城乡规划的法律属性

第 3 章

"管理"渊远,"平衡"根深——传统城乡规划制度的渊源和思想基础

探讨我国的城乡规划制度的发展方向,应当对历史有一个清晰的认识。诚然,传统城乡规划制度显得较为零散,远未形成完整的体系,其鲜明的"管理模式"也并不适应时代要求。然而,传统中也不乏值得借鉴的因素。从整体上看,传统城乡规划制度的"管理模式"源远流长,但儒家"中庸"的"文化基因"以及鲜明的礼治传统又成为"平衡模式"的思想根源。今天,当我们关注经济全球化的同时,也应当以平和的心态看待我们的历史。传统城乡规划制度的精华与糟粕共存,理应结合国情加以"扬弃"。反之,割裂历史而全盘移植西方制度,指望以此实现所谓的"国际接轨",其结果只能是付出沉重的代价。

3.1 传统城乡规划制度的发展历程

鉴于制度变迁是一个渐变的过程,笔者根据城乡规划制度的总体特征进行分期研究。从整体上而言,"礼"并不等同于现代意义上的"法",但具有一定的法律性质,是一种综合性行为规范。汉武帝"废黜百家,独尊儒术"以来,"儒法合流,德主刑辅"局面便已基本形成并影响中国社会近两千年。在传统社会,"礼"一直扮演着重要的角色,按照"礼"的地位和作用,可以大致划分为"以礼代法"、"礼法相参"和"礼入于法"等三个时期。而近代中国的城乡规划制度发生了重大转型,因此,将"近代转型"作为独立阶段与以上三个时期并列。在漫长的发展过程中,城乡规划制度的"集团本位"得以形成并逐渐巩固。可以说,作为"管理模式"的外在制度表现和作为"平衡模式"的思想根源都在历史进程中不断得到强化。

3.1.1 以礼代法(西周及春秋时期)

夏商时期的中国尚处于典型的奴隶制社会,法律制度刚刚起源。最早关于城市建设的法律可上溯至殷商,如《韩非子·内储说》中提到的:"殷之法,弃灰于道者,断其手。"此外,《尚书·序》记有"咎单作民居",咎单是商汤的司空官,前人解释"明居"是"明居民之法也"。即属于丈量土地,划分居住区域及安置百姓的法规[①],这也是城乡规划领

---

① 钱大群. 中国法制史教程 [M]. 南京:南京大学出版社,1987:21.

域成文法的最早记载。商人重商，手工业发达，应当说具有同时代先进的经济和文化发展水平，商朝奴隶制阶级统治十分鲜明，阶级矛盾激化。在统治方面，严刑峻法成为其特征。从考古资料来看，已发掘的早期商代城市，不论是偃师商城，抑或郑州商城，均体现了阶级对立的特征。但随着社会经济的发展，盘庚迁殷后的城市有了新的变化。而且与周初规划体制也有着巨大差别，实际上体现了经济因素影响下由封闭到开放的进程。"殷"城是一座开放型的城，它的分区是综合性的。以某一功能为主，聚合与之相关的其他设施，组合而为一个综合性分区，比如宫廷区，就是以宫室为主，结合与之相关的宗庙、祭坛、手工作坊乃至库藏等集结而为一区，整个城便是由一些不同性质的综合区所组成的（图 3-1 殷都总体规划轮廓图 [①]）。这说明商朝的城市已经经历了封闭——开放的进程，然而这一进程在朝代更替中中断了。周人又在更原始的起点重新开始了另一种发展模式的演进。此外，商朝城市均呈现的以宫城为核心环状布局及逐代兴建并结合地形的特点，都与西周第一次筑城高潮时的情形迥然不同，这也完全可以从西周王城的规划结构得到印证。

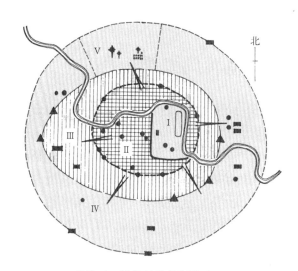

图3-1 殷都总体规划轮廓图

Ⅰ-宫廷区；Ⅱ-内环居住区；Ⅲ-手工作坊区；Ⅳ-外环居住区；Ⅴ-王陵区

周是一个建立在部落征服基础上的同姓及异姓联盟的血缘政权，周初依据"宗法制"原则"封邦建国"，先后分封了 71 个诸侯国，其中同姓 53 国，其余异姓也是通过联姻建立血缘关系而分封的。"宗法"是以血缘为纽带从而调整家族内部关系、维护家长族长权威和世袭特权的行为规范，它是氏族社会末期父系族长制直接演变而来的。西周在克商之前，就已初步具备了这个制度，取得政权以后，它就和整个国家的政治法律制度巧妙地结合在一起，形成了独具特色的"宗法制度"。

① 贺业钜.中国古代城市规划史 [M].北京:中国建筑工业出版社，1996：178.

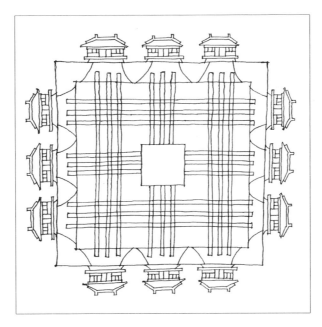

图3-2　周王城规划构想图

西周的城乡规划制度与"宗法制"密切相关，其主要的法律形式为习惯法，即援引礼制的有关原则来判定是非，决定相应的处理形式，或者"遵从先例"。其中，最有代表性的莫过于《周礼》，由于该书的"冬官司工"一章早已失传，仅"考工记"一篇存世，难窥全貌。但就现有的史料而言，该书针对各级城邑的规模、道路等级、建筑物的规格、装饰，乃至门和城墙的高度等等，都作出了详尽的规定（图3-2 周王城规划构想图[①]）。除考工记外，《周礼》中还有不少关于城市建设制度的规定。从整体上而言，礼并不等同于现代意义的"法"，但却具有一定的法律性质，是一种综合性行为规范，这种规范在当时城乡规划领域发挥了主导作用。至于成文法，仅散见于帝王发布的一些单行性法律规范中。可以说，这是一个以"礼"为核心的年代，即"以礼代法"。即便东周末年"礼崩乐坏"，但从整体而言，春秋时期诸侯争霸，各种思想文化不断交融，除秦国发展了法家思想外，其他各国都维系着以礼为核心的状况。西周时期较为完备的"以礼代法"的城乡规划制度，尽管并不适应后来社会经济发展的要求，但由于西周的"宗法制"为儒家所推崇，其重要准则在不同的朝代都或多或少有所体现，特别在一些具有复古倾向的时期，其影响更为明显。

3.1.2　礼法相参（秦至唐初）

春秋末年我国已经开始了成文法的进程，到战国时期各诸侯国纷纷制定成文法，其中，公元前5世纪末魏相李悝制定的《法经》具有划时代意义。秦是一个长期根植于中国西北的古老民族，自商鞅变法以来形成了法家治国的局面。春秋末年，礼法分离，凡公布的法

---

① 董鉴泓.中国城市建设史[M].北京：中国建筑工业出版社.2004：13.

律称为"法",而商鞅以《法经》为基础,将法典的基本形式改称为"律",因袭至清末。

秦朝的残暴统治在农民起义的浪潮中覆灭了,汉初吸取前车之鉴,采取一些有利于社会经济发展的政策,法律方面也体现了"轻刑"的特点。汉武帝"罢黜百家,独尊儒术"以来,儒家的礼法思想又在新的历史时期得到了发扬。即"儒法合流,德主刑辅",礼律结合和三纲五常的尊卑思想不仅是道德准则,也成为立法的基本原则,中华法系在这一时期逐渐形成。

魏两晋南北朝的法律制度在社会大动荡中更替和演进,该时期已经开始了"以礼入法"的渐进过程。总的看来,尽管成文法大量出现,而"礼"却常常与"法"并行,并没有完全融入"法"中,因而仍属于"礼法相参"阶段。

3.1.3　礼入于法（唐初至清末）

汉代以来统治者提出的"德主刑辅"口号,在唐初得到了全面发扬。《唐律疏议》(图3-3[①])开篇就说:"德礼为政教之本,刑罚为政教之用,犹昏晓阳秋相须而成也。"[②]在社会生活中"礼"的作用十分突出,只不过其重要内容都融入法律之中并作为法的衡量标准,通过法律来实现礼制的要求,也就是后人所说的:"唐律一准于礼"。五代和魏晋南北朝一样,是一个动荡的时期,王朝更换频繁,战乱不断,当然也伴随着大量的城市建设活动。但由于社会不稳定和国力不强等原因,难以开展大规模的城市建设,往往是小范围的城市改造和战后恢复建设,相关的城乡规划制度也体现了这一特色。辽、金、西夏和整个元朝时期,立法过程就是不断吸收、继承以唐宋为代表的汉族法律文化传统的过程,也是从"民族异法"向民族统一适用法律过渡的过程。蒙古人入主中原之后,由于受民族习惯影响,在法律上以习惯法和判例法为主,并未形成统一的法典。从法律进化的角度而言,似乎这一时期有倒退的倾向。元朝法律中,关于土地、房地产的买卖制度较为完善,尽管这是五代以来确定的法律制度,但《元典章》的规定却相当严密。明清时期社会经济持续发展,整体上仍然维系着唐朝建立的基本制度。

总的看来,从唐初至清末,礼的思想已经融入法律制度之中,在法律实施中不断深化其影响。

3.1.4　近代转型（清末至民国）

尽管实质意义上的法律变迁是一个伴随着文化冲突的漫长时期,但制度层面上的转型却是一个较为容易把握的短暂过程。近代中国接受西方城乡规划思想以至逐渐突破中华法系的框架,是鸦片战争后列强入侵的伴生之物,并最终在抗战后期特定历史条件下促成了城乡规划制度的转型。

中国古代长期占据主导地位的儒家思想及其影响下的中华法系,在城乡规划制度方面,

---

① 法制网.史海撷珍:中华法系的瑰宝——唐律疏议.
② 长孙无忌,等.唐律疏议 [M].北京:中国政法大学出版社,2013:2.

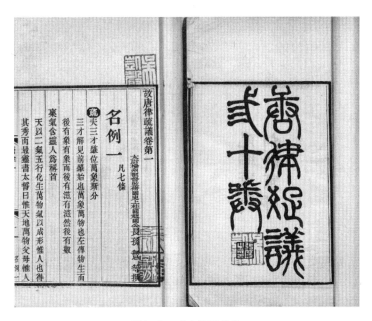

图3-3 《唐律疏议》

同样体现了"礼法结合"的鲜明特征，而且以农为本的封建制度下，城市与乡村的土地利用及建设管理区别不大。直到清末，这种状况并没有得到本质改变。随着西方列强的入侵，其政治法律制度深刻地影响着中国。1902年2月，清政府发布变法修律的上谕，任命沈家本和伍廷芳二人为修订法律大臣，从而拉开了清末修律的序幕。1904年，作为法律起草机关的修订法律馆开始运作，翻译了大量外国法律，并聘请日本法律专家为顾问，在清朝灭亡的最后几年修订了一系列法律规范。修律的重点在于宪法、民法、刑法、诉讼法等基本法律，加之当时西方城乡规划思想也处于萌芽阶段，并没有形成强大的社会影响力，自然难以引起国内立法者的重视。民国时期引进了西方大陆法系成文法典为主体的法律体系，号称"六法全书"。但是，在那个内忧外患、战乱频仍的时代，真正的"法治"是无从谈起的。当局制定法律的动机也并非为了促进法治，而是争取民众或转移民众视线，以及和西方列强谈判以取消领事裁判权的筹码。当然，城市自治思想以及相关制度对其后的城乡规划产生了深刻影响。

现代城乡规划思想及相关制度是一种"外生型"的事物，而这种移植是以租界为生长点逐步扩散的。鸦片战争以来，中国遭受列强侵凌，西方政治法律制度和城乡规划思想逐渐为国人所了解和接受。伴随着尖锐的文化冲突，经历了非常漫长的本土化过程。1845年建立租界时，上海道和英国领事馆共同商定公布了《上海土地章程》，这一章程并不局限于土地和租界的界线划定，内容还涉及其他方面，特别是经过多次修改后，从原先的以界域划定、租地办法等为重点转向以市政组织和市政管理为重点，所谓的"土地章程"，实际上是一部公共租界的"市政组织法"。法租界于1866年制定并于1868年修订的《公董局组织章程》，也反映了这一特点。1854年，英、美、法等国订立了《英、美、法租地章程》，规定在租界内设立"工部局"，主管租界内的城市建设事业及土地管理，其中包括租界内新建筑计划和改扩建计划，核发执照等等，逐步形成了具有特殊职能的租界营造管理机构[1]，这也促进了国内城市在规划和建设方面的立法尝试。

上海很早就制定了《上海特别市暂行条例》，后又公布了《特别市组织法》，上海特别市第二任市长张定璠曾说："本府成立首重法令编制，特设法令审查委员会，使专其职。凡市税之征收，市产之管理，会计、审计办法之厘定，社会公益事业之振兴，以及一切市政之整理与设施、市机关之组织与权限，一一绳之法规，俾使行政人员有所遵循，市政得以发展焉。"[2] 从上海特别市市政府处、局章程和工作细则制定表（1927 年 7 月至 1928 年 6 月）[3] 中，就有了制定《土地局章程》和《工务局办事细则》等与城乡规划相关规定的计划，在《上海特别市市政府各局社会性专项法规制定表》中，明确了工务局必须制定《建筑师、工程师等级章程》、《营造厂登记章程》、《暂行建筑规则》等相关要求，同时也责成土地局制定《清查市有土地暂行条例》等配套土地制度。1928 年 9 月，市工务局增设第五科，专门负责都市计划。其后，上海市政府于 1936 年公布了《土地重划办法》，1937 年公布了《上海市建筑规则》。

尽管上海等城市的地方立法实践为国家层面的立法积累了一些经验，然而总的来看，自土地革命以来，国民政府的重点是对中国共产党及其领导下的人民武装发动全面或局部的"清剿"，国家和地方的立法活动都不可能有大的进展。直到抗日战争后期，情况才发生了变化，当时，西方城乡规划学界出现的很多新理论，如理性主义、快速干道、功能分区、卫星城、生态主义、有机疏散，乃至区域规划理念等等，都通过各种方式传入中国。加之国民党政府与英、美等国的关系较为密切，相互交流的机会较多。而抗战后期和战后恢复时期[4]，整个局势对国民党是有利的，遭受战争严重破坏的城镇也急需迅速恢复正常的运转，这样就对城乡规划提出了迫切要求，制定和完善城乡规划制度也摆上了议事日程。于是，一大批城乡规划制度在这一时期得以出台[5]。可以说，近代中国现代城乡规划制度层面的转型，是始于这一时期的。其突出表现是，以礼法为核心的城乡规划制度转型为服务于社会经济发展，理性主义在规划立法活动中逐步占据了指导思想的地位。当然，随着其后国民党在军事上的节节败退，制度实施基本停滞。然而，只要研究一下战后台湾城乡规划制度的发展，就不难发现，这一转型在台湾得到了延续。

1908 年清政府公布《城镇乡自治章程》，规定自治范围为教育、卫生、道路、实业、慈善、

---

① 张仲礼. 近代上海城市研究 [M]. 上海：上海人民出版社，1990：655.

② 张仲礼. 近代上海城市研究 [M]. 上海：上海人民出版社，1990：656.

③ 张仲礼. 近代上海城市研究 [M]. 上海：上海人民出版社，1990：657.

④ 本书所指的抗战后期和战后恢复时期，基本上可以认为从 1943 年初开始，这一年世界反法西斯战争形势发生了重大转折，中国抗日战争转为进攻阶段；到 1947 年 7 月为止，此时人民解放军由战略防御转入战略进攻。这段时期国民党政权相对处于优势——笔者注。

⑤ 何流，文超祥. 论近代中国城市规划法律制度的转型 [J]. 城市规划，2007 (3)：40-46.

公用事业等。后北洋政府于 1914 年发布的《地方自治试行条例》，规定，凡不属于国家行政事务，均可实行自治。孙中山先生在《建国大纲》中明确提出"人民自治原则为民主基石"，但是国民政府于 1928 年 9 月公布的《县自治法》，却规定县政府由省政府指挥，县民选举的参议会只有建议咨询权。后来于 1934 年完成的《县自治法》及其施行法，也长期没有公布实施①。尽管如此，城市自治思想对城乡规划制度构建仍具有现实的指导意义。新中国成立后由于特定的历史环境，不可能延续城市自治的发展方向。随着社会经济的快速发展和民主意识的提升，应当重新审视基本属于地方性事务的城乡规划，充分发挥地方性法规的重要作用，以其作为城乡规划实施制度的核心和发展方向。《土地重划办法》的规划公示制度，是公众参与城乡规划的雏形，可惜这些正确方向及合理方式一再被中断，这也是忽视传统，指望通过全新的方式引进西方模式的教训之一。

3.2 古代城乡规划制度

3.2.1 城市土地制度

农耕经济下的城市与乡村的土地管理制度并没有严格区别，城市土地制度基本是从农村演化而来的。直到近代，随着西方列强的入侵，租界的发展才真正促进了城市土地制度的变革。古代受均田制的深刻影响，包括住宅用地在内的土地都实行国家按照一定标准统一分配的制度，直到两宋时期，均田制才逐步得以废除。在官方的城市建设基本完成后，往往都划分一定的区域供平民自由"占射"，但不同朝代均有着严格的用地标准。住宅用地的分配标准、分配程序和要求、继承等内容均有严格得规定。土地制度还与身份管理密切相关，即根据身份而遵守"等者同等，不等者不等"的规则。如《大明律》规定，官员不得在任职地购买田宅，否则不仅会被免职、没收田宅，还要接受笞刑②。

（1）住宅用地标准

汉初《张家山汉墓竹简》的《田律》中，按照二十级爵作为分配住宅数量的标准③。这也是现存可考的关于住宅用地的最早法律规范，虽然没有直接规定用地标准，但由于住宅数量及规模已经确定，实际上间接规定了住宅用地的占用。魏晋南北朝时期的法律规范存留至今的虽然不多，但在这一时期发现了根据人口数量分配住宅用地的明文规定④。唐代出现宅基地标准的明确规定，《通典》⑤、《唐六典》及《册府元龟》均有类似记载。虽然更早的《北

---

① 叶孝信. 中国法制史 [M]. 上海：复旦大学出版社，2002：386.

② 刘雨婷. 中国历代建筑典章制度（下）[M]. 上海：同济大学出版社，2010：186.

③ 张家山汉墓竹简·二年律令释文注释 [M]. 北京：文物出版社，2001：177. "宅之大方卅步。彻侯受百五宅，关内侯九五宅……官大夫七宅，大夫五宅……庶人一宅，司寇、隐官半宅。"

④ 仁井田陞. 唐令拾遗 [O]. 长春：长春出版社，1989：559. 如《北魏令》："诸民有新居者，三口给地一亩，以为居室。奴婢五口给一亩。尽管没有城市与乡村的明确区分，但从法律规范的表述上分析，后代住宅用地标准多受其影响。

⑤ 杜佑. 通典 [O]. 北京：中华书局，1988：30. "大唐开元二十五年（公元 737 年）令，应给园宅地者，良口三口以下给一亩，每三口加一亩。贱口五口给一亩，每五口加一亩，并不入永业、口分之限。其京城及州县郭下园宅，不在此例。"

周令》、《北魏令》以及《隋开皇令》也有住宅用地标准,但在法律上将城市与乡村进行区分则还是首次,尽管尚不能考证城市与乡村的住宅用地标准究竟区别何在。

(2)城市土地征收

有学者认为,土地征收是近代租界发展的产物,然而后唐明宗长兴二年(公元931年)的敕文中就已经出现了政府征收土地的法律。对于土地所有人没有能力建造的空闲土地,国家根据商业价值进行分级,确定相应的征收价格,临街土地政府将予以征收,也允许出售。征收中还体现了尊重市场经济和兼顾公平的原则 [1]。

(3)土地交易制度

古代土地交易往往受到严格限制,汉初法律规定,宅基地一般只能购买相邻的土地:"欲益买宅,不比其宅者,勿许。……"而已经分配到宅基地的,如果送人或出售,则国家不再予以分配:"受田宅,予人若卖宅,不得更受"。五代时期开始,城市土地交易开始活跃,相关法律制度也逐步建立。该时期的买卖、典质、倚当 [2] 等三种土地交易的卖方亲属和邻居都具有同等条件下的优先购买权。订立契约必须有"牙人"(即买卖的居间人)和邻居作证,并经官府验证确实没有欺诈行为后加盖官印,同时还要缴纳契税。该制度确切的实施时间难以考证,但至少在后周广顺(公元952年)的法令里已经相当严密 [3]。

土地交易制度在元朝得到长足的发展,元朝不限制私有土地的买卖和兼并。据《元典章》记载,土地买卖经过询问亲邻、经官给具、签押文契、印契税契、过割赋税等固定手续 [4]。据此,出卖宅地等不动产,要先列出名称、数量、坐落、四至等清单,标明价格后交给亲邻,如果亲邻不买,经签字画押后才允许卖给他人 [5]。此外,买卖过程必须申请官府的许可 [6]。在土地交易中体现了减少争执的"息讼"思想,特别是优先购买权的设定。与西方法律追求"正义"的思想形成了鲜明对比。

3.2.2 城市住宅制度

(1)住宅建造规格

西周时期不同等级的住宅有着建造规格的明确规定。如《礼记·礼器》记载:"天子之堂九尺,诸侯七尺,大夫五尺,士三尺,天子诸侯台门" [7]。如果"违制",就要受到严厉

---

[1] 王溥. 五代会要 [O]. 上海:上海古籍出版社,1978:412-413. "……如是临街堪盖店处田地,每一间破明间七椽,其每间地价,宜委河南府估价收买。除堪盖店外,其余若是连店田地,每亩宜定价钱七千,更以次五千(更以次三千)。……诸色人置到旧地等,并限三个月内修筑盖造……"同月敕文还补充规定,对于确属依靠种植为生的农户,则在同等情况下给予较高的征收价格:"京城坊市人户菜园,许人收买,……如贫穷之人,买得菜园,自卖菜供衣食者,即等第特添价直。"

[2] 债权人长期占有债务人土地,以土地的收入抵销债务——笔者注。

[3] 叶孝信. 中国法制史 [M]. 上海:复旦大学出版社,2002:196.

[4] 叶孝信. 中国法制史 [M]. 上海:复旦大学出版社,2002:276.

[5] 叶孝信. 中国法制史 [M]. 上海:复旦大学出版社,2002:276. "诸典卖田宅及已典就卖,先须立限,取问有服房亲(先亲后疏),次及邻人,次见business主。若不愿者,限三日批退;愿者限五日批价,若酬价不平,并违限者,任便交易。"

[6] 叶孝信. 中国法制史 [M]. 上海:复旦大学出版社,2002:276. "凡典卖田宅,先行经官给具,然后立契,依例投税,随时推收。"

[7] 李国豪. 建苑拾英·第一辑 [M]. 北京:中国建筑工业出版社,1989:154.

的制裁。这种思想到春秋战国时期仍然有显著影响。《国语·晋语》记载了"赵文子为室张老谓应从礼[①]"的故事，说的是赵文子由于在檐椽上作了雕饰，以至于大夫张老前往拜会时，因担心受到赵文子的连累而没有进门就回去了，这充分体现了礼制的森严。鲁文公为了扩建宫廷而试图拆迁大夫们的住宅，结果遭到拒绝。作为国君，同样需要严格遵从礼制[②]。

【观点引介】赵文子为室张老谓应从礼

赵文子为室，斫其椽而砻之，张老夕焉而见之，不谒而归。文子闻之，驾而往，曰："吾不善，子亦告我，何其速也？"对曰："天子之室，斫其椽而砻之，加密石焉；诸侯砻之，大夫斫之；士首之。备其物，义也；从其等，礼也。今子贵而忘义，富而忘礼，吾惧不免，何敢以告。"文子归，令人勿砻也。匠人请皆斫之，文子曰："止，为后世之见之也，其斫者，仁者之为也，其砻者，不仁者之为也。"

随着唐代"礼入于法"的完成，住宅制度趋于完善。除《唐律》外，《营缮令》等行政法规或单行法规都有相关的规范记载[③]。宋以后各朝基本沿袭唐代的住宅制度，如明朝颁行的《明会典》，按照等级对官民宅第的修建作了详尽规定，此外，还通过单行法令的形式进行补充。

（2）居住管理制度

坊里制是古代中国重要的居住管理制度，早在春秋时期，管仲就认为分类居住有利于管理，有利于专业发展[④]。分类居住思想成为坊里制的思想基础之一。坊里制的另一基础是严密的户籍制度，从《张家山汉墓竹简》来看，早期的户籍包含了"民宅园户籍"等多项内容，并有着严密的管理制度，当发生纠纷时，以"券书"为准[⑤]。最早关于坊里制的法律规范出现在汉代，《张家山汉墓竹简·户律》对此有详尽规定[⑥]。隋代开始，坊里制发展日趋成熟，宋代吕大防在《长安题图记》曾有精辟的描述："隋氏设都……闾巷皆中绳墨，坊有墉，墉有门……而朝廷、宫市、民居不复相参……唐人蒙之以为制，更数百年而不能

① 李国豪.建苑拾英·第一辑 [M].北京:中国建筑工业出版社，1989：584.

② 薛安勤，王连生注释.国语 [M].上海：上海古籍出版社，1994：178-179.

③ 李国豪.建苑拾英·第一辑 [M].北京:中国建筑工业出版社，1989：166.如"凡王公以下屋舍，不得施重栱藻井。三品以下堂舍，不得过五间九架，厦两头门屋不得过三间五架"（住宅规格）。"非常参官不得造抽心舍，施悬鱼、瓦兽、乳梁装饰"（住宅装饰）。"王公以下及庶人宅第，皆不得造楼阁临人家。庶人所造房屋，不得过三间四架，不得施装饰。……非三品以上及坊内三绝，不合辄向街开门"（规划要求）。

④ 李国豪.建苑拾英·第一辑 [M].北京:中国建筑工业出版社，1989：252."昔圣王之处士也，使就闲燕；处工，就官府；处商，就市井；处农，就田野。"管仲所谓的圣王，主要是西周时期的统治者。

⑤ 张家山汉墓竹简·二年律令释文注释 [M].北京：文物出版社，2001：177.

⑥ 张家山汉墓竹简·二年律令释文注释 [M].北京：文物出版社，2001：177."自五大夫以下，比地为伍，以辨为信，居处相察，出入相司。有为盗贼及亡者，辄谒吏、典。田典更挟里门籥（鑰），以时开；伏闭门，止行及作田者，其献酒及乘置乘传，以节使，救水火，追盗贼，皆得行，哺从律，罚金二两（户律）"。

有改，其功亦岂小哉"①。

3.2.3　城市建设制度

周世宗于显德三年六月（公元 955 年）颁发诏书："……其京城内街道阔五十步者，许两边人户各于五步之内取便种树、掘井、修盖凉棚。其三十步以下至二十五步者，各与三步，其次有差"②。诏书根据道路等级要求退后一定距离，在退后的范围之内，允许进行一些低强度的建设，并可以种树以改善城市环境，也可以说是早期的道路红线后退制度③。

汉初开始，城市公共设施的建设和维护纳入了地方官员的职责范围，失职官员将受到一定制裁，《张家山汉墓竹简·杂律》规定："乡部主邑中道，田主田道。道有陷败不可行者，罚其啬夫、吏主者黄金各二两"④。唐代关于城市公共设施建设和维护的规定更加全面，其影响直至清末。如《大明律》和《大清律》都有类似记载⑤。

与西方发达国家不同，中国没有经历工业革命，加上古代城市河系发达，水体有较强的自净能力，生活粪便也有人专门收集，作为农业肥料，因而城市公共卫生问题并不十分突出。国家对城市公共卫生的管理主要体现在保护城市水系及水源、禁止乱排污水以及疏通河道以利于污水排放等方面。中唐以后，社会经济迅速发展，城市公共卫生逐渐纳入城市管理，《唐律》中便有相关的规定⑥。

3.2.4　建筑审批及违法建设查处制度

从史料记载来看，建设工程需要办理一定的手续并申请官方凭证是肯定的，具体程序如何一时难以考证。汉律和唐律中都有非法兴造的罪名，《唐律》卷十六"擅兴"中规定了兴建工程必须上报："诸有所兴造，应言上而不言上，应待报而不待报，各计庸，坐赃论减一等"。就是说应当报请批准的工程没有上报的，按照工程量的大小以受赃罪论处⑦。但这些法律主要针对官方建筑，民间建筑的审批则与土地管理制度联系在一起。

违法占地的法律规范最早见诸《张家山汉墓竹简·田律》之中⑧，《唐律·杂律》中也

① 董鉴泓．中国城市建设史 [M]．北京：中国建筑工业出版社，1987：35．

② 王溥．五代会要 [O]．上海：上海古籍出版社，1978：414．

③ 黄天其，文超祥．后周世宗城市建设思想探析 [J]．规划师，2002（11）：90-92．

④ 张家山汉墓竹简·二年律令释文注释 [M]．北京：文物出版社，2001：167．

⑤ 张友渔等．中华律令集成 - 清卷 [M]．长春：吉林人民出版社，1991：889-890．"凡桥梁、道路，府州县佐二官员提调，于农隙之时，常加点视修理。务要坚完平坦，若损坏失于修理阻碍经行者，提调官吏笞三十"．

⑥ 长孙无忌，等．唐律疏议 [M]．北京：中国政法大学出版社，2013：169．"其穿垣，出秽污者，杖六十；出水者，勿论。主司不禁，予同罪"．

⑦ 长孙无忌，等．唐律疏议 [M]．北京：中国政法大学出版社，2013：216．《唐律疏议》对此作了详细说明，如对于非法兴造也进行了界定："非法兴造，谓法令无文；虽则有文，非时兴造，亦是，若作池亭、宾馆之属……"至于虚报建筑材料以及人工的，同样将被治罪："即料请财物及人功多少虚实者，笞五十。若事已费损，各并计所违赃，庸重者，坐赃论减一等"．

⑧ 张家山汉墓竹简·二年律令释文注释 [M]．北京：文物出版社，2001：166．"盗侵巷术（说文：邑中之道也），谷巷（疑为溪水旁小巷）、树巷及狼（墾）食之，罚金二两"．

有"侵巷街阡陌"的条款 ①，这与汉律基本相同，但重点已经转移到了城市道路方面。该制度一直延至清末，除量刑轻重有所差别之外，基本上没有大的变化。中唐以后，坊里制度开始逐步瓦解，出现了占街盖房，掘土建屋，乃至占用规划道路用地以事农桑的现象，对此，国家多次以诏书或敕文的形式予以制止，如唐代宗广德元年八月（公元 763 年）的敕文 ②。后唐明宗长兴二年（公元 931 年）六月八日颁布敕文，对违法占地建设进行了禁止 ③。这是较早出现的关于违法建设处理的法律规范。

3.2.5　技术标准

北宋《营造法式》及清工部《工程做法则例》等，是具有法律性质的强制性技术规范，和现代国家标准类似。这类技术标准体现了"礼制"的秩序特征，使得在城市建设中追求秩序成为一种自觉的行为。

3.3　近代转型时期的城乡规划制度

抗战后期，在借鉴英美国家法律制度的基础上，我国初步形成了城乡规划法律体系。为行文方便，本书采用国内通用的划分办法，从主干法、配套法和相关法等三个方面分别进行阐述。

3.3.1　主干法

抗战初期由国民政府颁布的《都市计划法》，是我国首部国家意义上的城乡规划主干法律，该法的适用范围是"都市"，未对县乡镇层次的规划作出规定。直到 1943 年，内政部才公布了《县乡镇营建实施纲要》。1940 年颁发的《都市营建计划纲要》是适应战争需要而制定，可以视为《都市计划法》在战时的实施办法。抗战结束后，为尽快恢复城市生活，行政院颁布了《收复区城镇营建规则》。国民政府曾计划全面修订《都市计划法》，但由于内战爆发而停止。可以说，《收复区城镇营建规则》起到了战争恢复期间城乡规划主干法的作用，也可以理解为《都市计划法》的修改草案。

（1）《都市计划法》

《都市计划法》于 1939 年 6 月 8 日由国民政府公布实施，共 32 条，不分章节。该法明确都市计划由地方政府依据地方实际情况及其需要拟定，并对优先编制都市计划的城市

---

① 长孙无忌，等. 唐律疏议 [M]. 北京：中国政法大学出版社，2013：342."诸侵巷、街、阡、陌者，杖七十。若种植、垦食者，答五十。各令复故。虽种植，无所妨废者，不坐"。

② 王溥. 唐会要 [O]. 北京：中华书局，1998：1573."如闻诸军及诸府，皆于道路开凿营种，衢路陋窄，行李有妨，苟徇所资，颇乖法理，宜令诸道使，及州府长吏，即差官巡检，各依旧路，不得辄有耕种，并所在桥路，亦令随要修葺"。

③ 王溥. 五代会要 [O]. 上海：上海古籍出版社，1978：412."其诸坊巷街道两边，当须通得车牛，如有小小街巷，亦须通得车马来往，此外并不得辄有侵占。应诸街坊通车牛外，即日后或有越众迥然出头，牵盖舍屋棚阁等，并须画时毁折"。

作出了规定，其中包括市、已经开辟的商埠、省会、聚居人口在 10 万以上的城市和其他经国民政府认为应当拟定都市计划的地方。该法还对都市计划的审批、实施情况的核查以及都市计划的编制内容和规划的基本原则进行了规范。该法第六条规定："都市计划拟定后，应送由内政部会同关系机关核定，转呈行政院备案，交由地方政府公布执行"①。在编制都市计划时，地方政府可以聘请专门人员，并指派人员组织都市计划委员会进行编制。都市计划主要包括市区现况、计划区域、公用土地、道路系统及水道交通、公用事业及上下水道、实施程序、经费以及其他内容，其比例尺不小于 1∶25000。《都市计划法》是我国第一部国家意义上的城乡规划主干法。值得注意的是，该法第 31 条规定："本法施行细则得由各省政府依当地情形订定，送内政部核准备案"②。这表明当时是准备由各省根据《都市计划法》的原则制定施行细则，但由于随后战局的变化，这项工作没有得到落实。

《都市计划法》规定，都市计划公布后，其事业分期进行状况，应由地方政府于每年度终编具报告，送内政部查核备案。后来公布的《都市计划委员会组织规程》，为制定和实施城乡规划提供了制度保障。此外，《都市计划法》的适用范围是当时界定的"都市"范畴，至于县、乡、镇的规划编制和实施，则适用 1943 年 4 月内政部公布的《县乡镇营建实施纲要》，该纲要对道路交通设备、建筑、公共卫生等进行了规范。《县乡镇营建实施纲要》规定"凡县城及乡镇公所所在地，其营建事业应依本纲要之规定为实施之准则，县城人口在 10 万以上者适用建筑法及都市计划法之规定。"此外还规定，"居住人口满 5000以上或居住人口未满 5000 而将成为重要定期集市之乡村地方，经县政府之指定，得适用本纲要之规定。"内政部在按语中特别指出："本纲要将县城、集镇、乡村最低限度之营建准则予以规定，俾基层工程建设时有所遵循，且得为有计划之发展，国家整个营建方针亦得以贯彻"③。这也意味着村镇规划和建设工作开始受到当局的重视。

（2）《都市营建计划纲要》

《都市营建计划纲要》于 1940 年 9 月由军委会核定，军委会办公厅送重庆市政府查照，该纲要主要考虑适应战时要求而拟定，实际上是战局变化对城乡规划提出了新要求后的应变措施④。如道路设计要求顺主导风向以防毒气弹，供水设施方面要求大水厂与各单位小水厂形成系统，保障供水的安全性。为适应防空的要求，规定建筑物营造时必须留出七分空地。凡此，都反映了特殊时期的备战需要。

（3）《收复区城镇营建规则》

第二次世界大战之后，城乡规划新思想、新理论不断涌现，国民政府曾经计划重新修订《都市计划法》。由于战争原因，行政院于 1945 年 11 月 1 日公布了《收复区城镇营建规则》，作为临时性城乡规划主干法。从该规则的内容来看，其调整的范围比《都市计

---

① 重庆市档案馆. 抗日战争时期国民政府经济法规 [M]. 北京：档案出版社，1992：84-86.

② 重庆市档案馆. 抗日战争时期国民政府经济法规 [M]. 北京：档案出版社，1992：84-86.

③ 厉生署. 内政法规·营建类 [M]. 南京：内政部，1947：30.

④ 重庆市档案馆. 抗日战争时期国民政府经济法规 [M]. 北京：档案出版社，1992：687-690.

划法》有所扩大，包括院辖市、省辖市、省会、县城及居住人口 2 万以上之集镇（第三条）。该规则第四条还规定："因国防、经济、交通之共同关系之城镇间得联合拟定一定区域内之共同营建计划，称为区域营建计划"。可以说，这是区域规划首次在法律规范上出现，其后的第十六条更明确规定："城镇规划应消除城乡界限，城镇营建计划应为区域营建计划之一部，区域营建计划应为省营建计划之一部"①，这体现了第二次世界大战之后区域规划思想的影响。

《收复区城镇营建规则》规定了土地强制征收与保留征收的措施，作为实施城乡规划的重要手段。所谓强制征收，就是"市县政府为谋地方之复兴与重建，得将未改良或已改良之土地，无论曾否遭受战争破坏，于实施工程以前划定区域全部或部分征收之"②。而市县政府对于城镇将来所需用之土地经行政院的许可还可以采取保留征收的措施，经核准划定的公用土地可以申请保留征收，所谓保留征收，即"就将来所需用之土地，在未需用征收以前，提前申请核定并公布其范围并禁止妨碍规划用途的建设"③。刚开始保留征收没有时间限制，修改后的土地法规定了期限"保留征收之期间不得超过 3 年，逾期不征收视为撤销。"但开辟交通线路和国防设备经核定可延长，延长期间至多 5 年④。在实施城镇规划时，《收复区城镇营建规则》还提出城镇规划中各项设备应按地形及人口分布状况，尽量配合区镇保甲等自治单位，体现了兼顾行政界限的原则。

此外，《收复区城镇营建规则》对都市计划的审核批准备案、土地强制征收与提前保留征收、道路系统、公有建筑、公用工程以及住宅建设也进行了详尽的规定，并单列城镇规划为一章。通观整部规则，处处体现了功能分区、严格隔离工业的原则，明显是受到《雅典宪章》的影响。

3.3.2　配套法

（1）规划编制

1945 年 9 月 6 日内政部电发各省市政府，要求推进规划编制工作⑤。为使规划编制工作顺利开展，内政部专门制定了《城镇重建规划须知》，这实际上是一部关于规划编制的技术规范。该规章按照院辖市、省辖市、未设市之省会、县城、五千人口以上之集镇等六个级别的城市划分，从面积与人口分配、结构形式与分区使用、道路系统、上下水道、公有建筑、居室建筑、绿地、公用工程和防护工程等九个方面，提出了具体的规划编制要求。

---

① 厉生署.内政法规·营建类 [M].南京：内政部，1947：6.

② 厉生署.内政法规·营建类 [M].南京：内政部，1947：6.

③ 厉生署.内政法规·营建类 [M].南京：内政部，1947：6.

④ 厉生署.内政法规·营建类 [M].南京：内政部，1947：169.

⑤ 厉生署.内政法规·营建类 [M].南京：内政部，1947：16."过去与现在之城镇，因无远大规划，一任自然扩展，其所造成的灾难与罪恶诚不可数计，抗战八年，既遭大量破坏，实为重建理想城镇之良好机会，故战后全国城镇均应把握时机，重作有系统之精密规划"。

城市等级越高,编制深度的要求也越高。从《城镇重建规划须知》的适用范围来看,较《都市计划法》有很大扩展,即包括了规模在 5000 人以上的集镇。

1946 年 1 月 31 日行政院公布了《土地重划办法》,规定:"凡举办土地重划之地区应由地政机关制定土地重划计划书及重划地图"。这虽然是一部与土地法相关的法规,但其中涉及了大量关于城市土地利用的规定。关于土地重划计划书和重划地图的相关规定,甚至有些类似于当今的控制性详细规划。该办法要求主管地政机关核定土地利用重划书和重划地图后,应即通知各该土地所有权人,并于重划地区张贴重划地图公告。"在公告期间内有关之土地所有权人半数以上,而其所占土地面积除公有土地外超过重划地区总面积一半者表示反对时,主管地政机关应呈报上级机关核定之"①,这一制度可以说开启了规划公示的先河。

(2) 组织规程

根据《都市计划法》的有关规定,1946 年 3 月经行政院核准备案,由内政部于次月公布了《都市计划委员会组织规程》。明确了都市计划委员会的组成办法和议事规则。委员由指派人员(地方政府就主管人员中指派)、聘任人员(地方政府就具有市政工程学识或当地富有声望与热心公益之人中聘任)和上级政府指派参加人员构成,但明确规定聘任人员不得少于指派人员。都市计划委员会设主任委员一人,全面负责委员会的工作,主任委员由该管市县长或工务行政长官兼任②。1946 年 8 月 24 日,上海市都市计划委员会根据《都市计划委员会组织规程》成立。

在乡镇方面,内政部 1944 年 11 月公布了《乡镇营建委员会组织规程》,对委员会的性质、任务、人员组成以及议事规则进行了规定。乡镇营建委员会主要协助镇长办理乡镇营建工作。省政府分派技术人员指导制定营建计划,除中央法令已有规定外,省级政府可以依地方情形制定技术标准③。

内政部于 1944 年 11 月还公布了《营建技术标准审查委员会组织规程》,明确委员会的主要职责是"审查有关建设技术之法规及制式标准④"。

(3) 规划实施

1945 年 9 月 29 日内政部电发各省政府,实施《省公共工程队设置办法》,其主要意义在于,由省级政府组织专业型队伍,负责指导各地的战后重建计划的制定和实施,工程队是流动型的,这也有利于充分利用技术力量和积累城市建设的经验⑤。

1945 年 11 月 29 日,行政院公布了《市公共工程委员会组织章程》,根据该章程,委员会设委员 9—13 名,主要负责审议与公共工程相关的事宜。

此外,1947 年 3 月 15 日行政院还公布了《协助建设示范城市办法》,从都市计划的资

---

① 厉生署. 内政法规·营建类 [M]. 南京:内政部,1947:24.

② 厉生署. 内政法规·营建类 [M]. 南京:内政部,1947:24.

③ 厉生署. 内政法规·营建类 [M]. 南京:内政部,1947:31-32.

④ 厉生署. 内政法规·营建类 [M]. 南京:内政部,1947:191.

⑤ 厉生署. 内政法规·营建类 [M]. 南京:内政部,1947:13-14.

料收集、方案制定、审批程序、规划实施、资金筹集等方面，对建设示范城市进行了规定，并暂定南昌、长沙两市为示范城市区域，当局期望通过示范城市的建设，引导全国的城乡规划和建设的方向。

3.3.3 相关法

城乡规划相关法主要包括《建筑法》、《土地法》及其各自相关的配套法规。由于当时法律门类划分与现在的标准不同，所以这两大类相关法中还有部分内容属于城乡规划法调整范畴。

（1）《建筑法》及相关法规

卢沟桥事变后，由于后方城市恢复建设的迫切需要，1938年国民政府公布《建筑法》，该法共47条，其中明确了建设工程规划许可制度。1944年9月21日进行了修订，但变化不大。首先是对适用区域作了调整，取消了"已辟之商埠"，将"居住人口在五万以上者"纳入了规划管理范围。此外，还将"本法于前项区域以外之公有建筑，其造价逾三千元者，亦适用之"改为"本法于前项区域以外之公有建筑，其造价在该建筑物所占基地二十倍以上者，亦适用之[①]"。《建筑法》对建设工程的主管机关、规划许可、建筑界线和建筑管理等均进行了规范。

《建筑法》根据建筑物的重要程度和建设单位，分别采取不同的审批程序。"中央或省或直隶于行政院之市之公有建筑，造价逾三万元者，应由起造机关拟具建筑计划、工程图样及说明书，连同造价预算，送由内政部审查核定。县市以下之公有建筑，由建设厅核定，但应汇报内政部备案[②]"。"中央或省或直隶于行政院之市之公有建筑在三万元以下者，依该起造机关之直接上级机关之核定为之。如起造机关为中央各部会以上之机关或省政府或直隶于行政院之市政府，由各该机关自行决定，但均应将建筑计划、工程图样及说明书，连同造价预算，送由内政部备案[③]"。修改后的《建筑法》没有采用3万元作为划分标准，而是采用了"一定金额"的提法，而"一定金额"由内政部另行确定，灵活性增大。

公有建筑经核定或决定后，建设单位应向市县主管建筑机关请发建筑执照。私有建筑应由建设人呈由市县主管建筑机关核定。至于建筑申请书、工程图样及说明书的具体要求，《建筑法》也有明确的规定。此外，改变建筑物性质同样需要报批手续。市县主管建筑机关，对于建筑物的选址认为不当的，可以加以改正。如果未经勘验擅自施工，对承造人可以处以"建筑物造价千分之五以下罚款"。工程竣工后，经验收合格应发给执照。根据《建筑法》，未经批准的私有建筑，可处以工程1%以下的罚款，必要时可以拆除。而对于未经批准的公有建筑，则采取勒令停工，补办手续，或责令拆除。妨碍都市计划、危害公共安全者、有碍公共交通者、有碍公共卫生者、与核定计划不符等情况可以责令修改

---

① 厉生署.内政法规·营建类[M].南京：内政部，1947：36.

② 厉生署.内政法规·营建类[M].南京：内政部，1947：38.

③ 重庆市档案馆.抗日战争时期国民政府经济法规[M].北京：档案出版社，1992：675.

或停止使用，必要时拆除[①]。

1939年2月27日行政院公布了《管理营造业规则》，1943年1月行政院经修正后公布，该规则根据营造单位的经济和技术力量划分为甲、乙、丙、丁四个等级，并规定了相应的业务范围。

1944年12月27日内政部公布《建筑师管理规则》，可以称为我国第一部建设行业的职业道德和执业纪律的规范，该规则界定了建筑师的范围："建筑师以曾经经济部登记并领有证书之建筑科或土木工程科技师技副为限"[②]。并对建筑师的开业及领证、执业与收费、责任与义务，乃至违反规定应当给予的惩戒，都进行了较为详细的规定。根据建筑师的业务能力，将开业证书分为甲等、乙等两类，规定了相应的营业范围。

1945年2月26日内政部公布《建筑技术规则》，分为总则、建筑高度及面积、设计通则、结构准则、附则，共5编。是一部关于建筑设计和结构设计的技术规范，其中也涉及少量规划控制的内容，如道路两侧建筑物高度控制原则等。

（2）《土地法》及相关法规

1928年7月28日国民政府公布了《土地征收法》规定了国家对于兴办公共事业、调剂土地之分配以发展农业改良农民之生活状况等事业时，可以依法进行土地征收。1930年6月30日国民政府公布了《土地法》，1937年3月1日施行，共397条。《土地法》的主要内容是测量全国土地后进行土地总登记，明确地块等级、登记各项土地权利，确定地价，对土地的私有权进行一定限制。《土地法》包括总则、土地登记、土地利用、土地税和土地征收等5编。在土地利用编中，将土地划分为市地和农地，市地分为限制使用区和自由使用区，前者须附加控制条件。这与当今的城乡规划区范围划定有类似之处，可以说是都市计划和建设项目管理概念的首创，同时也将城市建设用地与农村土地进行了法律意义上的区分。在此之前，虽然《唐六典》以及更早的《北周令》、《北魏令》都对宅基地的分配进行了规定，并且也表明城乡土地制度存在一定差别，但重视农业传统的中国，对城市土地利用和建设工程并没有采用特殊的管理办法。

《土地法》于1946年4月29日经国民政府修正后公布，包括总则、地籍、土地使用、土地税、土地征收等5编。当时《都市计划法》已经出台，因而在修改后的《土地法》中，体现了与《都市计划法》的协调的思想。该法第九十条规定："城市区域道路沟渠及其他公共使用之土地应依都市计划法预为规定之"[③]。国民政府还同时公布了《土地法施行法》，作为实施土地法的配套法规。关于宅基地面积标准，《土地法》规定不得超过10亩，超过限制部分的私有土地，国家有权予以征购[④]。（表3-1近代转型时期城乡规划法律规范；图3-4转型时期的城乡规划法律制度体系）。

① 重庆市档案馆. 抗日战争时期国民政府经济法规 [M]. 北京：档案出版社，1992：676.

② 厉生署. 内政法规·营建类 [M]. 南京：内政部，1947：44-46.

③ 厉生署. 内政法规·营建类 [M]. 南京：内政部，1947：154.

④ 叶孝信. 中国法制史 [M]. 上海：复旦大学出版社，2002：387.

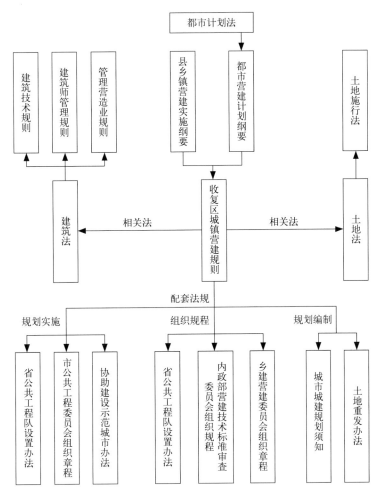

图3-4 转型时期的城乡规划法律制度体系

近代转型时期城乡规划法律规范   表 3-1

类别		法规名称	颁布时间及部门	主要内容及意义
城乡规划和村镇规划类	主干法	都市计划法	1938 年 6 月 8 日国民政府颁布	中国首部城乡规划主干法律，共 32 条
		都市营建计划纲要	1940 年 9 月军委会核定，军委会办公厅送重庆市政府查照	适应战时需要而制定，特别注重城市防空
		收复区城镇营建规则	1945 年 11 月 1 日行政院公布	适应战后重建需要而制定，起到了临时主干法作用。共 67 条，分为 7 章：总则、土地收用与整理、城镇规划、道路系统、公有建筑及住宅工程、公用工程、附则
		县乡镇营建实施纲要	1943 年 4 月内政部公布	共 36 条，分为 6 部分，村镇规划方面的基本法规
	配套法 规划编制	城镇重建规划须知	1945 年 9 月 6 日内政部电各省政府	共 7 条，分为甲乙两部分，按 6 个级别城市，提出了规划编制要求
		土地重划办法	1946 年 1 月 31 日行政院公布	共 30 条，部分条款涉及土地控制性规划的内容

续表

类别			法规名称	颁布时间及部门	主要内容及意义
城乡规划和村镇规划类	配套法	组织规程	都市计划委员会组织章程	1946 年 3 月行政院核准备案,内政部同年 4 月公布	共 8 条,明确都市计划委员会组成办法,委员由指派、聘任和委任三种形式,且聘任人员不得少于指派人员
			乡镇营建委员会组织章程	1944 年 11 月内政部公布	共 20 条,明确乡镇营建委员会的性质、任务、人员组成和议事规则
		组织规程	营建技术标准审查委员会组织章程	1944 年 11 月内政部公布	共 7 条,规定技术规范审查的组织规程
		实施办法	省公共工程队设置办法	1945 年 9 月 29 日内政部电发各省政府	共 5 条,省政府组织流动型专业队伍,负责指导各地战后重建计划的制定和实施
			市公共工程委员会组织章程	1945 年行政院公布	共 10 条,审议与公共工程相关事宜的组织规程
			协助建设示范城市办法	1947 年 3 月 15 日行政院公布	共 8 条,对建设示范城市进行了规定,并暂定南昌、长沙两市为示范城市区域
相关法	建筑法类	主干法	建筑法	1938 年 12 月 26 日国民政府公布,1944 年 9 月 21 日修正后公布	共 50 条,分为总则、建筑许可、建筑界线、建筑管理、附则等 6 章
		施工资质	管理营造业规则	1939 年 2 月 27 日行政院公布	共 29 条,根据营造单位的实力划分为 4 个等级,并规定了相应的业务范围
		执业纪律	建筑师管理规则	1944 年 12 月 27 日内政部公布	共 42 条,分为总则、开业及领证、执业与收费、责任与义务惩戒、附则等 6 章
		技术规范	建筑技术规则	1945 年 2 月 26 日内政部公布	共 274 条,分为总则、建筑物高度及面积、设计通则、结构准则、附则等 5 编
	土地法类		土地征收法	1928 年 7 月 28 日国民政府公布	为制定土地法拉开了序幕
		主干法	土地法	1930 年 6 月 30 日国民政府公布,1946 年 4 月 29 日修正后公布	共 247 条,分为总则、地籍、土地使用、土地税、土地征收等 5 编
		配套法规	土地施行法	1935 年月 5 日国民政府公布,1946 年 4 月 29 日修正后公布	共 61 条,分为总则、地籍、土地使用、土地税、土地征收

3.4 传统城乡规划制度的思想基础

中华法系下的城乡规划制度,有着与西方全然不同的历史传统。从"平衡模式"的思想基础来看,主要体现在中庸思想的文化认同、集团本位日益强化和发达的公法文化等三个方面。

3.4.1 中庸思想的文化认同

"平衡模式"的深层思想基础,就是中庸思想的文化认同。所谓中庸,"喜怒哀乐之未发，谓之中；发而皆中节，谓之和；中也者，天下之大本也；和也者，天下之达道也。致中和，天地位焉，万物育焉。""以性情言之，则曰中和；以德行言之，则曰中庸。"中国古代主流的儒家思想取道中庸的文化传统，是"平衡模式"的思维渊源。正如"控权模式"更能体现西方法治文化传统一样，"平衡模式"与中国文化传统很容易形成精神层面的默契。中庸思想通过礼制融入法律制度之中，对中国人的影响可以说是无处不在，这也为"平衡模式"在城乡规划制度中的运用提供了广泛认同的文化基础。"平衡模式"在不自觉中受到中庸思想的影响，在城乡规划价值诉求、机制设计与制度安排中，应当体现温和、宽容、兼顾各方，不偏不倚等精神。当然，"平衡模式"并不能与中庸思想混为一谈。就城乡规划制度设计而言，"平衡"要求在公益与私益的基础上实现权力与权利配制的适度，顾此失彼，或枉或纵都不是理想的模式。承认公益与私益之间，行政权与相对方权利的差异，但应当是和而不同。尽管在传统社会生活中，"管理模式"源远流长，但"平衡模式"具有深层次的文化认同。在当今和谐社会成为时代主题的背景下，传统文化中的中庸思想更是成为"平衡模式"具有超乎寻常的亲和力的内在根源。

3.4.2 集团本位的日益强化

在远古时代，无论东西方，集团本位都具有普遍性[1]。从法律文化角度来理解，可以说这是世界法律的集团本位时代。然而，中西法律本位从相同的起点开始，走上了日益分离的道路[2]。在封建国家政治体系中处于重要的基础地位的"家"，通过汉儒以此为基础并吸收了法家的国家本位思想，成功创设了新的家族本位与国家本位相结合的理论，在传统中国的政治舞台上成为主角，并主宰中国政治法律长达2000余年。表现在城乡规划制度领域，就是鲜明的"礼治"特色。直到清朝末年，这些制度才随着西方法律文化的东渐而受到冲击和动摇。

传统城乡规划制度在近代西方法律文化的冲击下发生了巨大的变化，作为基础之一的家族制度逐渐丧失了原来在古代法律中占有的重要地位，只有观念和意识的残存仍然在相当长的时间内继续对国人产生强烈的影响。国家本位随着民族观念的兴起和战争因素的推动，实际上不断得到强化。尽管如此，长期的国家主义和集团本位对其后的城乡规划制度建设产生了深远的影响。

集团本位作为一种实质上的义务本位法，公民权是微不足道的，其精神实质应当予以深刻反思。然而，集团本位对于连接权利与义务，以及城乡规划"平衡模式"的制度构建而言，确实具有一定积极意义。

---

① （德）马克思·韦伯.经济与社会（下）[M].北京：商务印书馆，1999：5.

② 张中秋.中西法律文化比较研究[M].南京：南京大学出版社，1999：37.
张中秋认为，中国法律本位发展道路为：氏族（部族）——宗族（家族）——国家（社会），其特点是日益集团化；而西方的法律本位则经历了"氏族——个人——上帝（氏族）——个人"这一发展轨迹，其特点是日益非集团化，也就是"个人本位"化。

3.4.3　发达的公法文化

关于公法与私法的划分，目前法学界还存在一定的争议，张中秋先生认为[①]："公法调整的主要是国家及国家与个人之间的关系，而私法则主要是调整公民个人之间的关系。公法规定的权利义务是通过国家强制力量来保证实施的，公法领域的法律主体的双方（国家及国家与个人）在地位上是不平等的；……私法从本质上说完全是民事性的，因此法律主体的双方（公民与公民或公民与法人）处于平等的地位。"公法传统最关键的社会原因是国家权力和观念的高度发达，正如韩非子所言："夫立法令者，以废私也，法令行而私道废矣。私者，所以乱法也"。我国虽然拥有悠久的文明历史，却没有形成完善的私法体系。因此，"权利本位"所依赖的基础并不存在。此外，中国没有经历"民法时代"的洗礼，是从"刑法时代"直接向"行政法时代"过渡。在古代的城乡规划制度方面，也基本上是民事法律规范和行政法律规范的刑事化[②]，大量的涉及规划方面的争议和纠纷是通过民间自行处理的方式解决的。

18世纪以来，西方法律文化凭借其强大的工商文明和武力，迅速渗入其他国家，最后发展到为世界上绝大多数国家模仿，俨然成为唯一优秀的法律文化和普遍适用的法律模式。实际上，事实无数次证明，西方法律文化并非完美无缺，其法律模式也并非普遍适用。

刑事化并不表明中国古代文化就一定落后于西方，而只是从一个侧面反映这种文化的公法性和国家本位。这既是中国古代社会的特性，也是社会保持有序发展的条件。与西方法律文化中的私法传统形成巨大的反差是历史形成的客观文化差异，在当今城乡规划制度的探索中，只有尊重并充分利用这种特性，才可能创设适合国情的制度。

3.5　小结

我们今天倡导的依法治国，也并非一切社会事务都要依靠法律规范来解决，而是秉承法的公平正义理念。例如，有的学者视自由裁量权如"洪水猛兽"，实际上，自由裁量权并不可怕，可怕的是失去监督和制约的自由裁量权。在制度建设中，一定程度的自由裁量权不仅有助于体现"情理精神"，而且有利于公务人员积极行政。当然，传统法律的情理模式，强调了法律是现实社会中的行为准则，而非神的意志。在摆脱宗教控制的同时也失去了宗教意义上的神圣性。法律作为世俗工具而限制了自我发展，最终成为道德体系的附庸，这也是我们必须清醒认识的客观事实。

---

① 张中秋.中西法律文化比较研究[M].南京：南京大学出版社，1999：79.

② 指中国传统法律缺乏调整平等主体社会关系的民法精神，该类关系往往属于道德调整的范畴，一旦上升至法律层面，则意味着需要接受刑事制裁。

第 4 章

"管理"式微，"控权"突起——新中国成立后城乡规划制度的发展和思想碰撞

新中国成立以来，城乡规划制度建设走上了一条曲折的探索道路，为了更好地反映历史轨迹，本章对发展阶段进行了划分。重点论述城乡规划体系以及规划实施中的许可制度等内容，同时也简要介绍规划编制审批制度和规划管理机构。

上一章指出，近代中国的城乡规划制度的转型，是在租界城市的立法实践基础上逐步扩展，并由地方层面上升到国家层面。而新中国的立法模式，基本上是一种自上而下的过程。通过全面借鉴苏联各项制度，形成了我国长期占据主导地位的城乡规划制度的"管理模式"。改革开放之后，"控权模式"在理论层面异军突起。然而，现实并不存在"控权模式"的生存土壤。尽管《城乡规划法》体现了一定的对行政权力加以控制的精神，然而，"管理模式"仍处于明显的主导地位。所谓"式微"和"突起"，更多地表现在学术探讨之中。

4.1 经济恢复和学习苏联时期（1949—1957 年）

由于受到以梁思成等为代表的英美留学者的影响，新中国成立初期曾有一段短暂学习英美国家城乡规划经验的过程。主要表现在规划编制技术层面，较少涉及实施制度。在社会主义建设热情高涨的背景下，"国家本位"成为不容置疑的指导思想。英美国家的"控权"思想对城乡规划制度的影响十分有限，而传统"平衡"思想则在公有化进程中被忽视。经过 3 年的经济恢复时期，从 1953 年开始进入第一个"五年计划"，由于政治原因，我国进入全面借鉴苏联时期（表 4-1 经济恢复和学习苏联时期相关法规及政策文件）。

4.1.1 规划管理机构

新中国成立后，中央的城乡规划行政主管部门几经变化，先后经历了财经委员会计划局基本建设处、建筑工程部、城市建设总局、城市建设部、建设委员会等部门。在地方层面，1952 年 9 月，中央财政经济委员会召开了第一次城市建设座谈会，提出从中央到地方建立和健全城市建设管理机构的要求。1953 年 11 月，中共中央同意国家计委关于有新厂建设的城市中设立城市规划与工业建设委员会的建议。北京、西安、兰州、包头、太原、郑州、武汉、成都等有 3 个以上新厂建设任务的城市都组建了城市规划与工业建设委员会，但中小城市还没有条件设立专门的规划管理机构。

4.1.2　编制审批制度

1953 年 8 月，中共中央《关于城市建设中几个问题的指示》促进了城乡规划编制审批制度的迅速普及。该指示提出："重要的工业城市规划工作必须加紧进行，对于工业建设比较重大的城市，更应迅速组织力量，加强城市规划设计工作，争取尽可能迅速拟定城市总体规划草案，报中央审查"。第一次城市建设座谈会提出要参照前苏联专家帮助起草的《中华人民共和国编制城市规划设计与修建设计程序（初稿）》进行规划编制。1955 年冬，国家建设委员会拟定了《城市规划编制审批办法》的大纲草案，经过多方征求意见，于 1956 年 7 月修改定稿，以《城市规划编制暂行办法》的名称颁布实施，共 7 章 4 条，约 2 万余字。分别对城市规划的任务和要求，规划设计资料、规划设计阶段及其内容、规划设计文件的编订以及规划设计文件的协议等作出了规定。可以说，这是新中国第一部城乡规划方面的立法。该办法以苏联《城市规划编制办法》为蓝本，内容和结构均大体相同。到 1957 年，根据该办法先后编制并批准了包头、太原、西安、兰州等 15 个城市的总体规划和部分详细规划。由于工业布局的需要，区域规划在这一时期也受到较大关注。

在技术标准方面，1954 年由中央建筑工程部城市建设局组织编写的《苏联城市规划中几项定额汇集》，1956 年由城市建设部与苏联建筑科学院城市建设研究所制定的《城市规划与修建法规》等，都作为当时的重要技术指导文件。此外，苏联专家的会议发言，也受到高度重视而在全国印发并参照执行。

【规划实例】甘肃省白银市"工业包围城市"

甘肃省白银市 1955 年就编制了城市总体规划，在其后的实施过程中，并没有得到有效的执行。多年后的 20 世纪 80 年代，白银市区四面被工业包围。北面为西北铜加工厂、水泥厂等，东面为氟化盐场、冶炼厂、磷肥厂等，西面为白银铝厂，南面为银光厂等。市区四周烟囱林立，城市环境恶劣。在其后的总体规划修编中，城市建设的合理布局成为一个令人"头疼"的问题[①]。

4.1.3　规划许可制度

规划许可制度主要体现在和计划紧密结合的基本建设项目审查方面，但相关配套制度尚未完善。1951 年，主管全国基本建设和城市建设工作的中央财政经济委员会发布了《基本建设工作程序暂行办法》，对基本建设的范围、组织机构、设计施工，以及计划的编制与批准都作了明文规定。1954 年 7 月，国务院常务会议通过的《基本建设工程设计和预算文件审核批准暂行办法》中指出，按照管理程序严格审核批准基本建设工程设计和预算文件，是国家统一管理基本建设工作、保证工程质量、节省建设资金、避免浪费现象的一

---

① 任志远．城市规划实施管理 [M]．中国城市规划设计研究院情报所，1990：108．

项重要制度。同年11月国务院发布《关于基本建设工程设计任务书审查批准暂行办法》，明确规定了设计任务书的审查和批准权限。主要是配合基本建设项目的用地和工程许可制度的早期形式，规划选址制度则还没有建立。在地方层面，不少城市实际已经具备了规划许可的基本制度，如上海。此外，湛江市人民政府1955年6月颁布的《湛江市城市建设管理施行细则》，不仅明确提出了城市规划区的概念，而且也同样反映了用地许可和工程许可制度的雏形。

1953年12月政务院公布施行的《国家建设征用土地办法》规定了建设用地的征用的权限和程序，该办法于1957年10月经国务院修正，1958年1月6日全国人大常委会批准，同日国务院公布施行。该办法规定："须由有权批准本项建设工程初步设计的机关负责批准用地的数量，然后由用地单位向土地所在地的省级人民委员会申请一次或者数次核拨；建设工程用地在三百亩以下和迁移居民在三十户以下的，可以向土地所在地的县级人民委员会申请核拨"。就是说，核拨土地时送交的征地申请书中要求注明土地权属、位置和经批准的数量，先定量，再由审批机关综合审查后批准，这可以说是国家层面用地规划许可制度的发轫。

4.1.4 规划法规体系

建国初期，百废待兴，城乡规划制度建设处于摸索阶段，总体上发展良好，具有以下几个特点。

（1）城乡规划法律制度还没有形成体系。首先是缺少主干法和配套法规。往往针对一些实际问题而颁发一些政策性文件或技术标准、办事规程等。其次，《城市规划编制暂行办法》成为当时最主要的部门规章，由于重点关注规划编制审批工作，而忽视了城乡规划实施制度的完善（表4-1）。

（2）城乡规划制度受苏联影响十分明显。从立法的宗旨来看，具有明显的"管理模式"倾向；将城乡规划视为实现国家行政管理和宏观调控的手段，对公民的合法权益的关注甚少，这也成为其后影响我国数十年的城乡规划法制建设的宗旨。从法律规范来看，也有明显套用苏联模式的迹象。

（3）规划与计划没有明确的区分，体现了高度的集权性。城乡规划作为计划实施的手段，是其在空间上的安排和落实，因而必须严格服从国民经济发展计划，在相关的制度中反映了与计划部门的密切关系。本阶段后期，出现了建设审批权限下放的信号。《关于加强新工业区和新工业城市建设工作几个问题的决定》提出"今后除新建工人镇的住宅和文化福利设施由主要建设部门统一建设和管理外，新工业城市和其他重要城市，应该由当地人民委员会负责建设和管理"[①]。

（4）规划许可制度的萌芽。虽然还没有形成国家层面的规划许可制度，但地方层面的

---

① 广东省建委城建处.城市建设文件汇编.1980；9.

探索已经开始。

经济恢复和学习苏联时期相关法规及政策文件

表 4-1

类别	名称	部门	时间	备注
编制审批	城市规划编制暂行办法	国家建委	1956 年 7 月	新中国成立后首次城乡规划立法，为部门规章性质
配套法规及政策文件	关于城市建设中几个问题的指示	中共中央	1953 年 8 月	首次以文件形式提出加快城乡规划编制工作
	基本建设工程设计和预算文件审核批准暂行办法	国务院常务会议通过颁布	1954 年 7 月	对基本建设项目的审批进行了规定
	关于基本建设工程设计任务书审查批准暂行办法	国务院发布	1954 年 11 月	规定设计任务书的审查和批准权限
	关于加强新工业区和新工业城市建设工作几个问题的决定	国务院常务会议批准下达	1956 年 5 月	提出城乡规划和建设工作的属地化管理等问题
	关于加强设计工作的决定	国务院常务会议批准下达	1956 年 5 月	对各类设计工作的指导
	关于委托各部、委、局和各省、自治区、直辖市人民委员会审批设计任务书的通知	国务院发布	1956 年 6 月	建设项目审批管理权限下放到省级政府部门
相关法规	国家建设征用土地办法	政务院	1953 年 12 月	1957 年 10 月国务院修正，1958 年 1 月全国人大常委会批准，同日国务院公布实施

4.2 波动发展时期（1958—1965 年）

经历了短暂的健康发展阶段，各项建设取得了令人瞩目的成绩，而且比预期效果更好，于是国内各行各业都出现了盲目乐观的苗头。从 1958 年的"大跃进"开始，城乡规划制度建设进入波动发展时期。

4.2.1 规划管理机构

本时期中央规划行政主管部门的特点是组建了城市规划局，历经建工部、国家建委、国家计委、国家经委、国家建委的领导。总的来看，本时期的规划管理机构不断被削弱，人员不断被压缩。地方层面的情况也是如此。"三年不搞城市规划"的错误指导思想，导致城乡规划事业遭受严重挫折。

4.2.2 编制审批制度

编制审批制度基本沿用上一时期的做法，没有重大的制度变革。1963 年 10 月，《中共中央、国务院批转第二次城市工作会议纪要》提出了"为有计划地进行市政建设，各大、中城市，应当根据我国的实际情况，结合第三个五年计划的编制工作，编制城市的近期建设规划"①。这是在重要文件中首次将近期建设规划摆上了重要位置，以近期建设规划作为实施城市总体规划的手段，实际也在一定程度上体现了重视规划实施的思想。

4.2.3 规划许可制度

1963年颁布的《城市建设工作条例（试行）》不仅直接孕育了用地规划许可、建筑工程规划许可②和违章建筑查处制度③，而且还对管线综合提出了要求，并对布局原则进行了规定。此外，在基本建设管理章节还对城市公共设施的实施进行了规定，这些都是规划实施的重要保障。《城市建设工作条例（试行）》包括总则和建筑管理、基本建设管理、市政工程管理、公用事业管理、园林绿化管理、市容管理、组织领导等8章，共56条。该条例在规划实施方面具有重要的意义，体现了对规划实施的重视④。遗憾的是，虽然该条例内容丰富，但显得较为混杂。

4.2.4 规划法规体系

本时期规划制度的进展缓慢，仅颁布了几部相关的规章和政策性文件，如中共中央于1962年10月下发的《关于当前城市工作若干问题的指示》。本时期城乡规划制度有以下几个特点。

（1）城乡规划制度建设在波动中发展。由于指导思想的失误，制度建设受到极大影响，加之机构变化十分频繁，城乡规划基本为计划所取代。20世纪60年代初期和苏联关系的恶化之后，我国逐渐摆脱了苏联的影响，开始了城乡规划制度的探索。

（2）城乡规划实施制度建设取得一定进展，也孕育了规划许可和违章建筑查处制度。主要体现在《城市建设工作条例（试行）》所确定的一系列制度方面，这可以说是本阶段制度建设的主要成就。

（3）规划管理权限继续向地方下放。《关于当前城市工作若干问题的指示》和《中共中央、国务院批转第二次城市工作会议纪要》中都明确了这一原则⑤。

---

① 广东省建委城建处. 城市建设文件汇编. 1980：6，9.

② 第十一条要求："一切新建、扩建、改建的工程，必须根据国家计划的安排，遵照城乡规划基本建设程序的要求办事。城市建设部门，应负责审查建筑物的总平面布置、层数、立面、造型、色彩的设计方案和建筑密度、管线的走向、平面高度，以及消防安全措施；符合城市建设要求的，应发给基建单位施工执照，不符合城市建设要求的，城市建设部门有权向基建单位提出修改意见。有关的工程竣工验收，应有城市建设部门参加。"

③ 第十四条："加强对违章建筑的检查处理。对于未经城市建设部门核发施工执照私自进行施工的，擅自改变建筑物主体结构的、擅自改变建筑物的使用性质而影响安全的，在借用土地上擅自修建的、临时建筑逾期不拆等违章建筑，都必须严格制止和管理。情节严重的，应提请有关部门严肃处理"。

④ 广东省建委城建处. 城市建设文件汇编. 1980：230-248.

⑤ 广东省建委城建处. 城市建设文件汇编. 1980：1-3，9."城市中的企业、机关、学校的房屋及其附属的服务性的机构和设施，都应当有计划地、逐步地交给人民委员会统一经营和管理。"……"今后，在大中城市新建、扩建的企业、事业单位，要把住宅、校舍以及其他生活服务和有关市政设施方面的投资，拨交所在城市实行统一建设、统一管理，或者在统一规划下实行分建统管。"

4.3　全面停滞时期（1966—1973 年）

"文化大革命"爆发后，城乡规划制度建设也一度停滞，甚至在许多方面出现了倒退。城市规划局被取消，全局人员下放"五七干校"。1970 年 7 月，根据中共中央批文，国家建委、中共基本建设政治处和建工部合并，成立了基本建设革命委员会。直到"文革"后期，规划管理机构才得以逐步恢复。本时期也基本延续原来的城乡规划制度，但并没有得到真正执行。

4.4　恢复时期（1974—1983 年）

"文革"后期，由于长期忽视城乡规划而造成巨大损失的教训逐渐被认识，城乡规划制度建设开始受到重视，各项制度也在酝酿之中。"文革"结束后，规划制度逐步健全，直到《城市规划条例》颁布实施，这一阶段反映了万象更新的良好局面。

4.4.1　规划管理机构

1979 年 5 月，根据《国务院关于成立国家建工、城建两个总局的通知》的精神，国家城市建设总局设立了城市规划局。1982 年 5 月，在城乡建设环境保护部组建方案中，城市规划局成为 16 个职能局之一。在地方层面，各城市的规划管理机构逐渐建立，规划专业人员也陆续回到自己的工作岗位。但是，独立设置的规划部门还不多，主要集中在大城市和少数发达城市。一般中小城市还是与城建或房产合并设置，或者作为建委的一个工作部门。

4.4.2　编制审批制度

（1）1974 年国家建委下发了《关于城市规划编制和审批的意见（试行）》和《城市规划居住区用地控制指标（试行）》，使得"文革"后期的城乡规划工作有了一定的依据，但由于当时政治环境的影响，这些文件并没有得到认真执行。《关于城市规划的编制和审批的意见（试行）》包括城市规划的基本任务、方针原则、编制方法、参考指标、审批等五个部分。该意见提出编制城市规划一般可以分为总体规划和详细规划两个阶段进行，同时对两个阶段的内容进行了具体的规定，提出了一些具体的规划用地指标。此外，该意见对近期建设规划进行了强调："近期建设规划是总体规划的重要内容，应着重做好"[①]。该意见对城市规划的审批权限也进行了明确的界定，这标志着分级审批制度得以初步确立。在规划实施制度方面，指出"如有重大修改，应报原审批机关核准"。

---

① 广东省建委城建处. 城市建设文件汇编. 1980：40-46.

（2）1978年，中共中央批转《关于加强城市建设工作的意见》中更加明确了分级审批制度，同时强调，城市规划一经批准，必须认真执行，不得随意改变；执行中如有原则性变动，必须报原审批机关批准①。

（3）1980年12月，国家建委颁发了《城市规划编制审批暂行办法》和《城市规划定额指标暂行规定》等两部规章。前者包括总则、城市规划的基础资料、总体规划、详细规划、城市规划的审批、规划设计的综合和协议、附则等7章，共23条。后者确定了城市规划由所在城市人民政府负责制定，并要求城市人民政府应先提出城市总体规划纲要，并明确将城市规划划分为总体规划和详细规划两个阶段②。提出城市总体规划在报上级审批前，必须提请同级人民代表大会或其常委会审议通过，并由上级城市规划主管部门主持进行技术鉴定。

4.4.3　规划许可制度

在以往经验的基础上，从1978年开始，城乡规划部门参与项目选址、用地许可以及工程许可等制度均在这一阶段得以初步确立。

（1）选址制度

1978年4月，《国家计划委员会、国家建设委员会、财政部关于基本建设程序的若干规定》中明确城市辖区内项目的规划选址制度③，对具体建设地点的审批权限也进行了规定。1983年11月国务院批转城乡建设环境保护部《关于重点项目建设中城市规划和前期工作意见报告的通知》。这是一个对城乡规划实施管理意义重大的文件。该通知强调了在项目建设前期工作中，应重视与城市规划的关系，以避免决策失误④。

（2）用地许可制度

本阶段城乡规划部门对城市用地进行统筹安排，《中共中央批转关于加强城市建设工作的意见》中提出要严格管理用地⑤。1983年3月，国务院办公厅在《国务院各部门的主要任务和职责》中，明确规定城乡建设环境保护部负责管理经批准的城市（包括市、县城、

---

① 广东省建委城建处.城市建设文件汇编.1980：18.

② 城乡建设环境保护部城市规划局.城市规划法规文件资料汇编.1980：18.

③ "建设项目，必须慎重选择建设地点，要在综合研究和进行多方案比较的基础上，提出选点报告。选择建设地点的工作，按项目隶属关系，由主管部门组织勘察设计等单位和所在地有关部门共同进行。凡在城市辖区内选点的，要取得城乡规划部门的同意，并且要有协议文件。"

④ 城乡建设环境保护部办公厅.城乡建设环境保护部文件汇编（1982-1984）[M].北京：中国环境科学出版社，1986：384.该通知指出，根据国务院对各部门的主要任务和职责规定中提出的关于城乡建设环境保护部会同国家计委负责作好城市总体规划与国民经济发展计划的衔接工作，参与区域规划和国家重大建设项目的选址的要求，结合当时的实际提出了五点意见：一是明确了基本建设前期工作应补充和增加城市方面的有关内容；二是要求统一规划城市基础设施的建设；三是与城镇有关的建设项目可行性研究报告应当征求城乡规划的意见；四是城乡规划部门参与对重点项目的联合选址；五是强调建设项目应当服从已经批准的城乡规划。

⑤ 广东省建委城建处.城市建设文件汇编·中共中央批转关于加强城市建设工作的意见.1980：18.

镇、工矿区）规划区范围内的土地[1]。

1982 年 5 月，国务院公布了《国家建设征用土地条例》，并特别指出："在城市规划区范围内进行建设，必须符合城市规划的要求，并同改造旧城区结合起来，以减少新占土地"[2]。根据该条例。征用土地的程序包括：申请选址（在城市规划区范围内选址，还应当取得城市规划管理部门同意）、协商征地数量和补偿安置方案、核定用地面积、划拨土地等。此外还对征地审批的权限进行了明确。

（3）工程许可制度

早在 1978 年 3 月，中共中央批转关于加强城市建设工作的意见就强调："城市中的各项建设，都应当按照城市总体规划的进行安排，服从城市有关部门的统一管理。无论新建、扩建、改建和翻建，都应在城市建设部门办理手续，不得随意开工、乱拆、乱占、乱挖、乱建。对违章建筑，城市管理部门有权检查制止，进行处理，直至拆除"[3]。

【规划实例】内蒙古霍林河煤矿盲目选址建设

内蒙古自治区霍林郭勒市是随着国家重点工程霍林河煤矿建设而发展起来的，由于主管部门既没有摸清矿区的地质情况，又没有按照城市规划管理程序来进行，就盲目选址建设。结果在煤矿开采区的用地范围内建起了 10 万 m² 的房屋，刚建起起来就必须全部废弃，给国家造成巨大的经济损失。万里同志曾针对这一事件严峻指出："居然在我们建国 30 年之后，还发生这样一件事。"他还强调，凡是重点建设必须按照城市规划管理程序来干，再犯霍林河那样的错误，就是犯罪[4]。

4.4.4　规划法规体系

1973 年 9 月，国家建委城市建设局在合肥召开城市规划座谈会，讨论《关于加强城市规划工作的意见》、《关于编制与审批城市规划的暂行规定》及《城市规划居住区用地控制指标》几个文件草稿。1974 年 5 月，国家建委颁发试行《关于城市规划编制和审批意见》和《城市规划居住区用地控制指标》。虽然这些规章在其后并没有得到认真执行，但从思想认识上促进了城乡规划制度建设。

1980 年 12 月，国务院《批转全国城市规划会议纪要》中着重提出要尽快建立我国的城市规划法制问题："为了彻底改变多年来形成的'只有人治，没有法治'的局面，国家有必要制定专门的法律，来保证城市规划稳定地、连续地、有效地实施"。可以说，从这以后，城乡规划法制建设的重要性被提到空前的高度。本时期城乡规划制度的特点可以概

---

① 城乡建设环境保护部办公厅. 城乡建设环境保护部文件汇编（1982-1984）[M]. 北京：中国环境科学出版社，1986：380.

② 城乡建设环境保护部办公厅. 城乡建设环境保护部文件汇编（1982-1984）[M]. 北京：中国环境科学出版社，1986：344.

③ 广东省建委城建处. 城市建设文件汇编·中共中央批转关于加强城市建设工作的意见. 1980：28-29.

④ 任志远. 城市规划实施管理 [M]. 中国城市规划设计研究院情报所，1990：86.

括如下几点（表4-2恢复时期城乡规划法律规范和政策文件）：

（1）规划编制审批工作受到空前重视，城乡规划法律制度侧重技术的倾向已经十分明显；

（2）"一书两证"的规划许可制度得以初步形成，特别是规划实施管理中对用地许可的重视；

（3）城乡规划制度建设空前繁荣。虽然没有起到统领作用的主干法律法规，也没有真正形成完善的法律体系，但本时期城乡规划制度的探索为下一阶段法律体系的形成打下了坚实基础。

恢复时期城乡规划法律规范和政策文件 表 4-2

类别	名称	文号	颁发部门	时间
编制审批	《关于城市规划的编制和审批》的意见		国家建委城建局	1974 年 5 月
	城市规划编制审批暂行办法	[81] 建发城字 492 号	国家建委	1981 年
技术标准	城市规划居住区用地控制指标		国家建委城建局	1974 年 5 月
	设计文件的编制和审批办法（试行）	[78] 建发设字 410 号	国家建委	1978 年
	城市规划定额指标暂行规定	[81] 建发城字 492 号	国家建委	1981 年
规划选址	《关于城市建设的一部分大中型项目计划任务书由国家建委审批》的通知	计基 [1978]957 号	国家计委、国家建委	1978 年 12 月 12 日
	关于重点项目建设中城市规划和前期工作意见报告的通知	国发 [1983]176 号	国务院批转城乡建设环境保护部	1983 年 11 月 5 日
历史文化和风景名胜区管理	关于加强古建筑和文物古迹保护管理工作的请示报告	国发 [1980]120 号	国务院	1980 年 5 月 7
	关于加强历史文化名城规划工作的通知	[83] 城规字第 107 号	城乡建设环境保护部	1983 年 2 月 20 日
	关于加强风景名胜保护管理工作报告的通知	国发 [1981]38 号	国务院批转国家城建总局等部门	1981 年 2 月 10 日
村镇规划	村镇规划原则	[82] 建发农字 9 号	国家建委、国家农委	1982 年 1 月 14 日
	村镇建房用地管理条例	国发 [1982]29 号	国务院	1982 年 2 月 13 日
	城镇个人建造住宅管理办法		国务院批准，城乡建设环境保护部发布	1983 年 6 月 4 日
	关于加强县镇规划工作意见	[83] 城规字第 490 号	城乡建设环境保护部	1983 年 7 月 18 日
其他政策性文件	中共中央批转关于加强城市建设工作的意见		中共中央	1978 年 3 月 8 日
	国务院批转全国城市规划会议纪要	国发 [1980]299 号	国务院	1980 年 12 月 9 日
	全国城市规划工作座谈会工作纪要	[83] 城规字第 518 号	城乡建设环境保护部	1983 年 7 月 29 日

续表

类别	名称	文号	颁发部门	时间
相关法	环境保护法（试行）	全国人大常委会令第 2 号	全国人大常委会	1979 年 9 月
	文物保护法	全国人大常委会令第 11 号	全国人大常委会	1982 年 11 月
	国家建设征用土地条例	国发 [1982]80 号	国务院	1982 年 5 月 14 日
	关于严格贯彻执行《国家建设征用土地条例》的通知	国发 [1983]9 号	国务院	1983 年 1 月 21 日

4.5 以《城市规划条例》为核心时期（1984—1989 年）

《城市规划条例》的颁布实施，在城乡规划法制建设方面具有重要意义，可以说是一个里程碑。《城市规划条例》是第一部真正意义上的主干法规，从此，我国的城乡规划真正走上了一条法制化的道路。其后，各种配套法规和地方性法规如雨后春笋，促使城乡规划法规体系的基本形成。

4.5.1 规划管理机构

1988 年 7 月，城乡规划局改由建设部、国家计委双重领导，因为这一特殊管理模式，不少城市在这段时间开始单独设置规划管理机构。1988 年 7 月之后，国家层面的城乡规划职能均由建设部行使。1987 年 11 月，城乡建设环境保护部《关于加强城市规划管理的若干规定》提出了分级管理的体制，即要求建立集中统一指导下的分级规划管理体制，大、中城市宜建立市、区、街道基层三级规划管理网。城乡规划管理的审批权必须集中在市一级规划管理部门，不能下放。区一级规划管理部门负责本区规划实施的监督、检查和对违章活动的管理，尤其要加强城乡接合地区的规划管理工作；同时，要发动街道基层组织和居民群众，监督规划实施，参与规划管理 [1]。其后，地方层面的规划管理机构得到进一步完善，这也是对规划管理权力高度集中化的一种调整。

4.5.2 编制审批制度

《城市规划条例》明确了城市规划的制定分为总体规划和详细规划两个阶段，建立了分级审批的制度，对审批程序和审批权限进行了具体的规定 [2]。除此以外，规划编制审批方

---

① 建设部办公厅. 中华人民共和国建设部 1985-1988 年文件汇编 [M]. 北京：测绘出版社，1989：264.

② 城乡建设环境保护部办公厅. 城乡建设环境保护部文件汇编（1982-1984）[M]. 北京：中国环境科学出版社，1986：390-391. 通知指出："经过批准的城市规划具有法律效力，要严格实施。规划管理权必须集中在城市政府，不能下放。城市内各项建设的布局、定点和选址都要以城市规划为依据；城市规划区范围内所有单位（包括中央和部队所属单位）和居民的建设活动，都必须服从城市规划安排，不允许各自为政和自行其是。"

面的制度建设没有重大进展。

4.5.3 规划许可制度

《城市规划条例》对于建设用地许可和建设工程许可进行了明确，但未对城乡规划部门如何参与项目前期选址作出规定，导致其后的城乡规划实践中出现了不少问题。1987年11月，城乡建设环境保护部《关于加强城市规划管理的若干规定》对选址意见书作出了补充，这也标志着"一书两证制度"的正式形成 [①]。

（1）选址制度

1985年8月国家计划委员会、城乡建设环境保护部《关于加强重点项目建设中城市规划和前期工作的通知》，要求在城市规划区范围内建设项目的选址都必须符合城市规划要求，并应在当地城市规划部门的参与下共同选址。各级计委在审批建设项目的建议书和设计任务书时，应征求同级城市规划管理部门的意见。但还没有提出必须出具选址意见书的要求，也没有将其作为项目立项阶段的必备材料之一。1987年11月城乡建设环境保护部《关于加强城市规划管理的若干规定》正式明确了选址意见书制度。

（2）用地许可制度

① 《城市规划条例》用了一章共13条的篇幅，对城市土地使用的规划管理进行了详细的规定。首先是提出了城市规划区的概念，要求城市人民政府编制城市规划时，应当划定城市规划区的范围。其次是明确了城市规划部门是城市规划区内土地的主管部门。该条例对于建设用地的申请、审批和核发建设用地许可证的程序进行了规定，还明确了临时使用土地的审查批准以及临时使用土地的期限等方面的制度 [②]。

② 1984年5月城乡建设环境保护部《关于加强城市土地管理工作的通知》，要求各级城市建设部门切实地负起管理城市规划区范围内土地的职责，贯彻执行国家宪法和有关法规关于城市土地管理的规定。并提出要加强城市土地的规划管理，保证城市规划实施。城市规划部门应当按照规定的职责，对城市规划区范围内的国有土地和集体所有土地实施统一的规划管理，统一规划土地的利用；统一审批建设用地和临时用地，确定用地位置、用地面积和范围，并负责划拨土地、发放用地许可证；对改变土地利用性质的和违反土地规划管理的行为实施监督管理。

③ 1984年6月城乡建设环境保护部《城市土地规划管理座谈会纪要》指出：城乡建设

---

① 建设部办公厅. 中华人民共和国建设部1985-1988年文件汇编 [M]. 北京：测绘出版社，1989：264.

"一切和城市有关的建设项目，其项目建议书、设计任务书的报批，必须附有城市规划管理部门的选址意见书。任何单位和个人使用城市规划区内的土地进行建设，必须持按国家规定程序批准的建设计划或者其他批准文件，首先向城市规划管理部门申请选址；经城乡规划管理部门核定符合城市规划要求的项目，由城市规划管理部门确定其位置和界限，提供规划设计条件，核发建设用地规划许可证，然后方可办理土地征用、划拨手续。任何单位和个人在城乡规划区内新建、扩建和改建建筑物、构筑物、道路和其他工程设施，都必须持有关批准文件向城市规划管理部门提出建设申请，经城乡规划管理部门审查、批准，并发给建设许可证后方可施工。未取得建设用地规划许可证的建设项目，不能办理建设许可证手续。"

② 城乡建设环境保护部办公厅. 城乡建设环境保护部文件汇编（1982-1984）[M]. 北京：中国环境科学出版社，1986：396.

环境保护部和各省、市、县、镇的城市建设部门是合法的城市土地管理机构，是各级人民政府负责办理城市规划区范围内征地审查并提出审批建议的职能部门，……根据建设部"关于加强城市土地管理工作的通知"的精神，原则上由城市规划部门负责城市用地的规划管理，包括办理征地的审查报批手续[①]。

④ 1986 年 6 月城乡建设环境保护部、国家计委《关于加强城市建设工作的几点意见》，针对在国家土地管理机关对全国土地实行统一管理的新体制，要求城市规划部门根据国家关于土地管理和城市规划有关法规的规定，切实加强城市规划区内的土地的规划管理，对建设用地的性质、位置、规模进行严格的审定，对违反城市规划，随意改变土地性质，违章占地、违章建设的行为要坚决制止，并依法严肃处理[②]。

⑤ 1987 年 4 月城乡建设环境保护部《关于贯彻〈土地管理法〉进一步加强城市用地规划管理的通知》强调指出："城市规划部门主管的用地规划管理工作不能削弱，更不能把城市用地的规划管理和各项建设的规划管理割裂开来。"

⑥ 1987 年 8 月城乡建设环境保护部《关于贯彻国务院加强城市建设工作的通知精神，切实加强城市规划实施管理的通知》，分析了存在的问题，即各地在组建土地管理机构的过程中，严重削弱城市规划管理部门的力量和职能，不符合国务院《通知》精神以及《土地管理法》、《城市规划条例》有关精神，导致严重影响城市规划实施的不良状况。该通知强调，(一) 城市规划管理机构是实施城市规划的政府职能部门，只能加强，不能削弱。(二) 城市规划实施管理，包括城市用地的规划管理和城市各项建设的规划管理。城市规划区内各项建设活动，都必须服从城市规划管理部门统一的规划管理。严格执行"一书两证"制度。(三) 在城市规划区内进行建设，需要使用国有土地或者征用集体土地的建设项目，建设单位必须持有经国家规定程序批准的建设计划、设计任务书或者其他有关文件，向城市规划管理部门提出选址申请。

（3）工程许可制度

《城市规划条例》在以往的基础上，建立了一整套较为完善的工程规划许可制度，这些制度经过其后的发展并逐步成熟。该条例特别指出："城市规划区内的各项建设活动，由城市规划主管部门实施统一的规划管理。在城市规划区内进行建设，必须服从城市规划和规划管理。"对于建设工程规划许可证的申请和审批，《城市规划条例》也进行了明确规定[③]。

【规划实例】湖北某城市违章建设

湖北某城市建成区只有 13km²，城市人口约为 13 万。中心城区 6km² 范围内，1984 年

---

① 城乡建设环境保护部办公厅. 城乡建设环境保护部文件汇编（1982-1984）[M]. 北京: 中国环境科学出版社，1986: 401-402.

② 城乡建设环境保护部城市规划局. 城市规划法规文件资料汇编[M]. 1986: 325.

③ 城乡建设环境保护部办公厅. 城乡建设环境保护部文件汇编（1982-1984）[M]. 北京: 中国环境科学出版社，1986: 393.

至 1987 年，建设用地达 2345 亩，经城市规划行政主管部门审批的只有 1123 亩，违法占地占全部建设用地 52% 以上，违章建筑面积高达 14 万 m²[①]。

4.5.4 规划法规体系

《城市规划条例》是第一部严格意义上的主干法规。从此，我国的城乡规划才真正走上法制化道路，并直接促使了城乡规划法规体系基本形成（表 4-3《城市规划条例》为核心时期颁布的法律法规和政策文件，图 4-1《城市规划条例》为核心时期的城乡规划法规体系示意图）。本时期城乡规划制度有以下几个特点：

(1)城乡规划法律制度建设的重大里程碑。城乡规划领域第一部真正意义上的"法"——《城市规划条例》颁布实施，对于促进城乡规划法制化的重要意义，无论如何评价都不为过。《城市规划条例》包括总则、城市规划的制定、旧城区的改建、城市土地使用的规划管理、城市各项建设的规划管理、处罚和附则等 6 章，共 54 条。条例对立法目的、适用范围、城市规模等级、城市规划的任务和原则，以及管理机构等涉及城市规划的重要事项进行了法律界定，这也为其后的《城市规划法》打下了坚实的基础。

(2) 规划实施受到关注，"一书两证"制度的正式确立。《城市规划条例》建立了建设用地许可和建设工程许可制度，但没有对规划选址制度进行明确。在其后的规划实施过程中，城乡建设环境保护部和国家计委多次就规划选址问题进行了规定，直到 1987 年 11 月的《关于加强城市规划管理的若干规定》正式确定了"选址意见书"的制度。此外，本时期走的是一条以规划实施为重点的法律制度建设之路，主管部门颁发的规章或政策性文件也集中在规划实施方面。

(3) 地方性法规体系的快速发展。1987 年 11 月城乡建设环境保护部《关于加强城市规划管理的若干规定》首次强调了城市规划的地方性，指出："城市规划工作的地方性很强，地方法规十分重要。各级地方政府应根据《城市规划条例》和国家的其他有关法规，结合当地具体情况，建立健全地方的规划管理法规体系，使城市规划管理的各个环节都有法可依"[②]。1988 年建设部在吉林召开了全国城市规划法规体系研讨会，对于完善城市规划法规体系进行了有益的探索，并促使《城市规划法》的出台，同时也极大地推动了城市规划的地方立法，许多省市、自治区相继制定和颁发了相应的条例、细则或管理办法。

(4) 用地规划许可制度的重大变革。本时期的前阶段，城市规划部门对城市规划区内的土地进行统一管理，后来由于土地机构的设立和土地法的颁布实施，国家要求土地部门对全国的土地进行统一管理。为适应新的土地管理机制，城乡规划部门进行了制度改革，其核心是建立了规划用地许可证前置于土地使用权证的制度。1987 年 11 月城乡建设环境保护部《关于加强城市规划管理的若干规定》，要求加强城市规划管理部门对

---

① 任志远.城市规划实施管理 [M].中国城市规划设计研究院情报所，1990：88.

② 建设部办公厅.中华人民共和国建设部 1985-1988 年文件汇编 [M].北京：测绘出版社，1989：264.

城市建设用地的统一规划管理。按照《城市规划条例》和《土地管理法》的有关规定，城市规划区内的土地利用必须符合城市规划。城市规划管理部门应以批准的城市规划为依据，对城市各项建设的布局、选址、定点进行严格的管理[①]。1988 年 1 月城乡建设环境保护部关于转发陕西省建设厅、土地管理局《关于加强城市规划实施管理工作的通知》的通知。该通知旨在通过加强规划和土地部门的合作，有效制止违法建设，保障城市规划实施[②]。凡此，都反映了国家土地局成立以及《土地管理法》出台后，关于城市土地管理权限的争议和妥协。

（5）规划与计划的结合紧密。1986 年 6 月城乡建设环境保护部、国家计划委员会《关于加强城市建设工作的几点意见》中强调，城市规划部门是政府的综合职能部门，并重申："凡与城市有关的一切建设项目，其项目建议书和设计任务书的编制和审批，都应有城市规划部门参加。要求各城市在编制城市经济和社会发展计划时，要征求城市规划部门的意见；而规划部门在编制城市规划时，要有计划部门参加。近期建设规划与国民经济和社会发展计划要密切结合，使计划和规划的实施都能得到保证"[③]。这是协调计划和规划关系的重要措施。

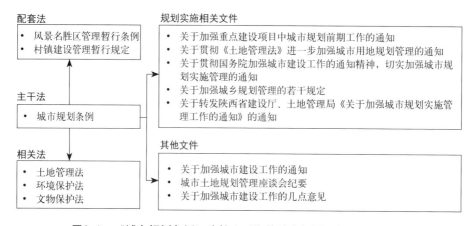

图4-1　《城市规划条例》为核心时期的城乡规划法规体系示意图

《城市规划条例》为核心时期颁布的法律法规和政策文件　　　　表 4-3

类别	名称	文号	部门	时间
主干法规	《城市规划条例》	国发 [1984]6 号	国务院	1984 年 1 月 5 日
配套法规或规章	风景名胜区管理暂行条例	国发 [1985]76 号	国务院	1985 年 6 月 7 日
	村镇建设管理暂行规定	[85] 城乡字第 558 号	城乡建设环境保护部	1985 年 10 月 29 日
	城市规划设计单位注册登记管理暂行办法（试行）	[85] 城规字第 225 号	城乡建设环境保护部	1885 年 6 月 12 日

① 建设部办公厅 . 中华人民共和国建设部 1985-1988 年文件汇编 [M]. 北京：测绘出版社，1989：264.

② 建设部城市规划局，中国城市规划设计研究院编 . 城市规划管理文件资料汇编 [M]. 1988：12-13.

③ 城乡建设环境保护部城市规划局 . 城市规划法规文件资料汇编 [M]. 1986：324.

续表

类别		名称	文号	部门	时间
政策文件	规划实施	关于加强重点项目建设中城市规划和前期工作的通知	国发 [1983]176 号	国务院批转	1985 年 8 月
		关于贯彻《土地管理法》进一步加强城市用地规划管理的通知	[87] 城规字第 248 号	城乡建设环境保护部	1987 年 4 月 23 日
		关于贯彻土地管理法进一步加强村镇建设用地规划管理的通知	[87] 城乡字第 462 号	城乡建设环境保护部	
		关于贯彻国务院加强城市建设工作的通知精神，切实加强城乡规划实施管理的通知	[87] 城规字第 429 号	城乡建设环境保护部	1987 年 8 月 5 日
		关于加强城市规划管理的若干规定	[87] 城规字第 597 号	城乡建设环境保护部	1987 年 11 月 5 日
		关于转发陕西省建设厅、土地管理局《关于加强城市规划实施管理工作的通知》的通知	[88] 城规字第 7 号	建设部	1988 年 1 月 18 日
	其他文件	关于加强城市建设工作的几点意见		城乡建设环境保护部、国家计委	1986 年 6 月 6 日
		《城市土地规划管理座谈会纪要》	[84] 城规字第 376 号	城乡建设环境保护部	1984 年 6 月 30 日
		关于加强城市建设工作的通知	国发 [1987]47 号	国务院	1987 年 5 月 21 日
相关法		中华人民共和国土地管理法	1986 年国家主席令第 41 号	六届人大常委会第 16 次会议通过	1986 年 6 月 25 日
		中华人民共和国文物保护法	1982 年全国人大委员会令第 11 号	五届人大常委会第 25 次会议通过	1982 年 11 月 19 日
		中华人民共和国环境保护法	1989 年国家主席令第 22 号	七届人大常委会第 11 次会议	1989 年 12 月 26 日

4.6 以《城市规划法》为核心时期（1990—2007 年）

《城市规划条例》颁布实施以来，经历了近 6 年的实践总结，1990 年 4 月 1 日，我国第一部法律层面的《城市规划法》终于正式得以施行。这是我国城乡规划法治化的重要里程碑。1991 年 2 月，《国务院批转建设部关于进一步加强城市规划工作请示的通知》中，强调了"认真贯彻实施《城市规划法》，完善法规体系，加强城市规划管理"的精神。提出："各地区、各部门要以《城市规划法》为依据，建立和完善包括法规、规章和行政措施在内的城市规划法规体系。各级人民政府及城市规划行政主管部门要根据《城市规划法》的规定，认真做好城市规划的编制、审批和规划管理工作。"可以说，以《城市规划法》为核心，多层次、全方位的规划法规体系逐步形成。

4.6.1 规划管理机构

在地方层面，省级政府的建设行政主管部门普遍设立了城乡规划管理内设机构，不少地级市也在这一阶段单独成立了规划局，或者采取与房产、国土等部门合一等形式。县一级的规划行政主管部门大多数仍然放在建设局。在乡镇一级，普遍成立了建设办，但机构精简后，不少地方撤销了建设办，其职能放在了综合经济办等类似机构。

4.6.2　编制审批制度

《城市规划法》和《城市规划条例》基本相似，将城市规划编制划分为总体规划和详细规划两个层面，对于大中城市，可以根据实际情况编制分区规划。然而，区域规划没有受到应有的重视，只是规定了在设市城市和县级人民政府所在地镇的总体规划中应当包括市或者县的行政区域的城镇体系规划，将区域规划与城市总体规划混为一体，导致其后区域规划工作的长期缺位。在规划审批方面，《城市规划法》也基本延续了《城市规划条例》的分级审批制度，只是在具体的审批权限和程序上略有变化。《城市规划法》颁布实施的当年，《城市规划编制办法》和《城镇体系规划编制审批办法》就相继出台。其后不久，建设部于1995年6月又下发了《城市规划编制办法实施细则》，2005年12月重新颁发了《城市规划编制办法》，2002年8月颁发了《近期建设规划工作暂行办法》和《城市规划强制性内容暂行规定》。以上情况表明，国家层面对于规划编制审批十分重视。然而，作为主干法直接配套的实施条例却一直没有出台，这在很大程度上制约了城乡规划的实施。

4.6.3　规划许可制度

《城市规划法》在以往经验的基础上，建立了完善的"一书两证"制度，这一制度经过不断的完善，成为当今城乡规划实施的主要手段。

（1）选址制度

《城市规划法》颁布实施后，建设部于1991年下发了《建设项目选址规划管理办法》，明确了城市规划区内新建、扩建、改建工程的项目建议书和设计任务书的编制、审批制度，规定了具体的规划选址程序。要求建设项目选址意见书按建设项目计划审批权限实行分级规划管理。该办法对建设项目选址意见书的具体内容进行了明确规定。

（2）用地许可制度

《城市规划法》延续了原有的用地许可制度，为规范城镇国有土地的规划许可，1990年5月国务院发布了《中华人民共和国城镇国有土地使用权出让和转让暂行条例》[①]。1994年1月，国务院明确国家土地管理局是国务院负责全国土地、城乡地政统一管理的职能部门和行政执法部门。其主要职责中包括制定土地利用规划和主管全国土地的征用、划拨、出让工作。从此，土地部门对城市建设用地的控制力度逐渐加大，也使得城市建设用地的管理进入两个部门职能重叠的年代。而与此同时，城市规划部门主要精力仍然集中在城市规划编制审批领域，对于规划实施的实际问题关注甚少。如在土地利用总体

---

① 根据该条例："土地使用权出让的地块、用途、年限和其他条件，由市、县人民政府土地管理部门会同城市规划和建设管理部门、房产管理部门共同拟订方案，按照国务院规定的批准权限批准后，由土地管理部门实施。"如果土地使用者需要改变土地使用权出让合同规定的土地用途，应当征得出让方同意并经土地管理部门和城市规划部门批准。

规划和城市总体规划的关系方面,1986年的土地法规定:"在城市规划区范围内,土地利用总体规划要服从城市总体规划。"而其后修改的土地法,就已经表述为:"城市总体规划,村庄和集镇总体规划,应当与土地利用总体规划相衔接。"到如今则大有城市总体规划服从土地利用总体规划的趋势。在规划实施方面,土地管理中一个简单的用地指标就起到了重要的控制作用,而发展多年的城市规划领域,一直沿用的用地许可制度的控制力度客观上不断降低,以至于常常被土地部门所左右。对此,作为全国城市规划主管部门的建设部也多次下文,希望在快速发展的过程中,保证城市规划对城市土地的有效控制。2002年12月《关于加强国有土地使用权出让规划管理工作的通知》指出:"切实加强对土地收购储备、国有土地使用权出让的综合调控和指导"。并试图通过编制和调整近期建设规划,保证土地收购储备、国有土地使用权出让工作依据城市规划、有计划地进行 [①]。

(3)工程许可制度

在工程许可方面,《城市规划法》基本延续了以往的制度,并没有什么根本的变化。

4.6.4 城乡规划实施的制度创新

在深刻认识城乡规划实施困难的基础上,一系列新的规划实施制度在不断尝试和完善,以满足《城市规划法》修改之前的规划管理的需要。

(1)四线制度

为合理运用政府强制力严格控制必须保护的公共资源,有效抵御市场破坏和强势集团对城市公共资源的占有,从而充分发挥城乡规划的引导和控制作用,建设部先后颁布实施了《城市绿线管理办法》、《城市蓝线管理办法》、《城市紫线管理办法》、《城市黄线管理办法》等部门规章,其要旨是在城乡规划编制中,对城市绿地系统、河湖水面、历史文化保护范围、重要公共设施等用地进行准确划定,作为强制性内容在实施过程中严格执行,即便少量的修改也必须经过严格的法定程序。同时也制定了一整套制度进行监督检查,作为规划

---

① 其主要内容包括以下3点:

一、要求城市规划行政主管部门应当对拟收购土地进行规划审查,出具拟收购土地的选址意见书,供进行土地收购的单位办理征地、拆迁等土地整理活动需要的相关手续。国有土地使用权出让前,出让地块必须具备由城市规划行政主管部门依据控制性详细规划出具的拟出让地块的规划设计条件和附图。国有土地使用权招标拍卖和挂牌时,必须准确标明出让地块的规划设计条件。国有土地出让成交签订《国有土地使用权出让合同》时,必须将规划设计条件与附图作为《国有土地使用权出让合同》的重要内容和组成部分。没有城市规划行政主管部门出具的规划设计条件,国有土地使用权不得出让。

二、国有土地使用权出让的受让方在签订《国有土地使用权出让合同》后,应当持《国有土地使用权出让合同》向市、县人民政府城市规划行政主管部门申请发给建设项目选址意见书和建设用地规划许可证。城市规划行政主管部门对《国有土地使用权出让合同》中规定的规划设计条件核验无误后,同时发给建设项目选址意见书和建设用地规划许可证。经核验,《国有土地使用权出让合同》中规定的规划设计条件与出具的出让地块规划设计条件不一致的,不予核发建设项目选址意见书和建设用地规划许可证,并告知土地管理部门予以纠正。

三、此外,因特殊原因,确需改变规划设计条件的,应当向城市规划行政主管部门提出改变规划设计条件的申请,经批准后方可实施。受让人需要转让国有土地使用权的,必须符合国家关于已出让土地转让的规定和《国有土地使用权出让合同》的约定。转让国有土地使用权时,不得改变规定的规划设计条件。以转让方式取得建设用地后,转让的受让人应当持《国有土地使用权转让合同》、转让地块原建设用地规划许可证向城市规划行政主管部门申请换发建设用地规划许可证。

实施绩效考核的重要内容。四线制度的出台，反映了城乡规划领域不断反思的结果，显示了城乡规划从包罗万象、什么都想管又实际管不好，向有重点地控制一些涉及城市根本利益的方向发展，从规划编制审批为重点转向规划实施为重点。

（2）规划委员会制度

规划委员会作为城乡规划科学民主决策的发展方向，其产生和发展一直受到规划界的高度重视。然而自从深圳市在全国率先建立城市规划委员会以来，各种评议纷至沓来。广东省在深圳经验的基础上，以地方性法规的形式将这一制度予以明确[①]。城市规划委员会是规划实施的重要机构，虽然还没有国家层面的法律制度为依据，但作为城乡规划科学民主决策的发展方向，其产生和发展一直受到规划界的高度重视。广东省在规划委员会制度方面的探索，为该制度的推广奠定了坚实的基础（表4-4广东省城乡规划委员会制度基本情况）。

规划委员会制度是城乡规划实施的重要保障，作为一种新生事物，在运行中由于受各方面条件的制约，也暴露了种种问题，特别是民主和法治程度不高的城市，问题更为突出。归纳起来主要表现在以下几个方面：一、规划委员会的成员多为各职能部门的领导，或各行业的高层人士，实际操作中常常出现人数不足的尴尬局面，对决策效率造成影响；二、规划委员会的层次设置较高，会议召开的频次也有限，往往造成大量事务的积压。有时根本没有足够的时间进行认真审查，就根据规划主管部门的意见通过；三、规划委员会委员的代表性、委员的议事能力和公正性等，都受到社会的质疑；四、规划委员会委员的权利义务的分离，缺乏有效的责任追究制度，保障其对自己的决策行为负责；五、规划委员会与规划主管部门的关系尚未理顺，难以发挥真正的民主决策作用；六、规划委员会受主要行政领导意见影响而导致专家决策作用未得到应有发挥。如有的城市采取举手表决方式，造成部分委员"随大流"现象。

广东省城乡规划委员会制度基本情况 表4-4

	机构和人数	主要职责	主要制度	运行情况
深圳	由29名委员组成。其中，公务人员不超过14名；设立发展策略委员会、法定图则委员会和建筑与环境艺术委员会等三个专业委员会；日常办公机构为秘书处（常设机构，办公地点设在规划主管部门）	对城市总体规划、次区域规划、分区规划草案和城乡规划未确定和待确定的重大项目的选址进行审议；下达年度法定图则编制任务，审批法定图则并监督实施；审批专项规划；审批重点地段城市设计；以及市政府授予的其他职责	回避制度；集体决策，一般三分之二通过方为有效；公开制度	法律地位没有得到明确；与规划主管部门的关系未能理顺；但取得了丰富的经验，逐步完善之中

[①] 2004年以《广东省城市控制性规划管理实施条例》的地方法规的形式，对城市规划委员会的性质、职能、机构、人员以及议事规则等进行了规范，并明确规定设市城市必须成立城市规划委员会。城市规划委员会作为人民政府进行城市规划决策的议事机构，其委员由人民政府及其相关职能部门代表、专家和公众代表组成。其中专家和公众代表人数应当超过全体成员的半数以上。主任委员和副主任委员由人民政府从委员中指定。其后，广东省又出台了《广东省城乡规划委员会指引》，进一步指导规划委员会的建立和完善。

续表

	机构和人数	主要职责	主要制度	运行情况
珠海	由35名委员组成。其中，公务人员18名； 根据需要设立若干专业委员会； 日常办公机构为秘书处，设于规划主管部门	审定并下达年度城乡规划编制计划；对城市总体规划、分区规划草案、控制性详细规划和未确定和待确定的重大项目的选址进行审议、审批并监督实施；审批专项规划；审批重点地段城市设计；以及市政府授予的其他职责	回避制度； 集体决策，一般三分之二通过方为有效； 公开制度	法律地位不明确；与规划主管部门的关系未能理顺
省规委会指引	设区城市不少于21名单数；其非公务委员不少于半数； 大城市和特大城市设发展策略专业委员会、控制性详细规划专业委员会、建筑与环境艺术专业委员会； 日常办事机构为办公室（在规划主管部门办公）	审议城市发展战略规划、市域城镇体系规划、城市总体规划、分区规划； 审议控制性详细规划草案、控制性详细规划的调整方案、核定尚未编制控制性详细规划之地块的规划设计条件；城市人民政府授予的其他职责	与规划主管部门相对独立； 回避制度； 集体决策，一般三分之二通过方为有效，无记名投票； 公开制度	对各级城市的规划委员会的建立和完善起到积极作用

（3）法定图则制度

1998年《深圳市城市规划条例》的颁布实施，标志着以法定图则为核心的规划管理体系的建立。法定图则推出后，在国内规划界引起了强烈的反响，受到社会各界的广泛关注，并得到深圳市政府、人大、政协甚至广东省委高层领导的高度重视。在全社会从上至下的支持之下，法定图则制度得以全面开展。控制性详细规划是规划实施的重要手段，而法定图则在某种程度上讲是控制性详细规划强制性内容的提炼，并且突破了控制性详细规划的技术成果局限性，重新建立了一套规划决策与实施适度分离的管理制度。尽管法定图则制度是从地方试点开始，并为全国许多城市效仿，并非自上而下的国家层面制度建设，但法定图则却具有全国性的影响，而且也是促使控制性详细规划走向法制化的重要因素。根据《深圳市城市规划条例》，由城市规划行政主管部门组织法定图则的编制工作，报城市规划委员会审批。《深圳市城市规划委员会章程》规定，规划委员会下设3个专业委员会，其中之一即为"法定图则委员会"。可以说，法定图则制度为城乡规划实施的法制化提供了有益经验。

通过对深圳市法定图则制定和实施情况与美国、中国香港特别行政区、中国台湾地区等的法定层面规划的比较（表4-5 深圳法定图则与相关法定规划的内容及成果比较表），可以看出，美国的"区划法"具有很强的法律效力，深圳的法定图则接近于"控制性详细规划"阶段，香港特别行政区的法定分区计划大纲图相当于内地的"分区规划"阶段，台湾地区的土地使用分区管制在其规划体系中从属于细部计划阶段。从法定层面规划的制定和实施过程来看，香港特别行政区的审批规格最高，规定由行政长官会同行政局审批，深圳等地均为规划委员会审批，但缺乏相应法律依据。美国、中国香港特别行政区、深圳市均制定了完备的相关配套制度，保障法定层面规划的实施，前两者还有上诉制度和经济方面的措施。

应该说，法定图则对于城市土地出让、开发和建设的有序进行，以及推动决策民主化、法制化发挥了积极作用。然而，从制度设置上看十分严密合理的法定图则制度，在现实操作过程中也暴露了不少严重的问题，特别是规划部门随即面临大量要求修改法定图则所确定的规划条件的申请，甚至使得修改法定图则成为日常工作，这与原来希望借助这一管理模式简化管理的初衷大相径庭，造成规划部门面临巨大的压力，有时甚至陷入进退两难的困境，法定图则也因此受到各种批评和非议。

深圳法定图则与相关法定规划的内容及成果比较表　　　　　　　表4-5

	美国	中国香港特别行政区	中国台湾地区	深圳
名称	"区划法"	法定分区计划大纲图	土地使用分区管制	法定图则
成果	区划图则和区划法规文本	分区计划大纲图及其图解、说明、注释或描述		法定文件及技术文件
内容	1. 地块划分 2. 土地性质(居住、工业、商业、农业) 3. 密度和容积率控制 4. 不临街面的停车和装货的最低限制 5. 对招牌的管理 6. 对居住建筑和附属建筑物的限定 7. 对违章的限制 8. 美学方面要求 9. 开敞空间保护	1. 街道、铁路及其他主要交通设施 2. 划出住宅、商业、工业或其他指定用途的地带 3. 供政府、机构或社区使用的保留地 4. 公园、康乐场地及相关休憩用地 5. 划出未决定用途的地带 6. 综合发展区 7. 促进环境自然保育或保护的指定用途 8. 乡村式发展用地 9. 露天贮物地带	1. 土地使用及其使用程度 2. 建筑物的使用、高度、面积等规定 3. 指定地区内的人口密度 4. 住宅基地面积，庭院及其他空地的使用 5. 离街停车场及其规模	1. 土地界址、坐标、面积 2. 土地的使用性质 3. 建筑覆盖率、居住人口、容积率和高度控制 4. 市政工程和市政公用设施、公共服务设施的布置(位置、范围和面积) 5. 土地使用的兼容性和非兼容性
比例		1∶5000——1∶10000	不小于1∶1200	1∶2000——1∶5000
编制	主管机构（地方政府立法机构）	规划委员会	都市计划委员会	市规划委员会
审批	主管机构	行政长官会同行政局		市规划委员会
公众咨询	规划委员会组织听证会	规划委员会展示以供公众查询	当地政府将成果公开展览	规划委员会组织展示30天
修订	规划委员会	规划委员会		市规划委员会
实施	规划管理部门通过控制建筑许可执行区划；通过程序修改区划；通过变动、上诉和特例进行区划的审定特许	通过土地有偿使用进行管理，上诉委员会根据上诉程序进行聆听和裁定	通过政府行政权力实施	规划管理部门通过颁发"两证"进行管理；市规划委员会负责处理修改申请和违反法定图则的建设行为
法律效力	较强	有	有	弱
管理机构	主管机构、规划委员会、调解上诉委员会、规划主管部门	规划委员会、上诉委员会、城市规划署	政府或都市计划委员会	规划委员会、规划主管部门
相关法规	用地再分、场地规划审批、建筑设计审查	全港区域性管理法规、建筑物管理法规、城市地块管理法规	各地土地分区管理细则	《深圳市城市规划条例》以及较为齐备的配套规定

（4）城市规划督察员制度

早在 2000 年 4 月，建设部关于贯彻落实《国务院办公厅关于加强和改进城市规划工作的通知》中就提出："有条件的地方，经商政府有关部门同意后，可聘请规划督察员，强化规划管理。"这可以说是城乡规划督察员制度的发轫阶段。2003 年 10 月，建设部关于转发《贵州省人民政府关于深化我省城市规划管理体制改革有关问题的通知》，推荐了贵州省深化城乡规划管理体制改革，加强和完善城乡规划管理的经验。贵州成立省、地（州、市）两级城市规划管理委员会，并对其性质、工作范围、主要职责和组成人员进行了明确规定，同时建立派驻规划督察员制度。由省城规委向各地、州、市派驻规划督察员，按照参与不决策的要求，参与当地规划审查，监督规划实施。规划督察员由省城规委聘请有关专家担任。各地、州、市城规委可比照省城规委做法，向本区域内的县（市、特区）派驻规划督察员，并明确相关要求。

2003 年 11 月，建设部下发了《四川省派驻城市规划督察员试行办法》，在全国推荐四川省实施城市规划督察员制度。根据该办法，省人民政府可以向市（州）派出城市规划督察员（以下简称督察员），对市（州）人民政府及其有关部门的城市规划工作进行督察。督察员日常管理工作由省规划行政主管部门负责。督察员有权的督察范围主要是：违反法定程序编制、调整、审批城市规划的；违反资质管理规定；违反法定程序或城市规划立项核发建设项目选址意见书、核发建设用地或建设工程规划许可证、审批工程设计、许可开工建设、办理房屋产权登记的。对违反城市规划的行为规定了处理办法。

建设部 2003 年 11 月颁发的《关于建立派驻城市规划督察员制度的指导意见》，正式明确在全国范围推行建立城市规划督察员制度。指导意见指出："派驻城市规划督察员制度是在现有的多种监督形式的基础上建立的一项新的监督制度。其核心内容是通过上级政府向下一级政府派出城市规划督察员，依据国家有关城市规划的法律、法规、部门规章和相关政策，以及经过批准的规划、国家强制性标准，对城市规划的编制、审批、实施管理工作进行事前和事中的监督，及时发现、制止和查处违法违规行为，保证城市规划和有关法律法规的有效实施。城市规划督察员要重点督察以下几方面内容：城市规划审批权限问题；城市规划管理程序问题；重点建设项目选址定点问题；历史文化名城、古建筑保护和风景名胜区保护问题；群众关心的"热点、难点"问题。城市规划督察员特别要加大对大案要案的督察力度。该通知还要求：各地要切实加强对建立派驻城市规划督察员制度的领导。已经建立派驻城市规划督察员制度的省（区、市），要不断总结经验，逐步完善。尚未建立派驻城市规划督察员制度的省（区、市），要抓紧制定工作方案，向省（区、市）委、省（区、市）政府汇报，并经批准后实施。"

督察员制度的建立和完善，加强了自上而下的监督。有了这一制度保障，主要作为地方事务的城乡规划便有条件逐步回归地方自治本来面目。

4.6.5 规划法规体系

关于《城市规划法》出台后的规划法规体系（表4-6以《城市规划法》为核心时期的法律规范、图4-2城市规划法期间的法规体系示意图），国内学者进行了大量的研究，成果也十分丰富。本时期有如下特点：

（1）城乡规划相关的行政法规体系逐步完善，对城乡规划实施提供了重要的保证，同时也提出了更高的要求。然而，城乡规划制度建设与这些背景法的衔接显得相对不足，相当长的一段时间内仍然停留在以自我为中心的阶段；

（2）作为主干法的《城市规划法》虽然是在《城市规划条例》的基础上进行修改，但不论从内容、形式，乃至篇幅上，与《城市规划条例》相比，并没有质的飞跃，只是法律地位得到了提升，即由原来的行政法规上升为法律。相关配套的实施条例长期没有出台，对地方性立法活动进行指导的作用也十分有限；

（3）规划实施没有得到应有重视。城乡规划制度建设以城乡规划编制审批为核心，相对忽视了规划实施制度的研究。进入21世纪以来，规划实施方面的法律制度逐步受到重视，一系列侧重于实施的法律制度相继建立，但还只能停留在部门规章的阶段；

（4）对城乡规划主干法的修改呼声日益强烈，由于配套实施条例的长期缺位，导致对规划制度的不满集中到主干法上。

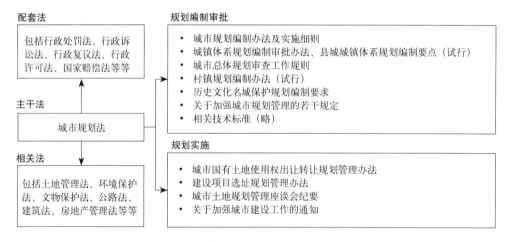

图4-2 城市规划法期间的法规体系示意图

以《城市规划法》为核心时期的法律规范 表4-6

类别		名称	文号	部门	时间
主干法		城市规划法	1989年主席令第23号	全国人大常委会	1989年12月
配套法	规划编制审批	城市规划编制办法	建设部令第146号	建设部	2005年12月
		城镇体系规划编制审批办法	建设部令第36号	建设部	1994年8月

续表

类别		名称	文号	部门	时间
配套法	规划编制审批	具城城镇体系规划编制要点（试行）	建村 [2000]74 号	建设部	2000 年 4 月
		城市总体规划审查工作规则	国办函 [1999]31 号	国务院办公厅	1999 年 4 月
		历史文化名城保护规划编制要求	建规 [1994]533 号	建设部、国家文物局	1994 年 9 月
		村镇规划编制办法（试行）	建村 [2000]36 号	建设部	2000 年 2 月
		城市绿化规划建设指标规定	建城 [1994]784 号	建设部	1993 年
		主要技术标准和规范（略）			
	规划实施	城市国有土地使用权出让转让规划管理办法	建设部令 1992 年第 22 号	建设部	1992 年 12 月
		建设项目选址规划管理办法	建规 [1991]583 号	建设部	1991 年 8 月
		开发区规划管理办法	建设部令 1995 年第 112 号	建设部	1995 年 6 月
		城市绿线管理办法	建设部令 2002 年第 112 号	建设部	2002 年 9 月
		城市紫线管理办法	建设部令 2003 年第 119 号	建设部	2003 年 12 月
		城市黄线管理办法	建设部令 2005 年第 144 号	建设部	2005 年 12 月
		建设部关于建立派驻城市规划督察员制度的指导意见	建规 [2005]81 号	建设部	2005 年 5 月
相关法		土地管理法	2004 年主席令第 8 号	全国人大常委会	2004 年 8 月修正
		环境保护法	1999 年主席令第 22 号	全国人大常委会	1989 年 12 月
		文物保护法	2002 年主席令第 76 号	全国人大常委会	2002 年 10 月
		公路法	1997 年主席令第 86 号	全国人大常委会	1997 年 7 月
		建筑法	1997 年主席令第 91 号	全国人大常委会	1997 年 11 月
		房地产管理法	1994 年主席令第 23 号	全国人大常委会	1994 年 7 月
背景法		行政诉讼法	1989 年主席令第 16 号	全国人大	1989 年 4 月
		行政复议法	1999 年主席令第 16 号	全国人大常委会	1999 年 4 月
		行政处罚法	1996 年主席令第 63 号	全国人大	1996 年 3 月
		行政许可法	2003 年主席令第 7 号	全国人大常委会	2003 年 8 月
		国家赔偿法	1994 年主席令第 23 号	全国人大常委会	1995 年 5 月

4.7 《城乡规划法》的改革和探索（2008—现在）

2006 年国务院常务会议通过了《城乡规划法》草案，随后提交全国人大常委会讨论并于 2007 年 10 月 28 日通过，2008 年 1 月 1 日起正式施行。对于《城乡规划法》的意义和作用，业内已展开了深入的探讨。孙施文先生曾有如下总结："《城乡规划法》在将城乡规划作为政府行为和公共政策的同时，对政府的职责和责任作出了相应的授权，同时也对政府的行政行为进行了界定，对政府的行政权作出了相应的规约，从而有助于城乡规划管理的有序开展，保证规划的实施，同时也有利于城乡规划领域依法行政的全面推行"[1]。但也应当看到，《城乡规划法》仍然带有明显的"管理模式"的色彩，对于行政合同、行政指导等非强制性行政手段仍然没有足够的重视。此外，《城乡规划法》对城乡统筹十分重视，将乡村、镇规划纳入了整个城乡规划体系，但在实施层面如何落实上并无良方，在现有的管理机构和体制下，这些良好的设想的前景并不容乐观。比如国土部门在县级行政单位普遍设置了行政主管部门，而建制镇也普遍设有国土所。而我国建制镇一级的规划部门一般没有设置，甚至县级行政单位也普遍将规划部门作为一个股室设置于建设行政主管部门之内。《城乡规划法》草案中，曾有"建制镇应当设置城乡规划管理机构和人员"的条文，但在国家行政管理机构精简的大背景下得不到认可。

（1）"管理模式"的色彩依然较为明显

从《城乡规划法》整体上看，作为行政机关进行管理的法律这一"管理模式"色彩依然明显，尽管在学术探讨上日渐式微，但现阶段仍然占有主导地位。这一点从立法宗旨上就反映得很明显："为了加强城乡规划管理，协调城乡空间布局，改善人居环境，促进城乡经济社会全面协调可持续发展，制定本法。"

（2）《城乡规划法》体现了对规划行政机关适当控权的思想

如限制了行政许可的范围 [2]。明确城乡规划的法律地位，加大对相关部门的制约力度。即不仅要在规划部门内部平衡规划行政权，而且要在与规划部门相关的部门平衡这种权力。如第六十条对规划管理人员行使行政权的控制和第六十一条对相关单位（主要是发改和国土部门）的约束性规定。

（3）《城乡规划法》在一定程度上体现了"平衡"思想

重视行政权与公民权的平衡。在保障行政权有效实施方面加大力度的同时 [3]，更加关注

---

[1] 孙施文.《城乡规划法》与依法行政 [J]. 城市规划，2008（1）：57-61.

[2] 第四十二条："城乡规划主管部门不得在城乡规划确定的建设用地范围以外作出规划许可。"

[3] 第六十八条：城乡规划主管部门作出责令停止建设或者限期拆除的决定后，当事人不停止建设或者逾期不拆除的，建设工程所在地县级以上人民政府可以责成有关部门采取查封施工现场、强制拆除等措施。此外，第五十三条对执法人员的执法行为保障也体现了保障行政权合法行使的原则。

保护"公民权"①。孙施文先生认为："这部新的城乡规划法最为鲜明的特征应该在于向现代行政法的转变，并由此确立了城乡规划作为政府行为所需要进行规范的相应内容"②。

加强了公众参与和监督。随着《物权法》的颁布实施，产权观念进一步深化，公众对城乡规划的关注程度大增。《城乡规划法》对规划的制定、修改和实施等过程，都有关于公众参与和监督的程序性规定。该法第五十二条对人民代表大会的监督制度进行了规定。

体现了一定的信赖保护原则③。《城乡规划法》第五十条和第五十七条均体现了一定的信赖保护原则，这是保护公民权的重大举措。然而，对于可能出现的"公民权"滥用，为依法行政带来负面影响，还缺乏充分的认识和制度保障。

4.8 小结

本章全面回顾了新中国成立后的城乡规划制度的发展脉络，在快速发展阶段，怎样结合国情完善现有的规划制度？笔者认为，以下几点值得我们深思：

（1）城乡规划法指导思想发展与启示。新中国成立后相当一段时间内，受苏联的深刻影响，在城乡规划法律制度建设方面，刻上了深深的"管理模式"烙印。其要害之处是，仅仅考虑到行政机关如何进行行政管理问题，而忽视管理对象的互动，造成规划法律制度重视编制审批，重视法律制度的制定，甚至出现了某些法律专家提出"立法膨胀"的迹象，而对于如何促进城乡规划的实施却重视不足。在制度构建上，城乡规划似乎什么都能管，而事实上没有足够的保障实施的机制。当受"管理模式"为指导而构建的规划法律制度在市场经济大潮中出现种种问题之后，不少学者便转向热衷于英美法系的"控权模式"思想。矫枉过正的呼声已经成为时下规划法律制度改革的主旋律。鉴此，本书将通过纵横两个视角的分析，探讨"平衡模式"在构建面向实施的城乡规划制度方面的重要意义。

（2）城乡规划制度的重点应由编制审批向规划实施转变，制度设置中应当以人为核心，关注个人理性，这也就要求我们从行政管理方和行政相对人互动的角度探讨城乡规划的实施。例如程序法的完善、非权力型行政行为的拓展等等，从而合理地平衡行政权与公民权。

---

① 第九条：任何单位和个人都应当遵守经依法批准并公布的城乡规划，服从规划管理，并有权就涉及利害关系的建设活动是否符合规划要求向城乡规划主管部门查询。

任何单位和个人都有权向城乡规划主管部门或者其他有关部门举报或者控告违反城乡规划的行为。城乡规划主管部门或者其他有关部门对举报或者控告，应当及时受理并组织核查、处理。

② 孙施文.《城乡规划法》与依法行政 [J]. 城乡规划，2008（1）. 作者还进一步指出：而且更为重要的是，这些内容不再局限于城乡规划系统内部，而更多地关涉到城乡规划系统与社会系统之间的相互关联尤其是城乡规划作为政府行为所涉及的各个方面之间的关系。例如，将关于规划条件纳入土地出让合同的相关制度，就包括了对规划部门以及相关部门的制约。

③ 第五十条：在选址意见书、建设用地规划许可证、建设工程规划许可证或者乡村建设规划许可证发放后，因依法修改城乡规划给被许可人合法权益造成损失的，应当依法给予补偿。

经依法审定的修建性详细规划、建设工程设计方案的总平面图不得随意修改；确需修改的，城乡规划主管部门应当采取听证会等形式，听取利害关系人的意见；因修改给利害关系人合法权益造成损失的，应当依法给予补偿。

第五十七条：城乡规划主管部门违反本法规定作出行政许可的，上级人民政府城乡规划主管部门有权责令其撤销或者直接撤销该行政许可。因撤销行政许可给当事人合法权益造成损失的，应当依法给予赔偿。

（3）快速变化阶段的城乡规划制度的适应性问题。首先是应当通过地方立法实践促进国家立法。从我国城乡规划制度发展的历史看，很多情况下都是地方实践逐步促进国家层面制度的完善。而城乡规划法出台后，各地只不过是根据其原则稍加细化的实施办法。实际上，在最近几年的规划实践来看，地方性立法的重要性在实践层面也逐渐得到体现，如规划委员会制度、督察员制度等等。作为国家层面的规划法，除制定一些基本的原则和制度以外，应当承担起指导地方层面如何立法的重要职责。其次，上文提到了吸取判例法的积极作用，适应快速发展阶段的城乡规划实施需要的建议。这一点对于深受大陆法系影响的中国而言，更具有重要的意义。

（4）城乡规划法律制度与背景法律的衔接及其向上位法律层面的渗透。《城市规划法》颁布实施之时，我国行政法方面的法律制度建设刚刚起步，当时颁布的法律仅仅有《行政诉讼法》。因此，城乡规划法律制度也谈不上与背景法律相衔接问题。但进入20世纪90年代以来，国家颁布实施了一系列重要的行政法。如果分析一下相关的土地法、公路法或环境保护法，不难发现，这些部门法律都与相关的背景法有很好的衔接，有的影响甚至上升到刑法层面，其自身也形成了相对完善的配套体系。这一点，对城乡规划法律制度的完善具有重大的启示。总的来说，《城乡规划法》在与背景法律的衔接和向上位法律层面渗透方面虽有一定进展，但还远远不足。

第 5 章

基于"控权",渐向"平衡"——西方城乡规划制度的主流和动向

借鉴西方城乡规划制度,首先要对其差异性有全面的认识。本章拟将英美法系的美国和英国,大陆法系的德国,以及主要受大陆法系影响的日本,作为西方城乡规划制度的主要研究对象。从理论基础上来看,英美法系的"控权模式"是当今西方城乡规划制度的主流,但逐渐向"平衡模式"演变也已经成为一种新的动向。

5.1 两大法系国家城乡规划制度发展动向

近代以来,西方法律文化对古老的中华文明产生着强烈的冲击,尤其对于现代城乡规划这门起源于西方的学科而言,更是如此。那么,在完善城乡规划制度之时,是否也和经济全球化一样,要接受某种"国际模式"呢?法律比较中的抱残守缺固然不对,忽视传统而"矫枉过正"亦非可取。尽管西方城乡规划制度中的"控权模式"占据了主导地位,但这并非是一种国际模式,"控权模式"自身的局限以及近年来的新动向也值得我们深思。

借鉴西方城乡规划制度,必须对本土的文化传统给予足够关注,这并非复古,而是对传统的信任与关怀,即相信先人和我们一样具有理性,他们在当时特定背景下的选择有其合理因素。可以说,城乡规划制度的完善,不可能摆脱传统无所不在的影响和超越国家行政法的发展阶段而直接移植西方某国的具体制度,而是在现有基础上的渐进式发展。

随着美国在世界政治经济格局中的地位不断提高,英美法系"控权模式"已经成为西方城乡规划制度的主流思想,而在西方制度中另一个占据重要地位的大陆法系国家,其"管理模式"的影响依然明显。值得注意的是,从世界范围来看,苏联极端的"管理模式"早已被行政法学界所否定,而英美国家的"控权模式"面临种种困境,其自身也在探求出路。西方两大法系国家的城乡规划法律制度在相互影响和彼此借鉴的因素影响下,从公民权与行政权的关系着眼,并力图在其间寻求支点的平衡思想愈来愈受到重视,以至于两者在不同的方向逐渐向"平衡模式"靠拢。

5.2 两大法系国家城乡规划制度的比较与借鉴

5.2.1 差异性及发展趋势

在城乡规划法的比较研究中，两大法系[①]的差异和发展趋势至今尚未引起重视。尽管经济全球化时代的西方两大法系日益融合，但其差异性仍然是比较研究中不容忽视的因素。由于英美法系长期奉行以戴西为代表的"规范主义模式"，普遍认为"规划法是控制规划执法机关行政的法"，强调保护个人权利的重要性，至于对规划行政权的合理维护则较少关注。大陆法系的行政法理论则发轫于狄骥的"功能主义模式"，认为"规划法是规划执法机关实施管理的法"，强调政府权力的合法行使，对于公众监督和参与的制度研究不足。理论基础的不同导致了两大法系城乡规划法在立法宗旨、制度构建以及具体实施上的悬殊差异。

（1）在历史传统上。行政法是在大陆法系国家，特别是法、德两国首先兴起的，可以说，大陆法系国家的行政法较为成熟，作为行政法重要部分的城乡规划法也不例外。英美法系则缺乏行政法传统，甚至在相当长的时间里，否认行政法的存在意义。虽然英国早在1909年就颁布了第一部国家意义上的城乡规划法，但就整个城乡规划法的完善性和严密性而言，与法国《城乡规划法典》和德国《建设法典》等进入法典化的大陆法系国家尚有一定差距。

（2）在制度构架上。法国、德国等大陆法系国家的规划行政权较强大，规划执法权和行政强制权也较大，对规划执法行为的审查一般由行政法院进行；而英美法系国家的城乡规划行政权相对弱小，规划执法权和行政强制权也较弱小，对行政行为的审查由普通法院进行。

（3）在法律渊源上。按照传统，大陆法系以制定法为主，英美法系以司法判例为主。但后来大陆法系日益加强判例作用，特别是在行政法方面；而英美法系国家则增加制定法的成分，形成制定法与判例法并重和相互作用的局面。值得注意的是，规划法作为一种较新的特殊行政法，加之规划行政的广泛性、复杂性以及政策的多变性等原因，大陆法系的行政法院判例在规划法的发展中具有重大意义，许多规则、原则，都是从行政法院的判例中产生的。

（4）大陆法系在传统上侧重实体法，英美法系则侧重程序法。例如德国在规划行政中力求对实体性问题进行精确的界定，美国则具有发达的规划执法程序制度、规划执法公开制度，以及严格的司法审查制度。这一差别也导致了法律推理上迥然不同的特色，大陆法

[①] 沈宗灵. 比较法研究 [M]. 北京：北京大学出版社，1998：60，70. 法系（Legal family）是西方法学首先使用的一个概念，它对比较法学极为重要，但其含义却不很确定。一般地说，它可以理解为由若干国家和特定地区的、具有某种共性或共同传统的法律的总称。西方资本主义国家一般分为大陆法系和英美法系两大类。前者又称民法法系（Civil law family），通常是指以罗马法为基础而形成的法律的总称，因而，也称为"罗马法系"，有法国和德国两个支系。后者又称普通法法系，是指英国中世纪以来的法律，特别是它的普通法为基础的，与以罗马法为基础的大陆法系相对比的一种法律制度，包括英国和美国两个支系。

系实行从一般规则到个别判决的演绎法，英美法系实行从判例到制定从而构思出一般规则的归纳法。

（5）在控制行政自由裁量权上。大陆法系国家具有较大程度的行政自由裁量权，诸如公共福利、公共秩序、公共安全等常见的概念，都有着很大的伸缩性。因此，控制行政自由裁量权是大陆法系的一个重点和难点，在这方面，法国发展了均衡原则，德国发展了别具一格的比例原则（比例原则要求行政目的与行政手段相适应、成比例，要求行政措施符合行政目的且为侵害最小之行政措施）。而在英美法系国家，自由裁量权一直被视为公民权利的最大敌人而受到严格的限制，他们不愿接受行政自由裁量权在推动国家福利建设、促进公民权益增长中发挥积极作用的现实。

5.2.2 借鉴意义

分析西方两大法系城乡规划制度的差异和发展趋势，是为了更清楚地认识自己，同时也更好地借鉴西方法律。通过前面的分析，至少可得到以下几点认识。

（1）在实体法上，应当以大陆法系为主要借鉴对象，特别是德国（此外还有以大陆法系为基础，同时大量借鉴英美法系的日本），此外，大陆法系国家的非强制性行政方式等制度相对完善，如行政合同和行政指导等，对于当前我国城乡规划法律制度向"平衡模式"的转变具有较大的借鉴意义。从行政程序法和监督行政法角度来看，则应当充分吸收英美法系的程序正义和尊重个人权利的精神内核，促使规划执法主体依法行政。

（2）对判例法要持辩证的态度，虽然我国不能实行英美法系国家的判例制度，但应大力加强判例的作用，以适应我国现阶段快速发展时期立法进度难以跟上社会经济发展需要的现实情况。在中国的历史上，从秦"廷行事"、汉"决事比"和"春秋决狱"，至汉晋"故事"，一直发展到唐宋以后的"例"，都是判例法的形式。北宋中期以来，用例之风盛行，到明清有了突出的发展。遵从本朝先例甚至是前朝旧例，可以说是司法实践中经常采用的处理方式。这一点与资本主义英美法系国家的法律传统有相似之处，在当今资本主义两大法系相互融合的时代，许多大陆法系国家也逐步合理地采用了判例法。法律渊源的单一性可以确保立法和司法的高度统一，但却扼杀了法律体系的发展。作为唯一的立法机构因高高在上而脱离司法实践，必然不容易接受理论上的批判而趋于保守，具有活力的司法实践（判例法），正是推动西方两大法系不断创新的动力源泉。

在近代转型时期，虽然国民政府在抗战时期与英美国家关系密切，但从清末修律以来，我国法律制度主要受大陆法系的影响，属于成文法，这也反映到城乡规划领域中，那就是判例法的全面废除。直到如今，判例法的研究和法学实践也很缺乏。近代城乡规划法律制度的转型的这一特征，至今仍启示我们认真研究历史，尊重传统而不迷信传统，是从事城乡规划法研究的基本态度。随着司法和审判工作的复杂化，最高人民法院公告定期发布对个别案件的处理意见，这种具有法律效力的司法解释实际上就是判例法。判例法虽然不如成文法精确和严谨，但不可否认，在处理个案中确实有更合理、更通情的优点。在社会经济高速发展的中国，城乡规划中涌现的错综复杂的现象远非现有的成文法所能解决，立法的速度也难以跟上社会经济的发展。城乡规划是一项综合性极强的工作，规划法规如果追求法律条文的严谨性和精确性，就必然以丧失对具体事件处理的合理性和公平性为代价。为此，笔者认为，适当采用判例法有助于城乡规划制度的完善[①]。

（3）西方城乡规划制度建设都有其赖以发展的行政法理论基础，从而使制度研究具备了最基本的理论平台，一系列具体的城乡规划制度也就是建立在所依赖的行政法理论基础上的。可以说，分析两大法系国家城乡规划制度的差异和发展趋势，这一点是给我们的最大启示。

5.3　两大法系国家的规划编制审批制度[②]

5.3.1　英美法系国家

美国实行三权分立的政治体制，城乡规划中的法规制定、行政管理和执法监督等三个因素相互制约，城乡规划在联邦、州和地方的各层面内均能进行自我修正和调整，从而形成内部运行循环而不需要过多的自上而下的行政监督和干预。与西方其他国家相比，美国各州政府对地方事务的影响比联邦政府相对要强，地方城乡规划法规基本上是建立在州立法框架之内。1909 年的"芝加哥规划"建立了美国总体规划的雏形，市政府为此专门成立了规划委员会，并通过积极的财政政策（财政拨款和发行债券）来实施规划。到了 20 世纪 50—60 年代，由于联邦基金政策的引导，大大小小的地方政府竞相出台总体规划。20 世纪 70 年代以后，法庭对土地纠纷案的审判态度也发生了转变，没有总体规划的地方政府在土地纠纷中往往遭到败诉。于是，许多州纷纷改变了过去"授权"的做法，而是变成了"强制要求"地方政府制定总体规划。总体规划一般由地方政府发起并由规划局或规划委员会负责指导编制，制定和实施分项规划的部门领导、市政府各局负责人、分区规划的审批管理者、市长班子、私人投资商、公众和社会团体代表等，都不同程度地参与总体规划的编制。美国在规划编制过程中的公众参与包括公民咨询指导委员会、公众听证会、访谈、问卷调查、媒体讨论、互联网、刊物、社区讲座以及社区规划的分组讨论及汇总等多种形式。有些州还要求地方政府利用最后一次公开听证会，同时征集相邻市镇、县、区域、州等规划部门的意见。配合总体规划的制定或修编，规划部门一般会同时修编分区规划和土地细分规划，与总体规划一起呈交当地立法机构审批通过。

英国政府的行政管理实行三级体系，分别是中央政府、郡政府、和区政府。根据城乡规划法，负责城乡规划的中央政府机构是环境与交通部，其基本职能是制定土地

[①]　文超祥，黄天其.中国古代城市建设法律制度初探 [J].规划师，2002（5）：11-15.

[②]　本节和下节的介绍性内容部分参考了同济大学课题组《发达国家和地区的城乡规划体系》，借鉴部分由作者整理和总结。

使用和开发的国家政策，使之具有连贯性。法定的发展规划实行二级体系，分别是结构规划和地方规划。结构规划由郡政府的规划部门编制，上报环境与交通部审批。地方规划由区政府的规划部门编制，不需要上报环境与交通部审批，但地方规划必须与结构规划的发展政策相符合。地方规划是英国规划的主要层面，其任务是制定未来10年详细发展政策和建议，包括土地使用、环境改善和交通管理方面，为开发控制提供依据。地方规划包括地区规划或总体规划、近期发展地区规划以及专项规划等3种类型。地区规划或总体规划是针对结构规划中的战略性政策需要得到具体落实的地区，也就是对于地区发展具有战略意义的地区；近期发展地区规划是针对在近期内可能要重点发展的地区，包括综合开发、再开发和改善等3种地区；专项规划是针对某一专题（如绿带和城市中的历史保护区）的规划。地方规划的编制过程包括磋商、质询和修改3个阶段。一旦经过批准程序，任何有异议的人都只能向高等法院提出修改规划的申请，一般来说，除非规划编制不符合法定程序，否则通过司法途径来质疑地方规划的可能性不大（图5-1）。

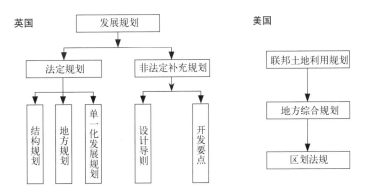

图5-1 英国、美国规划体系示意图

5.3.2 大陆法系国家

德国的城乡规划，可以分为两个主要层面。一是城市的《土地利用规划》(Flchennutzungsplan)，即"F—Plan"，属于城乡规划的战略层面，反映的是一个城市政府对自己城市空间配置的战略构想和意图。F—Plan构成规划局工作的核心，整个城市管辖的市域范围F—Plan的编制，既是规划局工作的任务，经法定程序审批的F—Plan又是规划局土地管理工作的依据。二是各个社区的《建造规划》(Bebauungsplan)，即"B—Plan"。B—Plan属于城乡规划的开发实施管理层面，反映城市土地利用规划在每一小块城市用地上的具体落实。B—Plan具有法律效应，任何城市建设活动都必须按照B—Plan的具体指标和规定进行。B—Plan由最低一级的政府社区负责组织编制。在B—Plan没有编制完成时，任何城市建设活动都是没有法律保障的。在德国的《建设法典》中，F—Plan和B—Plan两项规划统称为（建设指导规划）(Bauleitplanung)。如果一个社区需要发展和维持日常秩序，就必须编制以上两项《建设指导规划》，两项规划的审批权限也属于地方。城乡规划编制大致地确定为以下6个程序。一、决定编制规划，初步草案准备阶段；二、前期市民参与，初步方案阶段；三、公共机构和相邻社区参与，与区域规划相适应；四、第2轮市民参与，规划图公开，新的争议，再权衡；五、公共部门与私人相互协调和权衡，社区决定权衡结果，确定最终方案；六、制定规划制度和法规，批准和宣布指令，执行规划。

日本城市土地使用规划分为地域划分、区划制度和街区规划3个基本层面。每个层面的土地使用规划都包括发展政策和土地使用管制规定2个部分。发展政策制定发展目标及其实施策略，不具有直接管制开发活动的法律效力，但作为制定管制规定的依据。地域划分目的是防止城市无序蔓延、控制城市形态和土地配置、提高公共设施的投资效益、确保城市的协调发展。因此，地域划分与城乡规划区的交通网络规划、公共设施规划和土地调整计划相结合。土地使用区划是日本城市土地使用规划体系的核心部分，城市化促进地域划分为12类土地使用分区，包括7类居住地区、2类商业地区和3类工业地区。在不同的土地使用分区，依据城乡规划法和建筑标准法，对于建筑物的用途、容量、高度和形态等方面进行相应的管制。此外，还有各种特别区划，如高度控制区、火灾设防区和历史保护区等。街区规划参照了德国的建造规划（B—Plan）。其范围为数公顷，根据街区实际情况对土地使用区划的有关规定进行细化，并对建筑和设施的实际建造进行详细布置。因此，街区规划是比土地使用分区更为精细化的管制方式，有助于增强街区发展的整体性和独特性。近年来，街区规划的应用越来越广泛，已经不仅是对于土地使用区划的细化，往往还可以修改和取代土地使用区划的一些规定。因而逐渐被作为一种灵活性规划措施来促进私人部门参与城市开发项目，同时也使当地社区享有更多的参与机会。街区规划的实施依赖于开发商和土地业主的各项建造活动，因此要促使所有的权益者都参与规划编制过程，对于街区发展前景达成广泛共识（图5-2）。

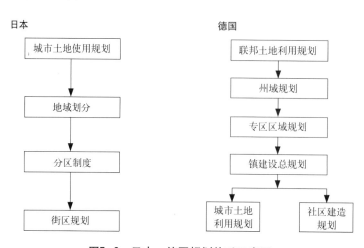

图5-2　日本、德国规划体系示意图

5.3.3 西方国家城乡规划编制审批制度的借鉴

西方国家城乡规划编制审批制度有以下几个方面的借鉴意义（表5-1 国内外城乡规划编制审批制度比较）：

国内外城乡规划编制审批制度比较　　　　　　　　　　　　　　　　表5-1

比较项目	英美法系国家		大陆法系国家		中国
	美国	英国	德国	日本	
行政管理体系	联邦政府、州政府和地方政府三级	中央政府、郡政府和区政府三级	联邦政府、州政府	中央政府、都道府县和区市町村三级	中央政府、省自治区政府和地方政府三级
城乡规划体系层次	联邦土地利用规划、地方综合规划、区划法规三级	结构规划与地方规划二级	联邦土地利用规划、各州的州规划、各专区的区域规划、市镇的建设总规划四个层次	地域划分、分区制度和街区规划三个基本层面	城市总体规划、城市详细规划
上层政府对规划编制审批的影响程度	不强。主要体现在获得联邦相关资助方面	较强。国家部门有各种机会干预	弱。邀请参与讨论	不强。通过立法和财政拨款	强。上级人民政府报请审批
编制程序方法	①规划制定；②公众参与评议；③多方辩论和修改；④正式的听证会；⑤地方立法机构批准	①宣传与磋商；②公众质疑；③修改并采纳	①制定初步草案；②前期市民参与；③公共机构与社区团体参与；④规划图公开；⑤权衡最终方案；⑥批准生效	①规划制定；②公众参与评议；③方案调整；④规划委员会审议；⑤地方规划委员会批准	①现状调查；②初步方案；③中期汇报；④方案修改；⑤成果汇报
公众参与程度	高。参与编制，多形式的公众参与方式	高。公众参与是地方规划编制过程的重要环节	高。两轮市民参与	高。公示，公众参与意见交由上级政府审理	低。只有少量编制过程中的公众咨询及少量成果图公示
总体规划审批的机构与组织	地方立法机构或规划委员会	地方规划部门	地方议会	规划委员会	由上级人民政府及国务院审批
总体规划审批的内容	详细的土地使用方式及安排与地方社会。经济和物质空间结构相关的各项因素	未来10年详细发展政策和建议，包括土地使用、环境改善和交通管理方面	本市市域范围内所有土地的规划和管理，没有特定的法律形式	城市发展政策和土地使用管制规定	市域城镇体系、城市性质、规模、总体布局、用地选择、基础设施开发建设

（1）城乡规划的法律地位及编制内容

从法律性质上看，西方城乡规划的内容大体可以分为行政计划和行政指导两方面，并根据是否属于法定性内容分类进行编制，城乡规划也以这一身份纳入了法学研究范围。我国长期未能明确城乡规划的法律属性，法学界对城乡规划制度研究的积极性不足。

发达国家城乡规划编制审批制度启示我们，应当根据法定性内容和指导性内容分类编制，为了在城市化快速发展时期保留规划的"弹性"，以及集中精力解决重大问题。法定性内容涉及面不应太广，其内容限定于市场所不能解决的、必须要政府提供或保护的公共物品的范围内。主要集中在两个方面，一是对于敏感区域的严格控制，二是对于城市公共领域和基础设施开发建设的合理计划。法定规划的具体内容应贯彻"综合指标控制"的原则，通过研究，把握与城市发展、生活水平质量等根本性指标。以总体规划为例，现行城市总体规划中的专项规划就应该逐渐从总体规划中脱离出来，由具体职能部门组织编制，规划部门予以配合，这样既可调动各职能部门的积极性，也有利于规划实施。

（2）上下层次规划的关系

发达国家的城市总体规划与下层规划均有着密切的关系，能够作为下层规划编制以及具体开发指导控制的依据。下层规划之所以能够较好地贯彻和实施城市总体规划的意图，在很大程度上归因于总体规划在编制方式和内容，乃至文本的表达方式。我国总体规划的下层规划以控制性详细规划为主，由于总体规划是应对上级政府的要求，而控制性详细规划则更多地反映本级政府的实际诉求。不同的出发点造成两者对城市发展的不同理解，造成不同层次规划之间的冲突。另外，总体规划缺乏与下层规划的互动渠道，下层规划在编制和实施中往往突破总体规划。因此，应当从两个规划层面进行改革，从而加强上下层次规划的关系。

（3）城乡规划的编制方式

公众参与在发达国家的城乡规划编制过程中始终是一个重要的环节。虽然我国的政治体制存在差异，政府和个人之间也缺乏强有力的非政府组织，想要照搬其他国家的公众参与机制显然不现实，然而这一发展方向无疑是正确的。现阶段的规划公示，大都是规划审批之后，且内容极为有限，也缺乏公众反馈意见的渠道。因此，在城乡规划编制的各个环节尽可能全面地进行公示，其表达方式也尽可能采用大众化的形式。此外，还应有效收集公众对城乡规划的建议，并将其合理成分反映到修改中，这一过程应充分发挥人大等监督机构的作用。

（4）城乡规划的审批程序

发达国家城乡规划的审批形式各异，对于研究性质的战略规划，一般由城市或者上级规划部门审批，不具有法律效力。对于落实到具体城市土地和空间的土地利用规划，以及一些重大基础设施的规划，一般交由地方立法机构审批，并具有法律效力。最具代表性的是美国的"区划制度"和德国的"建造规划"。我国的城市总体规划一般由上级政府审批。由于对地方现状和发展缺乏长期而深入的了解，使审批成为"看指标、走过场"，总体规划沦为地方政府的任务，而不是为了谋求地方发展的自觉意识。如果能够将城市总体规划的主要审批权力交由地方立法机构行使，则可以大大调动地方的积极性，不仅能在规划编制过程中更好地参与论证，也便于在审批之后更好的进行监督。城市总体规划经由地方立法机构审批后，应报上级政府备案。上级政府可以通过制定更高层次的规划或重大项目建设或投资来引导地方发展。城市总体规划一经立法机构审批就有法律地位，不可避免地也为其带来了"刚性"。我国目前正处于快速发展时期，城市总体规划具有过多的"刚性"无疑会限制城市的发展，而不断的修改又会削弱其权威性。因此，应当根据不同性质划分城市总体规划的内容，并采取相应的编制审批方式。

5.4 两大法系国家城乡规划实施制度

5.4.1 英美法系国家

美国的规划实施机构主要包括立法机构、规划委员会和规划部门，凡是涉及州、地区和地方事务的规划都由州和城市、县进行颁布和实施，联邦政府通常并不会过多干预地方事务。美国的立法机构作为决策者而起作用，决定是否成立规划委员会以及成员构成、资金划拨、是否支持其行动等等。通过规划委员会的介绍和建议，立法机构将规划转变为政治决定而付诸行动。规划委员会是绝大部分城市的法定机构，大量的规划通过该机构得到执行。就立法机构而言，规划委员会只具有顾问性的作用。当议会处理有关规划的事务时就要求规划委员会提出相应的报告和建议，议会有权同意或否决这些报告和建议。在大城市，除了设有规划委员会，还设有独立的区划管理机构和上诉委员会。许多州的法律还要求规划部门合作编制行政管理方面和基础设施改进计划方面的城市预算，通过影响城市预算而实施城乡规划。根据联邦政府各项计划的要求，如果地方政府想要获得联邦政府的项目资助，就必须先编制综合规划，并表明该项资助有利于实现规划目标。许多州（如佛罗里达、弗吉尼亚）把制定配套的"投资建设计划"（Capital Improvement Program，简称CIP）作为总体规划的一个组成部分。有的州（如内华达）则规定没有 CIP 的城市不得对私人开发项目征收建设费。地方做的 CIP 与州政府的内容类似，也是公共投资项目的 5 年财政计划。CIP 一经当地立法机构批准后，第一年的计划自动构成下一年度的财政预算，以后每年进行审核调整。这时政府才可以开始对项目拨款并进行可行性研究、征地、建筑与工程设计、发行债券、施工等工作。规划实施时各个政府机构之间、政府与社区团体、非赢利组织、私人公司之间往往会签订"开发协议"。有的州（如亚利桑那、科罗拉多）对合同的内容提出了具体要求，并要求必须经当地立法机构批准，这实质上也是一种行政合同。在监督规划实施效果上，有的州和地方政府（如俄勒冈、西雅图）进行了新的尝试，建立了"基准点体系"（benchmarking system），即一套具体的年度目标（多为量化指标），定期跟踪统计，并向立法机构汇报，以调整对策。美国规划实施中的公众参与程度非常高，在允许公民直接参与立法的州，其下属的地方政府也实行与州类似的立法模式，即"自发请愿"和"公民复决"制度。

英国城乡规划实施中的以下 3 项重要法律制度对我国具有较大的指导意义。一、规划实施中的上级监督制度。英国的城乡规划上级行政机构对城乡规划的实施有着较大的监督权限。根据城乡规划法，环境与交通事务大臣有权"抽查"任何规划申请，并且作出开发控制的决策。环境与交通事务大臣还可任命监察员对地方的规划事务进行督察。如果地方规划部门要批准的开发项目与地方发展不符合，必须先将规划申请公布于众，使公众有发表意见的机会，同时上报环境与交通事务大臣考虑。环境与交通事务大臣审理的规划申请都是比较重大的开发项目，一般要举行公众听证会，然后进行决策。二、开发控制中的规划上诉程序。在规划申请被否决或规划许可附加条件的情况下，如果开发商不服，可以在 6 个月内提出上诉。规划上诉包括 3 种方式，分别是书面陈述、非正式听证会和正式的公众听证会。规划上诉由环境与交通事务大臣任命的专职监察员来审理。一般的规划上诉由监察员代表环境事务大臣来处理，重大的规划上诉由环境与交通事务大臣根据监察员的建议来决策。三、城乡规划执法程序。对于违法的开发活动，规划部门发出"执法通知"。所谓的违法的开发活动包括在没有取得规划许可或者规划许可已经失效的情况下进行开发活动（包括改变用途）和开发活动违反了规划许可的规定条件。如果对于执法通知不服，开发者有权向环境与交通事务大臣提出上诉，在上诉期间，执法通知暂时无效，开发活动可以继续进行。由于这一过程较长，1968 年的城乡规划法增加了"停建通知"（stop notice）条款，使规划部门能够及时阻止违法开发活动的继续进行。不过，规划部门必须谨慎地使用"停建通知"。如果开发者胜诉，规划部门就将赔偿由于停建造成的全部损失。

5.4.2　大陆法系国家

德国的镇、区肩负着管辖地方权限之内的自治管理以及作为国家派出机构的委托管理两种任务。在过去，城乡规划事务属于国家政府管理的一个方面。其中，建设审批由城市行政主管部门负责，过去叫建设执法局，现在则分别称之为"建设监察局"、"建设管理局"和"建设法规局"。城乡规划管理的机构形式可以根据各个城市的代表机构（议会）和市政管理当局之间不同管理权限进行划分，主要有以议会为主导的南德意志议会宪法制，以市长为主导的莱茵大市长宪法制，以城市行政管理机构为主导的前普鲁士城市行政机构宪法制和从英国地方宪法中移植过来的双轨制。即使在城乡规划局内部，部门设置也不完全一样。其中一类是按照工作的领域进行部门职能分工，比如基础资料收集、规划设计、规划实施的日常管理；另一类则是根据特定城市地区中的规划过程，按照分析、设计和实施的步骤进行分工。德国不少镇、区成立或者组建了为城市更新和城市改造服务的股份公司，以便利用市场的机遇。许多镇、区也将城市更新的任务交给为镇、区服务的旧城改造开发公司，为了维护城市的公共利益，城乡规划部门往往格外重视保护自己的决策和控制权。

日本 1968 年城乡规划法确定了规划权限下放的原则，地方政府的规划职能得到加强。都道府县政府负责具有区域影响的规划事务，包括城乡规划区中城市化促进地域和城市化控制地域的划分、25 万或 25 万以上人口城市的土地使用区划等；区市町村政府负责与市利益直接相关的规划事务，包括 25 万人口以下城市的土地使用区划和各个城市的地区规划，跨越行政范围的规划事务则由上级政府进行协调。中央和地方都设有城乡规划委员会，由议会成员、政府官员和专业人士组成。中央和地方议会是通过立法和财政来影响城乡规划，项目审议则由规划委员会主持，议会并不直接参与，尽管有些议员可能会成为规划委员会的成员。

5.4.3 国外城乡规划实施制度的借鉴

发达国家的城乡规划制度以规划实施为核心，有以下几个方面借鉴意义（表5-2 国内外城乡规划实施制度比较）：

国内外城乡规划实施制度比较　　　　　　　　　　　　　　　表5-2

比较项目	英美法系国家		大陆法系国家		中国大陆
	美国	英国	德国	日本	
城乡规划法形成时间	1916年纽约的《区划条例》	1909年《住房和城乡规划诸法》	只有地方性法规	1919年《城市规划法》	1989年《城乡规划法》
城乡规划体系形成时间	1961年纽约的《区划条例》	1947年《城乡规划法》	1960年《联邦建设法》	1968年《城市规划法》	1984年《城市规划条例》
执法的机构	规划委员会、区划管理机构和上诉委员会	规划部门	建设执法局	城乡规划管理部门	城乡规划部门
规划实施与城市预算的关系	与交由立法机构审议的预算挂钩	与交由立法机构审议的预算挂钩	与交由立法机构审议的预算挂钩	与交由立法机构审议的预算挂钩	联系不密切
行政救济与司法救济方式与机构	规划上诉/上诉委员会与地方法院、高等法院	规划上诉/专职监察员或环境与交通事务大臣	行政法院复议、诉讼、仲裁或商议	规划上诉/地方法院	行政复议与行政诉讼/行政机关、人民法院
监察机构以及监察的程序	州政府定期对综合规划进行审查和修订，否则州政府向州法院检控	环境与交通事务大臣或委派检察员，"抽查"任何规划申请，并且做出开发控制的决策	建设监察局	开发审查委员会、建筑审查委员会	市人民政府监察部门、城乡规划督察员，尚未建立完善的程序制度

（1）通过立法保障法定性内容的实施

发达国家城乡规划法规体系的发展历程显示，城乡规划要顺利实施，其核心内容必须得到地方性立法的支持，同时理顺各层规划（国家一级的国土规划、区域规划、跨省跨州的空间规划、流域规划等）和下层规划（城市建造管理规划、开发控制规划、建设引导规划、区划等）的衔接关系。城市总体规划经审批后，一般具有法律效力，并由城市政府或相应规划机构在立法机构的监督下实施，它同时也成为编制和审批下层规划的法律依据。下层规划或具体的城市开发项目如果违背了总体规划，就得不到批准或是规划建设许可。一般来说，对下层规划和开发项目的审批和违法的判定都是由城乡规划部门执行，但是最终裁决权是在司法机关或其他独立机构。

（2）规划实施的组织与方法

发达国家的政府作为规划实施主体的范围较小，特别是在英美等崇尚自由主义政策的国家。由于社会资本的强大，城乡规划的发展目标大部分交由社会完成，城市政府及其专业机构一般通过各种公共政策进行引导。对于一些大型的城市发展项目和基础设施建设，也多由政府成立市场化运作的开发公司来完成。在规划实施中，行政指导、行政合同等非权力行政方式被广泛采用，促进了政府部门的积极行政。

我国在社会经济转型时期，城乡规划调控的范围不应再像过去一样力图"面面俱到"，应该是城市政府为维护公共利益，实现城市经济、社会和环境协调发展所制定的指导与规范各项开发与建设行为的公共政策和技术性要求，并对涉及社会公共生活和安全需要提供的公共服务。城乡规划作为政府进行宏观调控的重要手段，要着力平衡市场作用力的某些界限，来办市场办不了、办起来不合算的事情。比如说公平界限、伦理界限、生态界限、城市防灾界限、城市空间形态界限、城市文化遗产与风貌保护界限以及产权界定的界限等等。至于市场能够办到的事情，就不应越俎代庖。另一方面，城乡规划应体现公平的原则，均衡市场作用力的某些不足，实现城市社会与经济的协调发展。根据这些原则，在城乡规划实施过程中，应进一步缩小政府的行政许可范围，将有限的资金和精力投入到需要规划进行调控的城市发展活动中。

由于公众参与的广泛性，发达国家和地区的城乡规划依赖全社会的广泛支持。城市一般也都设有专门的规划机构，但是其职能相对较小，另外还有一些独立的机构互相制约。城乡规划管理机构不仅有规划局及其下属机构，很多城市还成立了规划委员会。规划委员会制度的建立，在城乡规划的决策过程中起到了参谋和技术制衡的作用，有的还已渐渐从咨询功能转向预决策，甚至于决策机构。

（3）行政救济和司法救济

西方国家规划救济制度一般较为完善，其中规划上诉是维护政府机构行政行为的公正性的有效机制。当规划申请被否决或规划许可附有条件时，开发申请者有权对于规划审批决定提起上诉。在对违法开发活动进行强制处置时，行政相对方也有上诉的权力。规划上诉由相对独立的监察部门（如美国的区划上诉委员会和英国的规划监察部门）进行裁决。当规划部门享有较大自由裁量权时，法定的监督机制就更为必要。而这些部门一般都由专业人员构成，其裁决是最终判决。针对我国实际情况，规划上诉委员会的机制一方面避免了行政复议交由同一机构所造成的立场不公正；另一方面也避免了行政诉讼交由地方法院所造成的专业技术依据不足，可以作为法制化的借鉴。

（4）城市自治与上级监督制度

西方城乡规划主要作为地方性事务，城市享有高度的自治权。由于城乡规划所调控的资源，许多属于不可再生的，这些资源的管理都必须以事先和事中的有效监督为前提。另外，错误的城乡规划决策一旦开始实施，要进行纠正，往往需要付出巨大的代价。正因为如此，在非联邦制国家里，中央政府都保留部分对下级规划的调控权力，如英国采取的城乡规划督察制度。由上级政府委派的专业技术人员担任规划督察，可以排除地方政府首脑对其监督工作的干扰，真正发挥技术决策与一般行政决策之间的均权制衡作用。处在高速城市化阶段的我国，也可以借鉴其经验，一方面扩展地方城市的自治权，充分发挥其积极性；另一方面在中央和省级设立监督制度，从而有效监督城乡规划的实施。此外，城市政府应当定期向人大常委会汇报城乡规划的执行情况，人大可以组成专门机构进行监督。总之，从行政权与公民权两个方面进行强化，这也体现了"平衡模式"的思想。

（5）实施绩效的考核制度

发达国家和地区往往有一套科学合理的绩效考核方法，来促进城乡规划的实施。我国由于缺少一套成体系的、动态发展的衡量指标，很难对其实施进行绩效的考核，目前仅有的衡量标准就是由城市政府提交的政府工作报告中有关城市建设的内容。因此，建立和完善绩效考核制度可以说是当务之急。

5.5 小结

西方两大法系国家的城乡规划法律制度总体上表现为相互融合的趋势。一方面，英美国家的"控权模式"占据了主导地位，但也在不断吸取大陆法系国家"管理模式"的合理因素，主要是对于公共利益的维护和合法行使行政权力的保证制度；另一方面，苏联极端的"管理模式"早已被学术界所否定，而大陆法系国家的"管理模式"也在迅速学习借鉴"控权模式"中关于限制行政机关滥用权力而损害公民权的制度、行政程序制度和监督行政制度。两大法系国家相互学习和借鉴的现实，不也正是"平衡模式"在当代中国具有学术魅力的印证吗。

第6章

扬弃"管理"，走向"平衡"——我国
城乡规划制度的改革途径

通过对西方城乡规划制度以及相应的行政法理论基础研究，以及对我国城乡规划制度的历史分析，笔者认为，尽管"平衡模式"在理论上还并不十分完善，在实际运用中也存在不少困难，但这一理论的巨大生命力以及中国现实国情等因素，决定了"平衡模式"可以也应当成为深入研究城乡规划制度的理论基础。但如何设计一套行之有效的体系，才可能在城乡规划制度中实现"平衡模式"，这正是本章重点探讨的问题。因为只有这样，"平衡模式"在城乡规划制度领域才真正具有现实意义。

6.1 城乡规划制度设计

城乡规划的重点和难点均在于实施，有效的制度设计对于改善当前的实施困境具有重要意义。城乡规划制度设计应当以行政权与公民权的均衡准则为指导，以社会现实为依据，以贴近事实的主体行为假设为前提[①]，并确定恰当的制度目标。只有这样，才有可能构建行之有效的实施制度。"平衡模式"在城乡规划制度中的应用，有赖于合理而有效的机制设计，并在此基础上进行相应的制度建设。针对我国城乡规划实施困难的现状，从均衡准则、现实依据、行为假设、制度目标等四个方面探讨制度设计的一般方法。

6.1.1 制度设计的均衡准则

行政权与公民权的均衡，是城乡规划制度设计的基本准则。两者之间的"失衡"，都必将导致制度不同程度地落空，均衡准则包括以下几层含义。

（1）当前我国城乡规划实体法中，规划主管部门处于管理者的优势地位，行政权明显优于公民权。而在城乡规划程序法中，行政权力又往往受到过多的限制。行政相对方利用法律薄弱环节钻空子的现象十分普遍，行政人员利用程序缺陷"寻租"或营私的空间也很大。在制度设计的起点上，就应当针对现实情况，在实体法上以增强公民权为主要方向，而在程序法上则以改善行政权的运行环境为重要目标。

（2）规划行政主体与相对方保持基本均衡态势，并通过博弈达到最优结果。目前在规

[①] 城乡规划制度设计的方法，是在宋功德先生关于行政权与公民权平衡机制设计方法的基础上（参见宋功德. 行政法的均衡之约 [M]. 北京：北京大学出版社，2004：147-198.），结合城乡规划的实际进行的具体制度构建。

划许可、行政处罚等主动行政行为中，规划行政主体的地位十分突出。而一旦进入行政诉讼、行政复议以及信访等救济程序之后，则相对方占有一定优势。要实现规划行政主体与相对方的地位总体平等，就应当在主动行政行为中，充分提高相对方的主体地位。而进入救济程序后，也应当充分重视行政机关的主体地位。

(3) 规划行政主体与相对方之间的互动与合作是一个动态变化的过程，因而相应的激励与约束机制也必须与之同步。只有这样，才能实现规划权和公民权的配置与现实需求之间的动态平衡。

6.1.2 制度设计的现实依据

城乡规划制度设计不可能超越其所在的社会现实，当然，也并非完全是社会现实的消极反映，而是在一定程度上反作用于社会现实。因此，制度设计必须在现有约束条件与发展趋势之间寻求平衡。制约城乡规划制度设计的现实依据包括以下几个方面。

(1) 社会经济发展条件。不尊重现实社会经济发展条件的制度设计，必然会造成不良后果，这一点在早期的城乡规划实践中已经得到印证。相同或相似的具体制度，对于不同地域而言往往意味着不同的价值或效用。例如，对违法建设行为处以工程造价 10% 罚款的规定，对经济发达地区与经济落后地区所产生的实际影响明显不同，因而产生的行为激励就相去甚远。此外，同一罚款标准在不同的历史时期产生的作用也大相径庭。《城乡规划法》第三章"城乡规划的实施"中的首条规定："地方各级人民政府应当根据当地经济社会发展水平，量力而行，尊重群众意愿，有计划、分步骤地组织实施城乡规划。"明确提出了尊重社会经济条件的原则，只是在具体的制度设计时，这一点往往容易被忽视。

(2) 信息传递机制。信息是主体决策的重要依据，信息不对称就可能诱发机会主义。深刻认识规划行政主体与相对方之间、规划行政主体与公务人员之间的主要信息传递机制的现状特征，并通过恰当的制度设计以消除或减少信息不对称现象，对于促进城乡规划的实施具有重要意义。例如，尽管《城乡规划法》第二十六条规定了城乡规划报送审批前的公示制度，在实际操作过程中基本上是由规划行政部门全程掌控，是否充分反映和采纳公众的意见不得而知，这种信息传递机制也使得规划公示制度在一定程度上落空。

(3) 行政法律制度背景。20 世纪末以来，随着《行政诉讼法》、《行政处罚法》、《行政复议法》、《行政许可法》、《国家赔偿法》等行政法律规范的相继出台，我国行政法律制度日趋完善。城乡规划法律制度作为下一层面的部门法律，不可能超越国家行政法这一宏观背景。例如，有的学者极力倡导控制行政自由裁量权，认为"较小的自由裁量权是法律趋于成熟的标志"。这种观点并不一定错误，但鉴于国家行政法律制度的约束，公民法治意识的提升尚待时日，以及我国目前乃至未来相当长时间内仍将处于快速发展阶段的现实，城乡规划领域行政自由裁量权的控制只能是一个循序渐进的过程。

(4) 现有城乡规划制度的制约。城乡规划制度设计在很大程度上受制于既有的城乡规划制度。一般而言，成功的制度设计不应当割裂历史，而只能通过局部调整和逐渐修正的方式。制度演化是一个"累积因果"的过程，是对物质环境和约束条件的逐渐适应。宋功德先生曾指出："设计全新的制度蓝图虽然比设计制度过渡更加吸引人，但未必需要更多的智慧"，可谓一语中的。

（5）相关部门制度的约束。与《土地管理法》、《环境保护法》、《房地产管理法》、《建筑法》等部门法律一样，目前，《城乡规划法》也只是普通的部门法律，无论业内人员如何推崇其法律地位，也不可能凌驾于相关法之上而成为上一层面的法律。因此，城乡规划制度设计也必然受制于其他部门的制度，与之相协调才可能得以实施。否则，陶醉在封闭的理想国里孤芳自赏，只能不断弱化城乡规划的影响而逐渐丧失话语权。在不违背国家法治精神的前提下，部门之间相互妥协以达成共识可以说是一种常态。

6.1.3 制度设计的行为假设

在制度设计中，主体行为假设只有接近城乡规划实施的真实情况，才可能确保其有效性。城乡规划制度设计的主体行为假定，包含自利动机，能动个体和有限理性等3个方面。

（1）经济人的自利动机

斯宾诺莎认为："按照人的本性，每个人总是以最大的热情追求自己的私利；……只有在他认为这样做有助于加强自己的地位的情况下，他才会去支持别人的利益。"当然，他所谓的私利是广义的，包括主体获得的任何物质或精神的"满足"。尽管主体行为表现形式多样，其中也包括"利他行为"。然而，城乡规划制度设计的主要任务实现"止恶"和"惩恶"，"扬善"则是道德范畴的要求。因此，自利动机的行为假设更具有现实意义，而这种假设并不妨碍主体实施"利他行为"。

（2）主体能动性

传统微观经济学认为，个人决策是在给定的价格参数和收入的条件下，追求个体效用最大化。个人的最优选择只是价格和收入的函数，而不是其他人选择的函数，他既不考虑自己的选择对别人的影响，也不考虑别人的选择对自己的影响。而能动个体是根据博弈论的理论假设，强调个人效用函数不仅依赖自己的选择，而且依赖他人的选择，个人的最优选择是其他人选择的参数。我们习惯将规划行政主体假定为追求公益最大化，而相对方则被假定为追求私益最大化。规划行政主体被解释为规划行政机关，相对方也往往以法人等组织形式出现，这与机制设计的个体性要求显然是矛盾的。因为只有个体才能够感受和回应制度的激励或制约，因此制度设计自然也应当主要针对能动个体。

（3）有限理性

行政主体的理性表现为根据既定的制度制约、技术制约以及其他环境因素的制约，在进行综合权衡后选择自身利益最大化策略。当然，也表现为在受自利动机的驱使而追求制度变革、技术创新，或者通过改变行为选择的约束条件来实现利益最大化。对于相对方而言，则是在不受到法律制裁的严重后果的前提下，利用实体和程序法上的缺陷，谋取自身利益的最大化。因此，规划主体应当推定为理性人，但这种理性人具有的理性是有限的。可以说，在制度设计中将规划机关的公务人员以及相对方假定为有限理性，与经济学和管理学的发展趋势基本一致。有限理性表现在：一、规划主体缺乏与完全理性相对应的完全知识，而规划制定过程中的信息不对称必然导致主体行为的不确定性。二、规划主体在决策过程中不可避免地受到心理和精神层面的非理性因素的影响。三、规划制定主体的决策过程有时并非采用理性计算的方式，而在很大程度上依靠经验或直觉。其目标往往并不十分明确，理性与经验、直觉交互作用和影响，最终的行动方案往往是一种适应多元约束条件的混合物。

6.1.4 制度设计的主要目标

在城乡规划制度设计中，其"有效性"远远高于"理想性"，不切实际的制度构建犹如空中楼阁。基于对社会现实的深刻认识和对主体行为的合理假设，通过恰当的制度安排，促使规划权和公民权的均衡，从而实现以下制度目标。

（1）城乡规划制度的相对稳定性

制度的相对稳定是其得以顺利实施的重要保证，因为其制定和修改要经过复杂的程序而不可能频繁地进行，而现实情况往往复杂多变。因此，制度的稳定性和延续性要求制度设计中应当充分体现"层次性"原则。对涉及城乡规划的重要制度和原则要经过科学论证并在主干法予以明确，一些根本制度甚至应当渗透到行政基本法律之中。至于操作层面，则完全可以通过下层次的行政法规、部门规章、地方性法规等方式加以解决。此外，通过完善规划执业制度、规划行政程序法与以司法审查为核心的监督法律制度，为规划机关公务人员提供行为制约与激励。而适当粗化规划实体法，赋予规划机关适度的行政自由裁量权，以确保规划公务人员审时度势灵活处理规划实施中的各类问题。同时，构建一种开放结构并促成主体之间的良性互动，从而确保城乡规划制度的相对稳定。

（2）平衡地域差异和部门冲突

我国幅员辽阔，发展极为不平衡，制度设计中必须充分尊重地域差异。例如，公众参与制度在社会经济发达地区是推进民主化进程的重要举措。然而在内地的许多落后地区，这一制度的推行尚需要结合实际，拔苗助长往往适得其反，有时甚至沦为强势群体实现私利的"合法"手段。再如，乡村规划许可证制度就是一项并没有酝酿成熟而急于出台的制度，相关配套制度缺失，连许可证书也是在数年之后才统一印制。《城乡规划法》实施7年之后，该制度在不少地区仍然是一纸空文。因此，制度设计应当通过提供足够的制约与激励，兼顾自上而下的强制性制度变迁与自下而上的诱导性制度变迁，并逐步实现以"自下而上"为主导方式。在快速发展阶段，更应当通过地方实践推进国家层面的制度建设，我国城乡规划发展的历史也印证了这一点。以往在规划主干法律出台后，各地大多制定一个稍加细化的"翻版型"实施办法，而从最近几年的规划实践来看，地方性立法的重要性在实践层面也逐渐得到体现，如规划委员会制度、督察员制度等等。

我国部门之间的协调还任重道远，不同部门、不同规范之间如何协调是城乡规划能否真正发挥效用的关键。例如，在城市土地出让中，《城乡规划法》规定了规划条件作为出让合同的法定条件。国土部门制定的土地出让格式合同范本中，也将规划条件列为法定附件。在这种情况下，规划部门就应当根据地方实际认真研究如何将控制性详细规划内容转化为规划条件，并如何加以制度化，从而实现城乡规划对土地利用的引导。

（3）主体利益的尊重

随着社会主义市场经济的建立和完善，利益主体日趋多元化，政府部门、企业、社会团体、各种集团和个人，都在成长为独立或相对独立的利益主体。在特定的规划政策环境下，他们都会以自身利益作为选择的依据。当期望得益远远大于损失之时，选择违法、违章或违背职业道德的行为，可能成为城乡规划博弈中各类利益主体的"理性选择"。即使不违法，他们仍可能有极大的行动空间。城乡规划强调的是集体理性，而现实中个人理性与集体理性往往相互冲突，简单地忽视个人要求往往难以实现整体最优目标。因此，在制度设计中必须虑及各种利益主体的各种选择，包括"上有政策，下有对策"和直接违反有关法律法规，都纳入规划决策分析的重要内容。例如，规划机关公务人员的个人目标，往往与规划行政目标存在一定差异，有时甚至是直接矛盾。这种关系可以通过引入行政职位的竞争、设定开放的规划决策过程、建立适合规划行业的绩效考核制度、完善监督和救济制度等途径加以解决。再如，规划机关谋取部门利益，最终也可以还原为公务人员所追求的"私利"。其对策包括充分发挥规划行业组织的自治优势、采用行政指导等非强制性行政部分代替强制性行政、开放规划制度的制定和实施过程以弱化信息不对称现象等。

（4）提高违法成本和败露风险

城乡规划实施中的违法行为，主要根源还在于预期成本远远低于收益，因此，必须改变城乡规划行政相对方预期成本与收益的对比关系，其主要手段包括以下几点。一是建立信誉制度，保护和鼓励信誉良好的相对方，打击信誉不良的相对方，这种方式对于制约开发商的违法行为有较好的效果。二是激励社会公众或利益相关人对某些相对方的机会主义行为加以揭露，推动互相监督，从而弱化信息不对称，这种方式对于解决邻里纠纷的作用显著。三是激励社会公众或相对方举报规划公务人员滥用职权以及采取机会主义的行为。四是激励不同立场的利益冲突相对方参与规划立法、准立法的相关过程，弱化立法和执法过程中的信息不对称，降低立法者、规划公务人员实施机会主义的概率，使得达成的一致结果趋于公平合理。

例如对违法建设的行政处罚，在改革开放初期得以基本确立并形成了一种思维惯式，没有人再怀疑其是否合理，是否与时俱进。实际上，随后的社会主义市场经济建设、住房改革以及住宅商品化等制度变迁，从根本上改变了原来的经济模式和利益格局，违法建设行政处罚制度却未能相应完善。行政处罚的设定与违法行为之间，应当具有必定性和相当性。唯有如此，行政处罚才可能得以有效地执行。而恰是这两点，暴露了我国现行的违法建设行政处罚制度本身存在的明显缺陷。如何提高违法成本和败露风险，是制度建设中应当着重考虑的关键问题。

6.2　制度设计的博弈分析

现代经济学中的主要分析工具——博弈论，对于城乡规划制度实现"平衡模式"具有重要的借鉴意义，本节拟就博弈论对城乡规划决策和制度构建的启示进行专题论述。萨缪尔森曾幽默地说："你可以将一只鹦鹉训练成为经济学家，因为它所需要学习的只有两个词：供给与需求"。博弈论学者引申道："要成为现代经济学家，这只鹦鹉必须再学一个词，这个词就是纳什均衡"。实际上萨缪尔森后来也承认："要想在现代社会做一个有文化的人，你必须对博弈论有一个大致的了解"[①]。1994年，纳什、泽尔腾和海萨尼等三位博弈论专家荣膺诺贝尔经济学奖。仅仅两年之后，该奖项再次授予博弈论和信息经济学家莫里斯和维克瑞，从此，博弈论备受世人关注而成为"显学"，对当代社会的深刻影响似乎渗透到了每一个角落。

传统微观经济学认为，个人决策是在给定的价格参数和收入的条件下，追求个体效用最大化。个人的最优选择只是价格和收入的函数，而不是其他人选择的函数，他既不考虑自己的选择对别人的影响，也不考虑别人的选择对自己的影响。而博弈论则认为，个人效用函数不仅依赖自己的选择，而且依赖他人的选择，个人的最优选择是其他人选择的参数。甚至有人认为，研究人对于价值关系的现代经济学完全可以用博弈论来改写，因为博弈论研究人与人之间的关系，更接近社会生活的客观现实。

在规划决策过程中，规划部门周围存在种种同类事项的决策者，一方面，他们与规划部门的目标常常发生冲突，另一方面，也包含着基于自身利益的潜在合作因素。他们与规划部门相互影响，并最终决定博弈结果。道格拉斯·G·拜尔指出"没能充分利用博弈理论是不幸的，因为现代博弈理论为人们理解法律规则如何影响人的行为提供了非常深刻的洞察力"[②]。城乡规划作为公共空间等资源的配置手段，在很大程度上是公共政策的制定与实施。因此，博弈论在城乡规划决策过程中具有重大的借鉴意义。然而，国内学者对此似乎还远没有充分认识，时至今日，该领域的研究仍未取得深入进展，其内容往往局限于完全信息静态博弈范畴，对于解释城乡规划中的实际情况有较大局限，从而也制约了博弈分析方法在城乡规划法律制度建构中的作用。

6.2.1　关于理性的思考

理性主义影响深刻，至今仍是城乡规划学科的重要思想基础。然而，人类在集体选择问题上表现的理性，有时不得不令人失望，哈丁"公地的悲剧"揭示了这一现象。其意义在于启示我们，完全从自利动机出发自由利用公共资源，必定倾向于过度利用、低效率使

---

① 白波，潘天群，等.博弈游戏、博弈生存 [M].哈尔滨：哈尔滨出版社，2005：29.

② （美）道格拉斯·G·拜尔，等.法律的博弈分析 [M].严旭阳译.北京：法律出版社，1999：1.

用和浪费。类似情况在社会经济活动中十分普遍，特别是在城乡规划、环境保护和公共资源的开发利用中，这种矛盾更为突出。

（1）有限理性与完全理性

近来有一种观点认为，有限理性使人类对未来的预测并不可靠，因而规划应由近及远，而非由远及近。该观点在提倡近期建设规划上有一定积极意义，但作为规划理念而主张放弃理性追求，则对城乡规划学科的发展十分有害。我们知道，经济学中"理性人"假设也与实际情况相去甚远，而且同样是"有限理性"，但并不因此影响经济学对经济现象的解释和对经济发展的预测。实际上，即便是有限理性，也不排除博弈产生最优结果。有限理性的博弈方通过长期的反复博弈，并不断地学习和调整，将使博弈过程逐步趋于理性，有可能达到一种完全理性条件下展开博弈的完美结局。而理性参与者之间的博弈，其结果也可能令人沮丧。

（2）理性与信息

一般而言，博弈方完全了解所有参与者各种情况下得益的博弈称为"完全信息博弈"，至少部分博弈方不完全了解其他参与者得益情况的博弈称为"不完全信息博弈"，理性程度与博弈方所获得的信息极为密切。例如，不同政府之间在给予外商土地开发强度和其他优惠政策方面的博弈，也可视为不了解其他政府"底线"信息而展开恶性竞争。另外一种情况是，某开发商提出了一个很好的项目，政府想引进的同时，又希望开发商尽可能多地承担公共设施建设，但也担心过高的要求会吓走开发商，然而政府和开发商都不清楚对方能够承受的底线。这样，双方就在信息不完全的情况下进行博弈。如果是简单博弈，其结果取决于双方的谈判技巧；如果是重复博弈，则双方可能在博弈中逐步趋于理性。

【规划实例】开发商与农户征地补偿博弈

在征地过程中，购买者是一个对政府的发展战略十分熟悉的房地产商，他深知这块土地是否位于即将建设的重要交通枢纽或公共设施附近而有较大升值空间。而这些信息是土地的实际占有者（农户）所不知道的。这样，农户就会根据开发商的出价以及进行现场调查的迹象，推断自己的土地有可能升值，但不知道是什么原因，也不知道究竟有多大的升值空间。农户想知道购买者的真实情况，而开发商尽量掩盖可能导致价格提高的信息。无论开发商出什么价，农户总会认为其远远小于土地的实际价值，但他也会考虑如果拒绝征地，今后也会面临以市政设施建设而征地价格更低的风险。这样，双方在信息不对称的情形下进行博弈。其结果对谁更有利，殊难预料。

诚然，当博弈方的数量达到两个以上后，信息越多得益越大的结论就不一定成立。但是，博弈方通过合法途径获取充分信息，是有限理性向完全理性发展的重要途径，是博弈取得理想结果的重要条件之一，这也正是公众参与和政务公开的博弈论解释。

（3）理性与成本

规划行政过程中的博弈本身是要耗费成本的，因而规划实施的目标函数应当考虑实施成本这一决策变量。考虑到成本因素，某些理性的博弈方在具体事件上可能表现为"有限理性"甚至"非理性"。一方面，规划主管部门在具体的行政过程中不得不进行机会成本的权衡，以期保证与相对方进行博弈的正当性和经济性。如果在任何决策过程中都不加选择地较真，则不仅疲于应付，更可能使其非理性地因小失大。是此，规划主管部门在行政过程中不得不考虑有所为，有所不为。而另一方面，相对方在正式参与博弈之前，也不得不大致地估算博弈的预期得益以及为此付出的成本，尤其要计算收集信息，与规划行政主管部门讨价还价的交易成本，并估算此次较真对于将来的影响。比如在多大程度上损害与规划主管部门的关系，从而堵塞了将来的合作道路。成本分析不足是目前规划执法中存在的明显缺陷，在此基础上谈论理性，并建立相应的理想化机制，最终必将被证实徒劳无功。

（4）理性与合意

理论上一般将存在具有约束力协议的博弈称为"合作博弈"，否则即为非合作博弈。由于博弈方在非合作博弈中往往都有严格占优战略，比起他们能够合作选择战略组合而言，其状况实际都有所恶化。因此，只有博弈方能达成一个有约束力的协议才可能出现理想结果。规划实施要取得满意的结果，也应当引进合作博弈的思路，现阶段采取的由规划部门制定控制指标是方式之一，但由于属于单方面的制约而在实施中遇到很大阻力。而当事人之间，或行政相对方与规划主管部门之间的协商也是重要的方式，后者在西方国家称为行政合同。应当说明的是，合作博弈只是强调有约束力的协议，其结果也可能是各种各样的，并非一定是集体理性和整体最优，合作博弈只是提供了一种可能性，能否实现关键还要看协议的有效性和正当性。

在规划实施过程中，行政相对方与规划执法人员展开面对面的博弈，而规划法设定的行为模式中，相对方则应当与以组织形式出现的权力主体进行较量，于是错位现象不可避免。一则可能给非正当博弈的滋生与膨胀留下空间，二来也可能导致违背职业道德的行为。可见，历经"权力主体——规划机关——规划人员"这两层信息非对称性的委代关系，规划工作人员或者因得到好处而不能与相对方进行正当博弈，或者缺乏激励和制约而不愿与相对方展开博弈。毫无疑问，这都将导致法律所设定的理性目标不同程度地落空，甚至可能殃及第三方的利益。另一方面，相对方有时也存在利益集团中搭便车问题以及代理人的委托关系。因此，博弈双方形成的合意未必真实反映规划行政主体与行政相对方之间为了公益和私益进行社会资源的竞争，这就需要其他激励与约束机制防止这种变异，以避免规划工作人员违法或"败德"，并减少相对方群体中的搭便车行为。否则，就缺乏足够动力促使公益与私益进行直接较量。

（5）理性与实效

西方国家法律对于规划实施中的信息披露等问题，都十分注重从实效性角度进行深入地博弈分析。反观国内城乡规划规则的制定，有时不顾实效性而一味倡导所谓的完全理性，结果往往适得其反。

【规划实例】基础设施建设中的抢种、抢建博弈

在某些处于快速发展阶段而相关制度尚不完善的城市，当政府决定修建基础设施的信息公布后，往往在控制范围内出现不同程度抢种或抢建的现象，这实际上是一种典型的博弈，其产生具有一定必然性。首先，法律规范的不严密，特别是农村集体所有土地上农民从事农业性生产，如种植、养殖，甚至建设一些质量较好的生产性建筑，如所谓的猪圈等。在土地使用权没有改变之前，法律上没有制止农户从事这些活动的设定。而政府可能会发布一些公示，规定在什么范围内不得抢种抢建等，否则将予以处罚。实际上，这往往给农民增强了信息，即只要投入，将来就很可能获得高额补偿，政府公告实际上无法施行。因为如果是国家基础设施建设，那么，地方政府是没有热情耗费力气组织查处本地农户的违法行为，因为补偿款项由国家支付，地方政府并不真正关心国家补偿了农民多少，甚至有的可能还会认为，当地农民多得一点补偿，对地方经济发展未必是坏事。农户对这一点心知肚明，因此选择抢种抢建是必然的。同样，作为城市政府项目，下一级的区政府也抱有同样态度。

在这类博弈中，博弈方（政府和农户）基本上具有"完全理性"，但并不能因此带来理想的结果，农户的选择主要考虑抢种抢建的预期得益和可能被查处的风险，地方政府部门则考虑查处所获得的利益和为查处付出的代价。如果不进行实效性分析，则制度设定是没有实际操作意义的。

从理论上讲，个体永远处于有限理性状态，但并不能因此而放弃向完全理性逐渐接近的不懈努力。况且，在特定条件下有限理性选择具有"完全理性"的作用。在规划制度设定中必须重视个人理性与集体理性的关系，以集体理性为导向，以个人理性为基础，促使个人决策的组合尽量向集体理性无限接近。

6.2.2 城乡规划实施中的动态博弈

城乡规划及相关领域的博弈研究多囿于静态博弈范畴，实际上，规划实施中相当部分行为属于动态博弈，博弈方往往依次而不是同时选择策略，而且后选择者能够看到先选择者的内容，这和一次性同时选择的静态博弈明显不同。一般而言，我们将博弈方完全了解所有博弈方各种情况下得益的博弈称为"完全信息博弈"，而将至少部分博弈方不完全了解其他博弈方得益情况的博弈称为"不完全信息博弈"。在动态博弈中，进行选择时不完全了解此前全部博弈过程的博弈方，称为具有"不完美信息"的博弈方，存在这种博弈方的博弈称为"不完美信息动态博弈"；策略选择时对博弈过程完全了解的博

弈方，称为具有"完美信息"的博弈方，如果所有的博弈方均具有完美信息，则称为"完美信息动态博弈"。

动态博弈的结果包含三层意思：一是个博弈方的策略组合；其次是各博弈方的策略组合形成的一条联结各个阶段的"路径"；三是实施上述策略组合的最终结果，即各个终端的数字。动态博弈在策略和博弈结果方面与静态博弈有着明显区别，这对博弈方的利益关系和决策方式影响不言而喻。城乡规划决策中具有多种类型动态博弈，为便于分析，本文仅讨论"完全且完美信息动态博弈"。当然，其他类型的动态博弈都是以之为基础变化而来的。

（1）动态博弈实例分析

规划执法部门和开发商之间关于违法建设的博弈，基本上可以视为典型的多阶段"完全且完美信息动态博弈"。通过对整个过程的博弈分析，能够较好地反映真实情况从而对规划决策有所启发。在该动态博弈中，开发商和规划执法部门的选择行为不仅有先后之分，而且一个博弈方的选择不仅一次，而是几次甚至很多次，并且在不同阶段的多次决策之间有着内在联系，是一个不可分割的整体。因而不能仅仅考虑其中某个阶段的决策行为，或者将各个阶段的决策行为割裂开来，而必须研究双方针对前面阶段的各种情况作相应选择和完整策略，以及这种策略构成的组合。在博弈分析中，常常采用"博弈树"（或称为扩展形）和"逆推归纳法"等两种分析方法。

"博弈树"是一种直观反映动态博弈中博弈方的选择次序和博弈阶段的方法，规划执法部门和开发商之间的博弈和博弈过程通过图6-1可得以清晰表现：

第一阶段：开发商申请规划许可，规划执法部门决定是否给予规划许可；

第二阶段：开发商选择依据规划许可进行建设，或加层、超出红线等不同程度的违法行为；

第三阶段：规划执法部门选择处罚方式，包括罚款、责令改正、限期拆除等，当然，也包括规划执法部门未发现违法行为，或者虽然发现，但认为处罚难度极大而放任不管的情形；

第四阶段：开发商选择是否接受处罚或采取行政救济；

第五阶段：规划主管部门选择是否采取强制执行措施或改变处罚方式。

从动态博弈的最后一个阶段博弈方的行为开始分析，逐步倒推，直到第一个阶段的分析方法称为"逆推归纳法"。通过这种方法考察规划执法部门在查处违法建设中的几个最后阶段的双方预期得益（或者说代价）。该博弈中，存在几种最终阶段的状态。其中最具有决策参考意义的结果包括：强制执行，守法，罚款。这是因为，第一阶段规划许可未被接受，可视为博弈中止；规划部门发现违法现象而不处罚或者根本没有发现的可能性也不大；而进入限期拆除程序后，规划执法部门也极少因开发商采取行政救济而搁置或改处罚款或改变处罚方式。

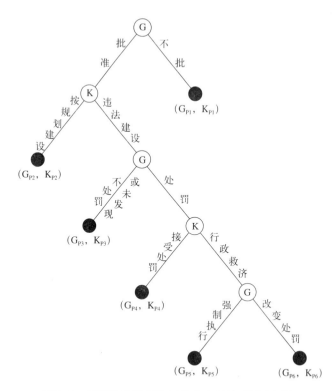

图6-1　规划执法部门和开发商之间的"博弈树"

因此，在法律设定的范围内，开发商可以选择守法与违法，可以选择违法的种类和严重程度，并经过多次试探性博弈以掌握规划执法部门的底线。他们一般不会选择严重违反规划而不得不接受强制拆除的不利后果，而是在规划执法部门的底线附近展开博弈。例如，在强制拆除、守法和接受罚款之间的得益情况进行权衡，并预测政府部门因得益差别而可能采取的策略。一般而言，强制拆除执行的可能性毕竟不大，而罚款正是博弈双方倾向选择的结果，甚至，还有侥幸未被发现或者通过非正当途径逃避处罚的可能性。因而动态博弈的结果往往是，开发商倾向于在规划执法部门可以接受的范围内进行违法建设，而规划部门则倾向于以罚款的方式解决。如果考虑到规划执法部门的行为转化为规划公务人员后得益情况的改变，则这种可能性还会进一步增大。

【规划实例】S市某楼盘违法事件：多方利益动态博弈的混合结果

2001 年 6 月 14 日，S市城乡规划部门出具了某地块的规划意见：用地面积 10452m²，建筑密度 49%，容积率 4.8，绿地率 30%，最大建筑高度 75m。2002 年 6 月 7 日，S市 F 有限公司取得《建设用地规划许可证》。2003 年 2 月 28 日，通过拍卖方式取得该地块土地使用权，土地所有权证书注明土地面积为 7928m²，国土部门对用地面积的更改作出了说明。其后，F公司报送的方案，比原批准的指标多了 30000m²，城乡规划部门在有关图纸上签署意见，但没有办理规划许可手续。在规划评审意见中明确要求，开发强度不得超过招拍挂的条件。2003 年 8 月报建材料显示，图纸标明的层数分别为 20，23，26 层，但建筑面积明确为 56200m²。

2004 年，由于股东之间发生经济纠纷，工程停工。法院审理终结后，2008 年 10 月 28 日，作为烂尾楼拍卖，相关规划指标没有改变。其后，F 公司进行重组后申请复工。2009 年 10 月 28 日，城乡规划审核发现，建设规模超出原审批以及拍卖条件，多次要求 F 公司进行核实处理后，方可继续施工。后来发现已经批准的初步方案存在容积率计算的严重问题，在建到第 17 层时通知建设单位停工。建设单位未执行停工决定，继续建设至 22 层，由于建筑物体量巨大，引起社会广泛关注。直到城乡规划部门下达停工通知后，建设单位才停止施工。

作为违法建设者的首选，自然是要求罚款。但公司原来的股东由于利益分配等原因而密切关注此事，要求予以严肃处理，甚至向纪检部门部门举报，纪检部门也关注违法建设的处罚结果。在违法建设方争取通过罚款，并补办规划许可的可能性极小的情况下，为减少工程停工的损失，2010 年 4 月 13 日，F 公司行文 S 市人民政府，要求将 20 层作为隔热层架空，其他现状超层部分承诺自行拆除；地下部分要求按照工程造价 5% 处理。考虑到规划部门在此前的行政许可中存在一定的瑕疵，为了既严肃处理违法建设行为，又适当减少违法建设拆除的损失，2010 年 4 月 20 日，S 市城乡规划局向市政府请示，原则同意 F 公司提出的关于违法建筑的处理意见。S 市人民政府 2010 年 4 月 29 日批复决定：一、该项目超出规定建设规模 56200m² 部分，由 F 公司委托具相应资质的施工企业按规定依法拆除。二、地下一层、地下二层，建筑面积 12177m²，不计入容积率，作为违法建设采取行政处罚方式。2010 年 12 月 3 日，S 市城市管理行政执法局依法下达了行政处罚决定书：地下部分按照工程造价 5% 处以罚款 44 万余元；限期 15 日内对地上违法建筑面积 3239m² 全部拆除。市政府同时将处罚意见向纪检部门汇报，并得到认可。

此后，F 公司反悔，为争取减少拆除面积，要求改拆除为没收，此时有若干政府部门对拟拆除的违法建筑提出了使用要求。F 公司组织四名施工专家进行技术鉴定，认为拆除将对建筑物的结构造成一定影响，建议采取其他处罚方式（其实就是行政罚款）。并通过 S 市城市管理行政执法局上报市政府，要求调整处罚方案。政府经过慎重研究，认为更改行政处罚需征求纪检部门的意见，决定按照原来的处罚意见执行。2011 年 1 月 4 日，S 市城市管理行政执法局对违法建设项目处罚决定进行了补充说明，拆除楼板，保留梁柱并要求 F 公司负责美化，与建筑整体在材质和外观上协调一致。2011 年 2 月 14 日，城市综合管理局要求将该座 21 层违法拆除楼层改为政府没收，并划拨给路灯管理处设立市区灯景指挥中心。

(2) 动态博弈的启示

首先，城乡规划法律制度构建必须重视动态过程分析。其重点是博弈方在不同阶段的策略选择以及相应得益，同时注重分析博弈方选择策略时的制约因素，以期在动态博弈的关键环节对行政相对方进行有效控制，而弱化一些不必要的程序。在法律制度的设定中，程序性规范的缺失正是目前规划实施困难的重要原因之一，国内学者对此论述颇丰，但从博弈过程进行分析尚不多见。

其次，规划制度设置中必须充分评价最终可能出现的情况以及博弈方相应的得益。根据博弈方得益情况，可以分为零和博弈、常和博弈和变和博弈。零和博弈即不管博弈方采取何种策略及博弈的结果如何，所有博弈方的得益总和始终为零，任何一方的得益增加都会造成其他方得益的减少，因而博弈方无法和平共处。常和博弈的得益是某一常数，因而也是竞争性的，不过，由于常和博弈中的对立性体现在各自得益的多少，结果可能出现大家分得合理或满意的一份，因而也会出现妥协或和平共处。而在变和博弈中，不同的策略组合使得博弈方的利益之和往往不同。这意味着博弈方存在相互配合（并非串通，而是在各自利益驱动下自觉采取合作态度），争取较大社会利益和个人利益的可能性。城乡规划决策中的博弈绝大多数属于变和博弈，也就是说，充分运用博弈理论和制定合理规则，博弈结果具有很大的改善空间。

最后，动态博弈分析方法的借鉴。前文运用了"博弈树"和"逆推归纳法"进行了实例分析。此外，博弈论研究者针不同情况发展了另外一些有效的分析方法。如相机选择（只要符合自身利益，博弈方在该博弈过程中改变策略的行为）和可信性分析（分析博弈方声称将采取某种策略或行动的可信程度），颤抖手均衡（对其他博弈方"犯错误"是否属于偶然性的理性分析）和顺推归纳法（考虑博弈方有意识偏离子博弈完美纳什均衡和颤抖手均衡路径的可能性，而不是偶然性错误，其中常见分析方法为蜈蚣博弈）等。凡此，对城乡规划制度建设均有很大的借鉴意义。

6.2.3　城乡规划实施中的重复博弈

重复博弈是指同一个博弈反复进行所构成的博弈过程，构成重复博弈的一次性博弈也称为"原博弈"或"阶段博弈"。重复一定次数后肯定要结束的重复博弈称为"有限次重复博弈"；不断重复，永不停止的重复博弈称为"无限次重复博弈"。应当注意的是，重复博弈的各次重复之间存在相互影响和制约，因而不能将其割裂为独立的博弈进行分析，而必须作为一个整体考虑。

重复博弈向我们揭示一个基本道理，如果简单博弈转化为重复博弈，特别是无限次重复博弈后，则博弈方的选择将逐步接近理性，博弈的结果趋于优化。而且，学习机制和报复机制越是有效，则博弈的进化过程愈加理想。通过下面的开发商与政府在新区建设和旧城改造中的博弈分析能更好地理解其含义。

（1）重复博弈实例分析

假设某城市的总体规划确定了跨越发展模式，政府决定开发新区并尽可能控制旧城改造项目。某投资商拟在该城市进行大额投资，政府和投资商都有一定可支配资金，但任何一方都没有足够实力单独建设新区。政府投资主要用于基础设施建设，而投资商主要进行居住和商业、文化娱乐设施的开发。在双方没有约定的情况下，均有两种选择，各自得益情况可用矩阵表示（图6-2 政府与开发商之间的博弈矩阵）。其现实意义是，新区开发的潜力较大但同时开发难度也大，任何一方单独投资不足以跨越门槛，因此只有一方选择投资新区的得益只有2，而双方共同投资则能实现跨越式发展，得益自然较大，达到5，其总得益为10；旧区情况则不同，其发展潜力已经趋于饱和，但基础设施配套较为齐全，如果只有一方选择投资，则得益较为可观，达到6，如果双方均投资，则造成开发强度过大而最终使双方的得益只有1。

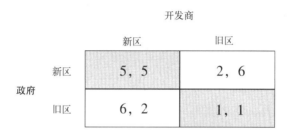

图6-2 政府与开发商之间的博弈矩阵

不难发现，如果为简单博弈，则存在两个纯策略纳什均衡（新区、旧区）和（旧区、新区），得益分别为（2，6），（6，2）。此外，还存在混合策略均衡，即双方都以相同概率在新区和旧区之间随机选择，期望得益为$0.25 \times (5 + 2 + 6 + 1) = 3.5$。如果双方不能商量并达成具有约束力的协议，都希望自己独占旧区的6个单位的利润，又担心投资旧区两败俱伤的风险，同时也不希望单独啃新区建设的硬骨头，那么只能采取混合策略。以上分析已经表明，混合策略实现的得益并非理想，但确属无奈之选择。在这类博弈中，不仅最佳结果（新区、新区）无法实现，而且次佳的纳什均衡（新区、旧区）和（旧区、新区）也不容易形成，结果很可能是或者部分包含（混合策略）双方均采用旧城改造的策略。

如果上述简单博弈演变为重复博弈，则情况会有所变化，如3次以上的重复博弈，则博弈方可能采用"触发机制"。所谓"触发机制"，即在重复博弈中，博弈方采取的追求个体和集体最大得益的试探性行为，如果对方合作，则选择继续试探，而如果对方不合作，则采取报复性行为。通过这种触发机制，随着重复次数的增加，博弈的结果将趋于最优。

为更好地说明这一问题，有必要引进有限次重复博弈民间定理，实际上无限次重复博弈也有类似的民间定理，而且实现可能性更大。之所以称为"民间定理"，是因为在正式得到证明并发表之前，它已经是博弈论中广为人知的定理[①]。

有限次重复博弈民间定理：设原博弈的一次性博弈有均衡得益数组优于W，那么在该博弈的多次重复中，所有不小于个体理性得益的可实现得益，都至少有一个子博弈完美纳什均衡的极限的平均得益来实现它们（图6-3 政府与开发商之间重复博弈的博弈平衡）。

---

① 关于有限次重复博弈的民间定理，可参见谢识予. 经济博弈论 [M]. 上海：复旦大学出版社，2002：209-211.

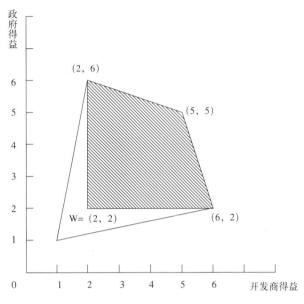

图6-3　政府与开发商之间重复博弈的博弈平衡

图中的阴影部分都是可实现得益，当然，只有处于（2，6）与（5，5）和（6，2）等3点的连线上，才具有实际意义，因为它们代表帕累托效率意义上最有效率的均衡得益。重复博弈的结果是不断接近或达到这条连线。

民间定理的结论加强了人们对重复博弈的理解，并促使博弈方建立默契和信任，运用高效率的策略以获得最佳的博弈结果。由此可见，现实中博弈结果很大程度上取决于博弈方对重复博弈结构和性质的了解，以及分析能力和信任程度，特别是能否设计和实行恰当的触发策略。

（2）重复博弈的启示

重复博弈给城乡规划决策中提供了许多思考方式和分析工具。尽管有时这类决策并不一定是完全意义上的重复博弈，但仍有许多相通之处。重复博弈对于规划制度建设的启示主要有以下两点：

第一，政府与相对人的博弈关系向重复博弈转化，有利于优化博弈结果。其中关键之处在于建立信誉和业绩记录制度，使得政府部门和开发商的每一次博弈决策行为都对其后的同类博弈产生作用。换言之，博弈方的每一次博弈的得益，都与自己之前的博弈决策有着紧密联系。例如，依靠先进的技术手段建立信息网，将行政相对方的每个行为和后果进行登记，甚至全省全国联网进行查询，对不良的行为要特别标注，从而使开发商等考虑到长远利益而实现与政府合作的最佳结果。因为这样，行政相对方与某一规划主管部门的博弈实际上变为与所有规划主管部门的博弈（反之亦然），从而促成较好的博弈结果。

第二，博弈分析的关键是确定博弈方的策略调整模式。根据理性层次，学习和策略调整的方式和速度的不同，有两种调整方式，一是有快速学习能力的小群体成员的重复博弈，其相应的动态机制称为"最优反应动态"。二是学习速度很慢的成员组成的大群体随机配对的重复博弈，策略调整用生物进化的"复制动态"机制模拟。对于学习机制的探讨和改善，有利于促进博弈结果的优化。

报复机制的目的在于促成博弈方采取"双赢"的策略，该机制的有效性对城乡规划决策具有借鉴意义。其中包括行政机关及其工作人员的责任追究制度；公民及开发商等行政相对方的信誉制度；注册规划师的执业制度等，通过博弈分析均可以寻求一定的改善思路。当然，惩罚力度必须具有科学的依据，过大则实施困难，过小则根本起不到约束作用，因为相对方可能采取宁愿违法的做法。

6.2.4 从博弈到平衡

博弈论对于构建面向实施的城乡规划制度确实非常重要，然而另外一个宽广复杂的领域使其更显意义深远。那就是，在城乡规划制度的制定和实施中，事实上隐含了一个全知全能、尽善尽美的观察者和评价者。他洞悉一切、公正无私，能够通过综合分析种种因素以配置规划权力及其所代表的空间资源，从而平衡公共利益和个人利益。在现实生活中，这种观察者和评价者是否实际存在？担负着规划制定和实施的政府、设计院校乃至研究机构等，均非抽象的实体，而是由有着普通公民一样的能力、愿望、需要、偏好和弱点的一个个具体的人组成。例如，规划行政机关与行政相对方的博弈，往往只能在转化为规划工作人员与行政相对人的博弈、工作人员与行政领导及其他人员的博弈之后，才能够真正得到贴近事实的解释。因此，根据博弈论制定激励和约束机制，以平衡行政机关及其相对人的利益，是保障城乡规划发挥作用的重要手段。对于掌握审批权的决策者和实施者，如何使其在合理的制度框架中进行博弈？

此外，城乡规划决策博弈中的博弈方只有处于相对平衡的地位，才能够真正展开有效的博弈。平衡论者认为，现代行政法中行政主体与相对方的法律地位应是平等的。国内不少学者在谈到行政权与公民权的较量中，认为行政权总是处于优势，因而必须对权力进行有效控制。这固然有道理，但还应看到问题的另外一面。例如在发现规范信息的能力上，相对方不论是为了更好地守法、更有效地规避法律，或者更隐蔽地违法，其对于相关法律法规的熟悉程度并不逊于规划执法人员，其钻法律空子的方式和违法的手段往往出乎意料。由于规划主管部门与相对方在信息较量中分别扮演着对命题的证成与证伪的"不对等"的角色，其强弱地位不证自明。正如宋功德先生所言："在开启特定行政过程问题上，如果将相对方视作精心藏起'钥匙'的人，那么行政主体便是在法定时间内焦虑地寻找'钥匙'的人。在搜寻事实信息整个过程中，行政主体的确是一个令人同情的、被无知蒙住双眼的弱者"[①]。这在某种程度上启示我们，不能只看到如何保护公民权，而对如何发挥行政权的合理作用，防止公民权的滥用等现阶段普遍存在的实际问题视而不见。

---

① 宋功德.行政法的均衡之约 [M].北京：北京大学出版社，2004：264.

6.3 城乡规划主体行政能力的提升

在行政权与公民权的博弈过程中,其中任何一方的失衡,必定导致规划制度的失效或部分失效。有的学者认为,由于当前我国的现实状况是行政权明显优于公民权,因而行政权作用的发挥并不存在问题。但实际情况并非如此,现阶段的行政权虽然从设置的角度看,显得过于强大,其中也有人为因素被放大的各种现象。然而,在规划执法过程中,仍然存在大量的执法力度不足,规划管理不到位的情况。这表明,对于行政权作用的充分发挥,也同样应当给予足够的重视。

6.3.1 行政强制力的加强

时下有的学者看到公民权受到行政权侵害的某些情况,便开出了削弱行政权力的药方,这与我国规划执法的现实需求并不相符。只要对各地规划执法的实践稍作分析,就不难发现,执法力度呈现明显加强的趋势。而且,越是发达地区和发达城市,越是如此。2016年3月21日,《法制日报》报道了湖北省首例行政先予执行的案例[①]。虽然这属于人民法院司法权的范围,但也在一定程度上反映了行政机关对于行政执行能力提升的趋势。

【案例分析】法官详解湖北首例行政先予执行裁定

湖北省武汉市实施地铁6号线一期工程建设,两名被征收人拒签房屋征收补偿协议,提出3000万元补偿未得到满足,将政府部门告上法庭,请求撤销房屋征收补偿决定。案件审理期间,政府以公共利益为由提出先予执行申请。经审理,法院裁定准许。据了解,这是新修订的行政诉讼法施行以后,湖北法院作出的首例行政先予执行裁定。2016年3月18日,武汉市中级人民法院办案法官对作出裁定的过程进行了详解。

因武汉市地铁6号线三眼桥北路站项目建设的需要,2013年10月2日,武汉市江汉区人民政府发布了江汉房征决字[2013]第5号《房屋征收决定公告》,同时公告的还有《补偿方案》。吴某、李某共同拥有位于江汉区香江新村某楼房1层的房屋,建筑面积为287.51m²,正好在房屋征收范围红线内。在《补偿方案》确定的签约期内,即2013年10月25日至2014年1月25日,吴、李二人未能与房屋征收部门就房屋征收补偿达成协议。依房屋征收部门的申请,2015年4月22日,江汉区政府作出《房屋征收补偿决定》,提出货币补偿和房屋产权置换两种补偿方式,由吴、李选择。但吴、李二人对该《房屋征收补偿决定》不服,提出要3000万元补偿。协商未果,二人又向武汉市人民政府申请行政复议,请求撤销江汉区政府的《房屋征收补偿决定》,被驳回。吴、李二人对武汉市政府的复议决定不服,2015年10月8日向武汉市中级人民法院提起行政诉讼,请求撤销武汉

---

① 徐丹丹.湖北省首例行政先予执行的案例[N].法制日报,2016-3-21.(笔者进行了少量文字性整理)

市人民政府的行政复议决定和江汉区人民政府作出的《房屋征收补偿决定》。

案件审理期间，江汉区政府以原告被征收房屋未能及时拆迁，致使武汉市政府原定于2016年底完工的武汉地铁6号线工程的实施受到严重影响，且该房屋存在严重安全隐患，影响市民出行安全等为由，申请武汉市中院先予执行《房屋征收补偿决定》。在申请先予执行的同时，江汉区政府按照法律规定作出书面承诺，并提供了中国银行武汉江汉支行营业部征收专户账户账号，上面有余额为2.28亿元的款项做担保。

武汉市中院查明，轨道交通6号线一期工程三眼桥北站位于香港路与三眼桥北路交叉路口，涉案房屋所在的香江新村一幢7层高、面积6720m² 的楼房正好处于征收红线范围内。早在2013年10月，该房屋的征收工作就已经启动，两年多来，实施单位多次与被征收人协商沟通，但由于被征收人要价过高，导致该房屋征收工作无法完成，该地铁站点的建设严重滞后，周边老百姓的出行受到极大困扰。

在制止违法抢建方面，《城市规划法》实施刚刚两年，广东省就颁发了实施办法，该办法第三十九条第二款规定："被责令停止建设，仍继续施工的，由城乡规划行政主管部门采取措施，强行停止"。此外，浙江省在实施办法中也作出了类似的规定。再如，在强制执行方面，同样是在《城市规划法》实施两年之后，国务院以行政法规的形式颁布了《城市市容和环境卫生管理条例》，该条例第三十七条规定"凡不符合城市市容标准、环境卫生标准的建筑物或者设施，由城市人民政府市容环境卫生行政主管部门会同城乡规划行政主管部门，责令有关单位和个人限期改造或者拆除；逾期未改造或者未拆除的，经县级以上人民政府批准，由城市人民政府市容环境卫生行政主管部门或者城乡规划行政主管部门组织强制拆除，并可处以罚款"。其后，上海、广州等发达城市均利用该条规定，通过制定《上海市城市管理综合执法暂行规定》、《广州市违法建设查处条例》等地方性法规，对《城乡规划法》第四十二条规定的只能由人民法院行使的强制执行权进行了调整，即授予城乡规划行政主管部门强制执行权（经县级以上人民政府同意）。虽然这些城市都对强制执行的范围进行了限制，但由于具体尺度由执法主体把握，而且可伸缩性较大。从法理上分析，作为下层次的行政法规或地方性法规，能否改变上层次法律的既成规定，这在理论上还值得探讨。但在规划执法的实践中，上述改进的收效总体上是良好的。而修改后的《城乡规划法》，更是将强制拆除的权力直接授权给了县级以上人民政府，实际上也是对地方立法实践给予了肯定。即便如此，由于缺少完善的配套措施，目前的执法力度仍显不足，对于违法建设的查处依然存在较大的困难。

其他行政处罚，如罚款的执行也存在一定的难度。在部分经济落后地区，除非行政相对方认为有补办手续的需求，而补办手续与城乡规划没有重大矛盾，规划主管部门在可以办理的情况下，罚款才能得以顺利执行。而没收或责令改正等行政处罚往往难以落实，这些都与行政强制力的不足有一定关系。特别是在违法建设的实施阶段，缺乏快速、强硬的应急执法手段，尽管地方政府通过地方性法规进行了一定的规定，如广东省的"被责令停止建设，仍继续施工的，由城乡规划行政主管部门采取措施，强行停止"，但在实际操作中由于没有明确的界定而往往难以把握，因而执法人员担心承担法律责任一般不会采取该条款强行制止违法建设，行政强制力的不足是导致违法建设屡禁不止的重要因素之一。

笔者认为，至少在现阶段，行政权的激励和约束应当同步加强，而不是片面地削弱行政权而强化制约。例如，有的学者认为行政自由裁量权必须降到最低的程度，才符合法治社会的要求。这种观点作为一种发展方向是没有问题的。但是，如果不顾现阶段的法治现实，而一味要求削减自由裁量权，则是弊多利少。法律的进化与一个国家的社会经济发展阶段密切相关，超越实际的目标往往适得其反。当然，在现阶段规划执法力度加强的同时，有必要大力加强执法监督机制，执法责任制、错案追究制等一系列制度，从而对规划执法主体加以有效制约，促使其依法行政。

6.3.2 行政责任制的完善

从理论上而言，尽管存在纯粹依赖政府这只看得见的手和纯粹依赖市场这只看不见的手这两种极端的社会资源配置模式，但市场经济的发展历史告诉我们，在现实中真正切合实际的社会资源配置模式总是介于纯粹的政府模式和纯粹的市场模式之间的混合模式。不同国家在不同发展阶段的根本差别，只是政府因素所占的比重大小不同。因此，市场经济的制度文明建设，就是在市场与政府之间寻找一种平衡，从而整合两种社会资源的配置力量，实现资源配置最优的制度目标。

在行政审批方面，规划许可制度的改革，是计划经济向市场经济转轨的必然要求。由于处于经济转轨与社会转型期的市场机制与社会组织远未成熟，其配置资源的能力相当有限，如果承担过于繁重的资源配置使命，可能会出现矫枉过正的市场失灵的后果。由于传统政府管理体制对社会资源配置的垄断作用存在较大的惯性、行政性限制竞争的正当性被不合理地强化，以及部门和地方利益的驱动，规划许可事项多、范围广、环节多、效率低等一系列弊端。

在对行政机关广泛授权的同时，应当重点完善行政责任制度。当规划行政机关不履行或不正确履行规划许可时，应当承担相应的法律责任，从而确保行政审批职权与职责的统一。《深圳市政府审批制度改革实施方案》明确规定，对审批后的实施和执行情况加以监管。对于行政审批制定严格的具有可操作性的监管措施，强化政府各部门之间的监督和约束机制，审批部门内部则加强监督力量，实行监审分离，实行监察责任制。北京市则实行了行政审批过错责任追究制度，对于越权审批、违规违法审批、审批失误、超时限审批等情况，审批人必须承担相应的责任，接受相应的处罚。

目前，规划主体的权力责任关系已经基本明确，但责任主体与个体之间的关系还比较模糊。可以考虑结合注册规划师执业制度实行主办规划师制度，其目的在于促使城乡规划实施主体的组织责任向个体责任转变，从而真正参与行政权与公民权的博弈而实现"平衡"。

在规划委员会中也可实行相似的主办委员制度，在赋予主办规划师或主办委员充分自主决断权力的同时使其承担相应的责任，一旦出现违法或不应有的决策失误，即可以启动责任追究。

6.3.3 非权力性行政方式的发扬

非权力性行政方式是西方民主政治中出现的新生事物，是平衡行政权和公民权的有效方式，在规划执法实践中发挥了特殊的重要作用。非权力性行政方式不一定必须要有成文的法律依据，可以灵活机动地实施，而且往往能够及时有效地达到行政目的，此外，对于促进社会安定也具有积极的意义。如果以其作为权力性行政方式的补充、替代和配合手段而应用于"法律空域"或"法律泥沼"，不仅可以降低行政成本，而且充分地体现了现代公共行政管理的目标。随着西方公共行政的广泛兴起，行政指导、行政合同以及行政激励等为代表的非权力性行政方式得到普遍重视。关于行政合同和行政指导，本书将在第八章进行深入探讨，在此只进行简要介绍。

（1）非权力性单方行为——行政指导

行政指导是指行政主体在法定职权范围内，为实现特定行政目的而制定诱导性规则、政策等，或者依据法律原则、法律规则与政策，针对特定相对方采取示范、建议、劝告、警告、鼓励、指示等非强制性方式，并施以利益诱导，促使相对方为或不为某种行为之非强制性行政行为[①]。在现代市场经济中，行政主体除却对一些特定领域实施管制，在其他领域一般采用行政指导的方式来配合市场机制配置社会资源。行政指导作为一种新型的行政手段，在行政领域得到广泛的运用，是市场经济条件下政府施政的中心，在现代行政中占有重要的地位。目前的西方国家，行政指导日益成为行政主体的一种常规性行政方式。实际上，"集体主义"、"国家至上"的价值取向在我国有着深厚的民众基础，加之行政指导秉承了中华民族"平"、"和"等精神实质，因而具有较大的借鉴意义，国内行政法学界正在进行热烈的探讨，对此，规划界的同仁们不能无动于衷。

（2）非权力性双方行为——行政合同

行政合同的实质是在某些行政行为中，将公民置于与行政机关平等的地位。可见，作为典型的大陆法系国家，德国在行政执法实践中也接受了"平等主体之间的承诺"的观念，这对我们不无启示。行政合同对于提升民主、保障权利具有积极意义，同时也体现亲民政府形象，有效降低行政成本。行政合同要求善意、诚实、守信、利益均衡，包括忠实履行契约义务和随附义务、情事变更时的利益衡量以及限制行政特权等。在我国规划执法实践中，的确已经出现了这类现象。例如，开发商和政府就开发活动而约定对方应当附带承担的某些义务，就可通过行政合同的方式加以明确。可见，行政合同的研究亦迫在眉睫。

---

① 郭润生，宋功德. 论行政指导 [M]. 北京：中国政法大学出版社，1999：59.

6.3.4 行政协同能力的提升

城乡规划作为一种综合性的决策过程，规划行政主体与相关部门的协同机制显得十分重要，而目前的行政管理制度并没有赋予规划主体应有的地位，导致作为综合协调的城乡规划往往受制于诸多部门，难以发挥应有的作用。在国家宏观体制不可能进行快速改革的实际情况下，作为地方城乡规划行政主体，应当采取积极的应对措施。为此，笔者建议建立联络人制度。规划部门的管理要改变单纯内部职能分工为标准，而应当与政府事权划分结合，建立与相关部门的固定联络人制度，便于对口管理，并协助相关部门制定符合城乡规划的部门实施方案。此外，还应当建立地区联络人制度，协助下级政府制定规划实施方案。

联络人制度较好地适应了当前我国的行政体制，对于发挥城乡规划的作用有积极的意义。

6.4 公民权制衡能力的引导

行政相对方作为促进行政权力有效发挥的重要力量，一直没有得到应有的重视，在法律制度日益完善的今天，充分发挥行政相对方对滥用行政权的制约作用，已经引起了法学界的广泛注意。在制约行政权方面，不仅仅是行政相对方，广义上的公民权都是制约行政权的重要力量，这一点还将在下文通过实例进行分析。

6.4.1 行政救济制度的完善

有权力必定有相应的救济，才可能实现公民权与行政权的平衡。目前我国城乡规划制度中，对违法行政行为的救济制度相对健全，而关于失当和合法行政行为的救济制度较为欠缺，对行政不作为的行政救济更是殊少论及。在法国，法律救济的发展主要是从行政机关内部体系中形成的"准司法控制"，其主要目的是为了公共利益。相比之下，由于"管理模式"的深远影响，我国城乡规划法在保障公民权方面确实还很薄弱。因此，对行政救济的研究应大力加强。

例如，关于诉讼或复议期间是否中止执行行政处罚问题，西方国家普遍采用"执行例外原则"，即原则上中止执行，只有在法律规定的特定情况下，才能执行行政处罚。英国的开发商或业主对于规划部门的执法通知不服，有权向环境和交通部提出上诉，上诉期间执行通知暂时无效，虽然在1968年增加了"停建通知"，但城乡规划部门必须谨慎使用。《联邦德国行政法院法》第八十条也规定："申请复议及确定无效之诉具中止执行的效力"。我国的行政诉讼法和行政复议法则均采取"中止执行例外原则"，即除非法律有规定，否则在诉讼或复议期间，行政处罚不停止执行。诚然，规划执法困难较大确是事实，然而其根源往往是执法中种种不公正、行政干预、人情世故，乃至腐败等错综复杂的原因，并非不停止执行所能解决的。相反，限期拆除或申请法院强制拆除均对行政相对人影响极大，一旦执行，将难以恢复。因此建议采取"执行例外原则"，即除非经法院或复议机关认为有必要继续执行外，否则，进入复议或诉讼阶段之后应当停止执行，以避免不必要的损失，保障行政相对人的合法权益。

6.4.2　行政相对方研究的加强

在完善城乡规划法之时，有必要加强对行政相对方的研究，深入了解开发者和公民的切身愿望、动机、价值取向等，提高公众参与的积极性和有效性。行政相对方是规划执法主体依法行政的重要约束力量，同时还是一种合作力量，如参与规划立法、公众参与制定城乡规划、监督规划执法人员、协助规划执法、抵制不合理的开发活动等。

西方国家城乡规划的制定与实施都要接受严格的公众监督。例如，德国的城乡规划作为一般性规范而不是具体行政行为，在行政法院中具有可诉性，即针对有异议的规划，公民可以在行政法院提起行政诉讼（撤销之诉）。我国的行政诉讼法将"行政法规、规章或者行政机关制定、发布的具有普遍约束力的决定、命令"列为不可诉的范畴。原《行政复议条例》也有类似规定，而修改后的《行政复议法》进行了调整。该法第七条将国务院部门的规定、县级以上地方各级人民政府及其工作部门的规定和乡镇人民政府的规定列入了可以申请行政复议的范畴。那么，经审批的城乡规划属于一般性规范还是具体行政行为？是否可以申请行政复议？目前还没有明确。

在制定城乡规划的过程中，应当大力加强人民代表大会的作用，将公众参与制定城乡规划加以制度化。在城乡规划实施中，将城乡规划作为一般性规范，授予行政相对人对有异议的城乡规划提起行政复议，甚至行政诉讼的权利，从而制约政府制定和改变城乡规划的随意性。当然，受我国法治现实情况的限制，步子太大可能会导致争议剧增、难以控制的局面，但应当看到发展趋势，并积极为此作好准备。

6.4.3　公民权制约行政违法

在与市民生活更密切的层面，公民权对于城乡规划行政权的制衡作用也日益明显，这类事例不胜枚举。早在2002年，兰州市62名法官为维护采光权①，将作为行政主管部门的规划局告上了法庭。更早的"钱某等6人要求P区建设环境保护局撤销建设工程规划许可证案"的胜诉，甚至列入了最高人民法院行政类的司法判例。

【案例分析】法官告官。

为了争取采光权，兰州市和城关区两级法院62名法官集体将兰州市规划局告上法庭。2001年5月，兰州市规划局在其1999年入住的荣达花园16号楼的南面建设18层住宅，建筑高度为48m，其间距为40m，日照间距约为0.83。由于法官的特殊身份，本案件引起

---

① 江一河. 法官告官——62位法官为采光权状告规划局 [N]. 新闻周刊，2002-5-27.

了社会各界的重视。

【案例分析】钱某等人要求撤销建设工程许可证案

原告钱某等6人不服P区建设环境保护局1999年7月16日作出建设工程规划许可证一案，向P区人民法院提起诉讼。原告认为，被告核准第三人S房地产公司建造七层楼房，离原告四层4幢房屋仅8m，影响原告住宅的正常通风、采光，违反了国家有关法律法规对建筑物日照、间距规定，要求撤销被告作出的建设工程规划许可证。被告P区建设环境保护局提出，现核准第三人建造的楼房离原告家最窄处为10.47m，最宽为10.87m，符合相关文件规定，要求法院予以维持。法院审理中认为：被告P区建设环境保护局作出的建设工程规划许可证，未考虑核准建造的楼房将对原告的住宅正常通风、采光构成影响，且又不能确定第二期开发日期，以致侵害了原告的合法权益。因此，被告作出的建设工程许可属于违法。鉴于第三人S房地产开发公司已完成拆迁安置及打桩基础工程，若撤销被告的建设工程规划许可证，将对国家利益，公共利益造成重大损失，应责令被告采取相应的补救措施，弥补将对原告造成的损害。据此，法院判决如下：一、被告P区建设环境保护局的建设规划许可证违法。二、责令被告P区建设环境保护局对原告合法权益造成的影响采取相应的补救措施。判决下达后，双方均未提出上诉。

以行政违法行为是积极作为还是消极不作为的表现为标准，行政违法可以划分为行政作为违法和行政不作为违法。在理论和实践中，人们往往忽视不作为违法形态，因此，本文重点探讨公民权在制约不作为违法方面的实例。

（1）行政作为违法

所谓行政作为违法，是指行政机关或公务人员不履行行政规范规定的不作为义务的行为，即行政机关或公务人员主动实施的行政违法行为。这类行政违法实际又包括具体行政行为违法和抽象行政行为违法等两种情况。公民权在制衡这两类行政违法方面，都有不少具有借鉴意义的实例。前者如钱某等6人要求P区建设环境保护局撤销建设工程规划许可证案，后者如某茶餐厅不服H市城乡规划局规划管理案。

[案例分析]某茶餐厅不服H市城乡规划局规划管理案

1998年3月12日，某茶餐厅与N研究站签订房屋租赁合同一份，约定将N研究站所有的原梦红楼第一层（面积411.6m²）出租给某茶餐厅使用，租赁期为5年。而后双方均未办理房屋租赁有关登记手续。1999年11月某日，H市城乡规划管理局向"沿路各有关单位"发出《关于整治滨海大道街景的通知》，要求滨海大道两侧20m范围内的临时建筑物自行拆除清理。2000年1月17日，某茶餐厅接到N研究站转交的H市城乡规划管理局要求拆除临时建筑物的通知。2000年3月10日，H市城乡规划管理局在报刊上发布《关于清理临时建筑的通知》。N研究站于2000年4月25日与H市拆迁安置工程处签订《拆除临时建筑物工程承包合同》后又取得拆迁许可证。同年4月26日，N研究站向某茶餐厅发出将于5月8日拆除租赁的房屋及5月1日起停水停电等的通知。

2000年4月30日，某茶餐厅以H市城乡规划管理局为被告，以N研究站为第三人，向H市新华区人民法院提起诉讼。新华区人民法院经审理认为，N茶餐厅所租赁的房屋属于违法建筑，不受法律保护，驳回诉讼请求。原告上诉至H市中级人民法院。H市中级人民法院经审理认为，《关于整治滨海大道街景的通知》存在侵害公民利益的情形，并于2000年10月11日作出如下判决：一、撤销H市新华区人民法院作出的行政判决；二、撤销被上诉人H市城乡规划管理局于2000年1月17日作出的《关于整治滨海大道街景的通知》。

钱某等6人要求某区建设环境保护局撤销建设工程规划许可证案中，由于P区建设环境保护局在办理行政许可的过程中，侵犯了相邻人的合法权益，最终导致败诉。

与具体行政行为仅仅针对特定的行政相对人不同，抽象行政行为则针对不特定的相对人，因此，也需要公民权进行制约。某茶餐厅不服H市城市规划局规划管理案则启示我们，即便是通过行政机关集体制定并公布的规范性文件，只要是侵犯了公民的合法权益，也同样面临作为被告的可能。

当然，在公民权制约行政权方面，如果到了打官司的地步，不管哪一方胜诉，也并不是一种最理想的结果。公民权制约行政权，更应当体现在行政行为作出之前。

（2）行政不作为违法

在城乡规划管理中，城乡规划主体违法行政的现象曝光率较高，而行政不作为因其固有的消极和隐蔽等属性，往往容易被人们所轻视和忽略，不仅在学术界研究较少，规划立法上的规范相对缺乏，而且在规划执法中也远没有受到重视。

罗豪才主编的《行政法学》中将行政不作为定义为"行政法律关系主体不履行行政法律规范或者行政行为所规定的作为义务[1]"。周佑勇在《论行政不作为》一文中对此提出了质疑，他认为行政主体既有作为的法定义务，也有不作为的法定义务，该定义显然没有注意到这一差别。"将不作为界定为行政主体不履行法定义务的行为是明显错误的"；而"行政主体的法定义务也并非一定要基于相对人的合法申请而产生，对于依职权的行为，只要有法定事实的发生，行政主体就有相应的作为义务"。此外，他还认为只有"法定期限届满而不为"才是不作为，在法定期限届满之后的延期履行和法定期限之内明确拒绝的否定性行政行为均非行政不作为[2]。

笔者倾向于后一种意见，并在此基础上将规划执法行政不作为阐释为"负有法定作为义务的城乡规划行政执法主体及工作人员依行政相对人的合法申请或者依照法律、法规、

---

① 罗豪才. 行政法学 [M]. 北京：北京大学出版社，2012：338.

② 周佑勇. 论行政不作为 [J]. 行政法论丛，1999，02（1）.

规章的规定，应当履行也有可能履行相应的规划管理职责，但在程序上逾期不履行的行为方式"。规划执法行政不作为的构成要素包括以下五点：主体是依法具备城乡规划管理职能的行政机关及其工作人员（包括依法取得或经合法授权取得规划管理职能的非行政机关及其工作人员）；规划管理行政主体及其工作人员有作为的法定义务；规划执法行政不作为是发生在履行法定城乡规划管理职务之中的行为；规划执法行政不作为的主体具有主观上的故意或重大过失；规划执法主体在程序上逾期而不为。

【观点引介】规划部门的法定义务

在城乡规划实施中，规划执法主体及其工作人员基于特定的事实和条件而产生的依法应为一定的行政行为的具体法律义务。这种义务具有法律性、行政性、应为性、具体性和条件性，其产生的原因有5种。一是法律、法规、规章明文规定的，如《城乡规划法》确定规划行政主管部门审批"一书两证"的权力，同时也就设定了法定义务；二是规划管理部门所作出的行政行为设定，如某规划局作出违法建筑限期拆除的行政处罚之后，就有法定义务监督执行，当事人逾期不履行的，还有申请法院强制执行的义务；三是行政行为救济而设定的义务，规划行政主体及其工作人员的行政行为给相对人的合法权益造成侵犯，就有义务立即采取救济措施；如某市规划局未经调查，批准在某住宅楼的南面间距仅有3m的地方建一家四层饭店，并颁给了建设用地规划许可证，随即发现审批不当，这就产生了采取行政救济的义务；四是人民法院对规划行政案件所作的已发生法律效力的判决和裁定，例如某中级人民法院裁定市规划局重新作出拆除违法建筑的行政处罚；五是上级规划行政主管机关或同级人民政府作出的行政复议（图6-4 规划部门的法定义务示意图）。

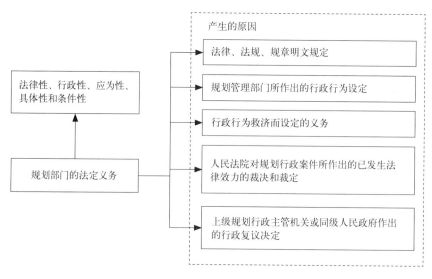

图6-4 规划部门法定义务示意图

行政不作为的行为特征包括以下几个方面：

① 行政不作为是一种违法行为。不作为是不履行法定规划管理职责的行为，是规划管理权利的非法萎缩，导致规划效力被人为削弱。规划执法的行政作为可能是合法的，也可能是违法的，但规划执法行政不作为只能是违法的，表现为规划行政主体未作应作行为，其危害性是极为严重的。甚至在某种意义上，不作为也是一种腐败行为；

② 行政不作为是一种侵权行为。不作为不但可能侵害行政相对人的合法权益，而且还可能侵害第三人的合法权益以及公共利益；

③行政不作为具有较大的隐蔽性，其危害后果往往难以明显表现出来。一般而言，只有不作为直接侵犯了行政相对人的合法权益，引起行政争议，乃至诉诸法院，规划执法主体的法律责任才有可能确定；而直接侵犯公共利益的行政不作为，其隐蔽性更大。例如，某房地产公司在开发住宅小区时侵占公园土地作为小区绿地，规划局明明知道却一直未采取措施。在这种情况下，由于规划局的行政不作为侵犯的是公共利益，一般不易明显地表现出来；

④行政不作为具有消极性。规划执法主体对其规划管理职能的放弃，客观上表现为怠于执行职务的消极性，本质上是对法律赋予的对土地资源、空间资源等公共利益的维护权和分配权的放弃，是规划执法主体对国家所负作为义务的逃避。

综上所述，规划执法行政不作为具有侵权的法律后果。不作为与滥用职权和越权行政不同，它较为隐蔽、间接，不容易被人发现，即便发现了，往往被认为"没有什么了不起"。实际上，不作为同样会损害公共利益、集体利益和公民的合法权益。因此，充分发挥公民权的制衡作用，对于防止规划执法过程中的不作为具有现实意义。

【规划实例】S市某饭店违法事件

位于S市某步行街的某饭店，原为四层建筑，由于建设年代久远，于是以维修名义获得规划许可。市委某部门从推进文化设施建设的角度出发，要求有关部门予以支持。但建设单位将该建筑用排栅隔离后，趁机将其拆除并重建，不仅增加两层，而且侵占了道路红线（压占人行道2m）。期间，有关部门多次下达停工通知，但建设单位以该工程属于创建文明城市的重要项目为由，不予理睬。

该项目建成后，规划部门受到两个方面的压力。一方面，社会反响很大，有不少群众到有关部门反映情况，强烈要求拆除压占人行道部分。而另一方面，建设单位则通过种种途径对城乡规划部门施加影响，要求补办手续，将其违法行为合法化，市委某部门也正式发函，要求"从创建文明城市的角度出发，尽量考虑完善相关手续"。

目前事件仍未有最终的明确处理意见。规划部门借助公众的力量，得以坚持不得补办手续，但由于拆除造成的经济损失较大，短时间保留使用的问题不大，因此，也没有坚持强制拆除的方案。看来，这一违法建设还将处于"待处理状态"，未来何去何从取决于各方利益的较量。

6.5 公民权制衡行政权实例

"平衡模式"中的公民权与行政权的平衡,在城乡规划实践中已经出现了不少具有意义的实例,本节介绍的三亚保卫战和厦门 PX 事件就是其中的两个典型。两者之间的差别也反映了公民权在制衡行政权方面的作用日益重要。

6.5.1 三亚保卫战

《南方人物周刊》杂志 2007 年第 15 期新闻专栏关于《11 年前的三亚保卫战》的题记格外引人注目:"今天人们去三亚能够呼吸新鲜的空气,享受清澈的海水,要感谢 11 年前发生的一场三亚保卫战"。此外,杂志还引用了原文中的一段精彩总结:"媒体突破,NGO(非政府组织)跟进,借助科学家、经济学家和有威望的社会人士来强化民间力量,再寻找体制内的合适人选,把民间的意见和意志强有力地输送到体制内去。"记者 Y 说,11 年前,他发起了一场海南三亚保卫战,而这"可能是国内目前为止,最成功的民间力量与体制内力量合作,干预环境污染大型建设的案例"[1]。

【规划实例】三亚保卫战

1996 年初,中国海洋石油总公司于北部湾莺歌海盆地刚发现东方 1-1 大型天然气气田,遂准备在三亚市建设亚洲最大的化肥厂,而且要修改三亚的规划,把三亚变成一座"大型化工旅游城市"。这种荒诞的城市定位恰恰是行政权扭曲的反应。根据项目报告,大化肥厂建在三亚市西北方向的梅山镇,占地 8km²,建成后年产 405 万 t 合成氨和 750 万 t 尿素,总投资高达 100 亿人民币,是一个超大型的化工项目,投资规模排在国家计委审核项目的前五位。当时,三亚大化肥项目已经筹备了一年多,通过了中国国际咨询投资公司的论证,已经全部完成了包括环境评估在内的技术、经济和法律的论证程序。

虽然中国当时的化肥资源短缺,每年需要进口 2000 万 t 到 3000 万 t,但这并不是非要在三亚建设大型化工厂的理由。Y 记者经过研究认为,环境研究报告存在严重问题,并写成独家报道,化名发表在一家著名的报纸上而引起轩然大波,海南各大媒体迅速跟进。紧接着,政府官员也随之介入,前国家环保总局局长、全国人大环资委主任曲格平得知此事后,立即表态支持其抵制大化肥项目。于是记者 Y 得以在接下来的几天之内把分散的民间力量组织好,并迅速地把民间意见传递到体制内。其后,有关学者对大化肥项目进行了论证,并由经济学家张曙光牵头,迅速召集了北京大学、北京师范大学、中国社科院等机构的十几个环境科学家和经济学家,根据所有相关的数据,围绕三亚大化肥项目,进行了深入论证,并起草了一份给全国人大的建议书,列举了大化肥厂项目将会产生的严重环

---

① 高任飞. 11 年前的三亚保卫战 [N]. 南方人物周刊,2007-6-26.

境问题,其中包括:整个项目年废污排气量 500 多亿 m³,是整个三亚容量 250 亿 m³ 的两倍以上;大化肥厂每年废水排放量 480 万 t,将严重污染三亚海水、沙滩和水生生物资源;大化肥项目每天用水量达 9 万吨,占三亚可用淡水资源的 10%;对尖峰岭热带雨林保护区这一生物基因库以及著名的风景大小洞天,甚至是三亚市产生严重的影响;影响三亚的环境和旅游资源,对三亚市作为旅游明珠的声誉产生负面影响。

建议书当天就被曲格平转给了国家领导,并最终引起国家的重视,人大委员长万里同志批示:"应转有关部门制止"。此后,三亚大化肥厂项目全线停止。

6.5.2 厦门 PX[①] 事件

如果说,三亚保卫战具有非常积极的意义,但其成功还是主要依赖于个别具有非凡能力和正义感的精英人士的个人能力和努力。虽然也通过了一些民间组织,但与厦门 PX 事件相比在公民意识方面还存在相当大的差距。在厦门 PX 事件中,公民权对于行政权的平衡作用已经表现得淋漓尽致。特别是 2015 年 4 月 6 日,漳州古雷腾龙芳烃 PX 项目发生严重爆炸事故后,更使得厦门市民为自己当年的坚持而感到庆幸,因为这正是曾经准备落户厦门海沧,而后被迫另行选址至漳州古雷的 PX 项目。

【规划实例】厦门 PX 事件

2001 年年初,腾龙芳烃向厦门提出在海沧建设 80 万 t PX 项目。2002 年 12 月,国家有关部门将厦门 PX 项目列入全国总体规划布局。2005 年 7 月,腾龙芳烃 PX 项目通过国家环保总局环评报告审查。2006 年 7 月,项目获得国家发改委核准,之前也已纳入"十一五"PX 产业规划 7 个大型 PX 项目中。2006 年 8 月,海沧土地开发公司迅速征地,40 多天征地拆迁近 2000 亩。2006 年 11 月 17 日,腾龙芳烃 PX 项目与翔鹭石化 PTA 二期项目同时动工。

2007 年 3 月两会期间,赵玉芬等一百零五名全国政协委员、化学专家联名提案反对 PX 项目。2007 年 4 月 18 日,邵芳卿在《第一财经日报》发表文章《厦门百亿化工项目存安全隐患 百名政协委员反对》。指出这是一种"GDP 亢奋"。4 月 12 日,厦门大学环境学教授袁东星指出,在选址方面,国际上的 PX 项目集中在亚洲地区,尤以韩国和中国为多,台湾地区和韩国等地的项目与较大城市的直线距离一般大于 70km,而中国大陆则一般约 20km。厦门年产 80 万 t 的 PX 项目距市中心仅 7km,是目前国际、国内距离最近的项目。1999 年,厦门市完成的《厦门市城市总体规划(1995—2010 年)》指出,"海沧新市区以高质量的居住、商贸为主,兼有旅游、文化功能,同隔西海域相望的厦门岛员当区共同构成厦门市的中心区。南部工业区以发展大型外向型临海工业为

---

① 对二甲苯(PX)是一种重要的有机化工原料,用它可生产精对苯二甲酸(PTA)或对苯二甲酸二甲酯(DMT),PTA 或 DMT 再和乙二醇反应生成聚对苯二甲酸乙二醇酯(PET),即聚酯,进一步加工纺丝生产涤纶纤维和轮胎工业用聚酯帘布。PET 树脂还可制成聚酯瓶、聚酯膜、塑料合金及其他塑料工业元件等。除此之外,PX 在医药上也有用途。

主……"。PX项目所在的海沧南部工业区，已有相当规模的房地产开发，海沧生活区规划为仅次于重要保护区的一般保护区，其功能为以"居住、商业活动为主的综合区域以及目前农业活动为主的区域，要求较高的环境质量"。而在临近海沧生活区的地方引进PX项目，难以保证该生活区具有较高的环境质量。此外，海沧生活区被定位为"海湾型城市"，厦门市的新城区，人口规划为70万，邻近海域有栖息中华白海豚、文昌鱼和白鹭等多种珍稀动物的国家自然保护区。

2007年5月28日，厦门网[海峡网]发表了《海沧PX项目已按国家法定程序批准在建》的文章，记者专访了市环保局负责人。该负责人称：国家有关部门和市委市政府对海沧PX项目的环保问题高度重视，该项目是经过化工权威专家历时多年反复论证认可，国家有关部门依法严格审批，手续合法、严谨、科学的在建项目。PX项目主要污染物设计排放标准比国家标准允许排放值低一半。此外，该负责人还表示：该项目建设符合我国《当前国家重点鼓励发展的产业、产品和技术目录》，其建设规模也不在《当前部分行业制止低水平重复建设目录》限制和禁止范围。该项目建设符合我国产业政策和化学工业"十五"规划要求，厂址设在经国务院批准的厦门海沧投资区的南部工业园区。该工业区规划为石化产业区，选址符合《厦门市城市总体规划1995—2010》，码头选址也符合厦门港口用地和发展规划。该负责人从海沧PX项目已通过国家级环评论证和审批，项目将采取全方位环保措施，已建立整套完整的应急预案，环保部门采取措施加强监管等四个方面，为海沧PX项目的合理性作说明。

第二天，即2007年5月29日，厦门网[海峡网]发表了《竭力保护环境 善尽社会责任——腾龙芳烃（厦门）有限公司总经理林英宗博士答记者问》一文，就PX项目的有关情况作出说明。林宗英解释了PX化工厂的一些科学问题，纠正了赵玉芬教授把PX项目和"吉林双苯厂爆炸案"相联系的说法，指出PX属低毒化合物，"安全系数与汽油同一等级"。但在说到腾龙芳烃将会采取哪些措施提高安全性的时候，林宗英博士列举了一大堆老百姓根本无法看懂的名词，诸如集散控制系统（DCS）、连锁式安全仪表系统（SIS）等。

在其后的时间，政府、投资商和公众进行了多次激烈的"交锋"，值得称道的是，尽管存在严重的分歧，但各方都保持了最大的克制，特别是政府在对待公众意见上的开明态度："我可以不同意你的观点，但允许你发表不同的言论。"

2007年5月30日，厦门市政府常务副市长丁国炎宣布，缓建外资PX项目。2007年5月31日，厦门网[海峡网]又发表了署名夏仲平的《尊重科学 尊重民意——漫议暂缓建设海沧PX项目》一文。指出：厦门市政府认为，有必要在原有PX项目环评基础上，进一步扩大环境评估范围，并责成市有关部门和海沧区委托国内权威环评机构在更大范围内进行区域规划环评。并一致认为，在更大范围内区域规划环评正式出来之前，暂缓建设PX项目是明智之举。

市民"散步"，促使政府痛下决心。2007年6月1日、2日，厦门市民发起游行，引起了社会各界的广泛关注。

《亚洲周刊》发表了《反公害的民间爆发力》评论文章，认为中国崛起必须从人民知情权的崛起开始，避免公害惊爆，必须从权力制衡的爆发力开始。2007年6月7日，《南方周末》发表署名徐迅雷的文章《环保的公众"决定力"》。文章首先列举了一个关于瑞士的环保故事[①]。卢塞恩湖清澈的湖水，与环境保护的公众行使公民权制衡行政权的力量紧密相关。2007年12月20日，南方周末发表评论员笑蜀文章《祝愿厦门PX事件成为里程碑》，文章透露了厦门PX项目可能迁建漳州的信息，并认为厦门PX项目如能最终迁建，无疑是一个重大利好。但最令人振奋的还不是这样的利好结果，而是事件全程。PX事件最鲜明的特点，最让人振奋的亮点，是打通了正常渠道，开创了通过正常渠道解决问题的先例。如何把公民权的制衡力引入公共治理而重建秩序，正是当下中国城乡规划制度建设的重要方向。当下中国就处在两种治理模式交错的状态中，厦门地方政府在十字路口最终选择疏而不是堵，选择向民意靠拢而不是与民意对抗，选择把民意纳入地方治理，使地方治理更具公共色彩。可以说，厦门市民和厦门地方政府通过PX事件互相学习，互相提升，最终达成多赢结局，这正是"平衡模式"追求的良性互动而达到理想结局的最佳实例。

6.6 小结

"控权模式"和"管理模式"有其共同之处，在视角上认为行政权力与公民权利没有直接可比性，在方法上不注重行政权与公民权直接的配置关系。"平衡模式"则认为，应当转移以法院或行政机关为中心的视角，直接以行政机关与公民的关系切入研究，在研究方法上，应当强调行政权与公民权的配置，而以立法控制或司法审查作为一种宪政视野下的制度性保障。从调整对象的角度上，城乡规划法规体系的调整范围应当是调整规划行政关系和监督行政关系，两者不可偏废。在城乡规划中的行政法关系分析方面，城乡规划设定的行政法关系应最终实现总体上的动态平衡。在实体法关系中强调行政权力和公民服从义务，保证行政权力的有效运作，但要避免不合理的不对等造成相对方丧失获得救济的可能性；在规划程序法律关系中，强调对公民正当程序权利（如公开、公正、及时、便利及广泛参与的权利等）的尊重，防止权力滥用，但同时也应当防止行政程序设置过于复杂，从而导致行政效率的降低；在规划监督救济法律关系中，突出行政机关恒定为被告而具有应诉、举证等诸多义务，以促进依法行政和为公民提供有效的补救。在规划实体法律关系和程序法律关系中，行政机关和行政相对方分别为权利主体，构成"行政权——公民权"

---

① 卢塞恩湖里有只野鸭飞到卢塞恩市内，在花丛间孵出了一只小野鸭。媒体报道、市长探视、市民乐谈，可想不到，小鸭到第7天就死了。小鸭之死，不仅引起鸟类保护组织的抗议，还引发了民众的不满。一个环保组织质疑：野鸭飞到市里孵仔，是否因卢塞恩湖被污染？这一问不得了，因为居民用水就取自卢塞恩湖。居民们到市政府前游行，环保部门也立即出动，对卢塞恩湖水质进行检测，结果表明湖水污染度真的上升了0.1%。公众要求市长辞职，果真使得市长引咎辞职，市议会则拨巨款专门用于减污——那一点"污染"在我们看来大抵是小题大做。

制度设计上的总体平衡。

2004 年 3 月 22 日,国务院正式公布了《全面推进依法行政实施纲要》[①],这是一部指导各级政府依法行政的纲领性文件,这对于从行政实体法、行政程序法和行政监督救济法等方面构建城乡规划相关法律体系具有重要的指导意义。城乡规划作为地方性事务,应当在上层法律法规的指导下,结合地方实际情况进行地方性立法,作为规划管理的主要依据。在规划法规体系还不健全的现状下,注重与相关法律法规的直接衔接,如行政复议法、行政诉讼法、行政处罚法等。目前,国内一些城市已经开展了城乡规划相关立法的尝试。

（1）行政实体法层面

《全面推进依法行政实施纲要》通过直接采取或积极推动政府职能的理性界定、行政权限的合理划分、规范行政执法主体、推动行政执法方式多元化、严格追究行政法律责任等方面的制度创新,来解决行政实体法律关系中行政权过大、过强和边界不清等问题。对城市总体规划实体法而言[②],有如下启示:

第一,凡是公民、法人和其他组织能够自主解决的,市场竞争机制能够调节的,行业组织或者机构通过自律能够解决的事项,在城乡规划中不应当通过强制性的手段去解决,而是制定政策性和引导性措施,激励行政相对方积极实现行政计划目标;

第二,城乡规划应当适应现代政府职能的中心从行政管理转向公共服务的趋势,强化公共服务职能,逐步建立统一、公开、公正的现代公共服务体制。作为城乡规划的引导性内容,将对政府实现公共服务提供保障;

第三,加强政府对所属部门职能争议的协调,城乡规划的实施主体应当按照分层次、分类别加以明确界定;

第四,充分发挥行政指导、行政合同以及其他类型行政计划等非强制性行政行为的作用;

第五,城乡规划作为一种行政计划,包括拘束性行政计划和非拘束性行政计划。城乡规划的法定性内容应当纳入拘束性行政计划,而引导性内容则属于非拘束性行政计划或行政指导。

（2）行政程序法层面

城乡规划的制定和实施过程中,应当赋予公民广泛的程序性权利,同时明确规定行政机关应当履行法定的程序性义务,如公开原则和信息公开制度;确立公正、公平原则和回避制度、说明理由制度;确立公众参与原则和听证制度;确立效率原则和时效制度等。在规划立法中,应当注重程序性内容,以保障公民的合法权利。城乡规划行政程序法包括:

① 袁曙宏.建设法治政府的行动纲领——学习《全面推进依法行政实施纲要》的体会 [J].国家行政学院学报,2004 (3):21-25.

② 罗豪才,宋功德.链接法治政府——《全面推进依法行政实施纲要》的意旨、视野与贡献 [J].法商研究,2004 (5):3-16.

城乡规划编制审批程序；重大调整程序；违反规划的查处程序；规划的实施程序等。程序性内容应当注重公民权的保护。

（3）监督救济行政法层面

城乡规划的编制实施应当按照"谁决策，谁负责"的原则建立健全决策责任追究制度，并大力加强人大监督，同时也应当接受人民法院依照《行政诉讼法》的规定对规划实施进行监督。城乡规划委员会作为规划审议部门，应当与规划行政主管部门相对分离，理想的模式是作为人民代表大会的专业委员会形式，作为规划编制审批和实施的重要监督救济手段。城乡规划的监督救济行政法包括考核制度、监督制度、反馈制度、救济制度等内容。

第 7 章

面向实施，构建"平衡"——"平衡模式"
在法定规划层面的制度构建

城乡规划的目的就在于实施，其难点也在于实施。在法定规划的实施之中，如何构建合理有效的"平衡机制"，是其能否具有应用价值的关键所在。本章在分析我国城乡规划实施中存在的问题基础上，分别针对城市总体规划和控制性详细规划两个法定层面的规划，以"平衡模式"为指导，力图构建一种富有实效的实施制度。尽管这种构想未必完善，但作为城乡规划制度建设的发展方向，这种尝试还是非常有意义的。

7.1 城乡规划的实施困境

以武汉市为例，从历次总体规划的编制和审批情况来分析。除 1959 年规划由于受到"文化大革命"的影响,在其后的 20 年间几乎没有正式编制总体规划（1973 年曾组织编制，但未经正式的批准）外，总体规划编制的平均时间为 13 个月左右，审批时间超过 2 年，编制审批时间合计平均超过 3 年,除 1959 年版总体规划受"文革"影响实施到 1982 年外，其他 6 次总体规划的平均周期仅为 5 年，如果考虑到编制和审批阶段属于实施"真空"的因素，则实际实施时间更短。历史经验表明，总体规划编制审批的规格越来越高，内容越来越丰富,同时编制和审批的时间越来越长,然而,真正实施的时间却相当的短（表 7-1 武汉市历次城市总体规划编制审批和实施情况总结）。

武汉市历次城市总体规划编制审批和实施情况总结　　　　　　　　　　　表 7-1

名称	编制部门	审批部门及时间	规划年限 / 编制 / 审批时间	实施情况
1953 年《武汉城乡规划草图》	武汉市城市建设委员会	中南行政委员会审查批示，并转报国家计委审核	20 年 / 约半年 / 不详	实施不足 1 年，因国家基本建设项目布局而调整
1954 年《武汉市城市总体规划》	武汉市城市建设委员会	上报国家计委备案	16 年 / 不详 / 不详	实施时间仅为 2 年，但基本内容为 1956 年规划延续
1956 年《武汉市城市建设 12 年规划》	武汉市城乡规划委员会	中共武汉市委 1956 年 9 月 30 日同意，转批执行	12 年 / 约半年 / 不详	实施 3 年，为其后的修正草案取代
1959 年《武汉市城市建设规划（修正草案）》	武汉市基本建设委员会	中共武汉市委 1959 年 5 月 9 日批准实施	8 年 / 约半年 / 不详	指导城市建设直至 1982 年版总体规划，具有较好作用

名称	编制部门	审批部门及时间	规划年限/编制/审批时间	实施情况
1982年《武汉市城市总体规划》	武汉市城乡规划管理局	1982年6月5日国务院审批	20年/约一年/约二年半	实施时间为6年
1988年《武汉城市总体规划修订方案》	武汉市城乡规划管理局	1988年12月12日武汉市人民政府批准	12年/约二年/约为二年	实施时间约为8年
1996年《武汉市城市总体规划》	武汉市城乡规划管理局	1999年2月5日国务院审批	25年/约二年/约三年	实施时间约为9年

7.1.1　缺乏利益衡量

我国城乡规划实施困境的重要原因，就是在规划编制和实施中，对于利益衡量的忽视。我们在意利益，却又忌讳在制度设置中探讨利益。

例如，城市总体规划对不同地区的切身利益没有足够的关注，缺乏下级政府的有力支持。特别是因总体规划而发展受到限制的下级政府，实施规划的积极性不高。有的城市的市辖区内有大量山体、水面、历史文化保护区域等用地被划为禁止或限制建设区，而城市经济发展中心及副中心的建设又与本区域无关。而且，又没有合理的转移支付、差异化考核、产业布局平衡等有效措施。这样，就必然会导致区级政府之间的苦乐不均，从而制约了总体规划的顺利实施。

在控制性详细规划层面，规划的制定中也并没有对经济利益的平衡进行深入的研究，甚至可能存在侵权的可能性。某些与经济利益密切相关的关键性指标，例如容积率、建筑密度等，既没有明确的技术标准指导，也缺乏统一的原则和尺度。

7.1.2　法律地位不明

城乡规划在法学研究和立法、司法实践中，究竟具有何种法律地位，长久以来，规划界一直没有形成一致的意见，这也导致城乡规划的法学研究相对滞后。例如在控制性详细规划中，许多不必控制，实际也难以控制的内容充斥于规划之中，所谓的控制指标并没有经过严谨的论证而难以实施，控制性详细规划的法律地位和相应的法定性内容也有待进一步明确。

7.1.3　缺乏制度保障

城乡规划制定之后，缺乏必要的制度保障，往往是"你编你的规划，我搞我的审批"，有没有按照规划实施，实施的效果如何，都没有相应的制度进行规范。

（1）规划实施缺乏经济引导。城乡规划对公共决策过程难以产生较大的影响力，缺乏足够能力协调平衡城市公共资金的投入方向、地区和时间，因而也就不能通过资金安排与规划过程的结合来实现建设过程与城乡规划的协同。此外，城乡规划对其他投资的引导作用也十分微弱。

（2）规划实施手段单一。过于依赖强制性行政行为进行规划管理。作为行政计划性质的城乡规划，完全可以采用行政指导、行政合同等非强制性行政行为，与行政相对方形成更为合理、更为人性、更为和谐的"平衡关系"。然而，在实际操作中，往往延续了计划经济时代的行政管理模式，导致规划引导作用没有真正得到发挥。

（3）缺乏有效的实施评价制度。实施评价制度的欠缺，导致实施主体的责任感不强。而关于组织责任与个人责任的模糊界限，也使得在城乡规划实施中，难以真正追究责任人。

7.2 城市总体规划实施的"平衡机制"

近年来，有关对城市总体规划编制与审批改革的各种意见纷至沓来，有的学者甚至提出以滚动的近期建设规划取代总体规划的主张。其实，城市总体规划作为对城市资源进行合理配置与宏观调控的有力手段，有其不可替代的重要作用。对此，本节在"分层次、分类别的城市总体规划编制审批模式"的基础上，以"平衡模式"为理论指导，力图构建有效的总体规划实施平衡机制。

尽管存在种种实际困难，城市总体规划的发展方向必定是科学、民主与法治。建设部下发的《关于加强城市总体规划修编和审批工作的通知》中明确指出："城市总体规划是促进城市科学协调发展的重要依据，是保障城市公共安全与公众利益的重要公共政策，是指导城市科学发展的法规性文件。"从而正式明确了城市总体规划的定位问题。既然是法规性文件，而上级或中央政府是不可能针对众多的城市直接制定法规性文件，这也决定了城市总体规划实质上主要属于地方性事务，应当通过地方立法的形式将其中关键性的内容予以法定化，以指导城市建设。此外，国家有关文件中对城市总体规划的部门合作以及公众参与也提出了明确的要求，城市总体规划应当由单部门编制的技术性文件转向全社会广泛参与的立法或准立法过程。

【规划实例】武汉立法实践

近年来，武汉市在城乡规划实施中进行的立法实践，具有一定的借鉴意义。为有效实施城市总体规划，推进城乡规划法制化进程，武汉市准备在地方人大的指导下，加强总体规划立法的研究，并拟将经批准的城市总体规划的核心内容转化为《城市总体规划实施条例》，提交人大审议通过，以地方立法的形式确保城市总体规划的发展战略、空间结构、发展时序和建设标准等核心内容的权威性和延续性，进一步强化总体规划的法律地位和强制执行的约束力。可以说，将城市总体规划的核心内容通过地方立法的形式以提高其法律地位，这可以称为创举，必将对城市总体规划的编制和实施工作提出更高的要求。

7.2.1 城市总体规划编制内容的划分

国内规划界进行了多年的不懈探索，但城市总体规划的编制内容和方法以及审批机制一直没有发生根本性改变，其作用也远远没有得到发挥。总体规划编制审批周期长，实施时间短，一般为单部门组织编制，公众参与程度低。特别值得一提的是，总体规划内容繁杂，缺乏分类区别对待，其中的法定性、政策性与引导性内容混为一体，体系庞大，实际难以运作；一些不必要在总体规划中明确、实际也无法明确的内容充斥其中，而这些内容又往往容易被改变，造成总体规划严肃性不强、科学性不足的印象。由此对一些应当法定的内容，由于缺乏严格界定而同样可以随意改变。

我国城市总体规划往往偏重于技术层面，这和国外首先重视法定性内容，其次是政策性内容，最后才是引导性内容和技术性内容的做法恰好相反。因此，必须尽快改变这种局面，将重要的核心内容简化并通过立法或准立法程序予以法定化，其他部分则可通过政策性内容和引导性内容加以明确。不同性质内容的编制审批程序也应当有所区别。针对我国城市总体规划内容繁杂、主次不清的现状，笔者认为，应当按照法定性内容、政策性内容、引导性内容分别进行编制和审批。三种不同性质的内容既有区别，又存在互涵与延续的密切关系。

（1）法定性内容

在总体规划的成果中，应当将关键的刚性内容上升到法律层面。从我国的现状出发，结合相关强制性内容的规定[①]，建议法定性内容应包含以下几个方面：城市用地标准；上一层规划对城市总体规划的强制性要求，以及为落实上一层规划强制性要求必须采取的实施措施；总体规划的实施主体；下层规划必须遵守的内容；下级政府必须执行的总体规划内容（表7-2）。

建议城市总体规划中的法定性内容　　　　　　　　表7-2

建议法定性内容	1. 城市规划区的明确界定	
	2. 城市建设用地范围以及总量控制	
	3. 城市空间结构和发展方向	
	4. 必须保留的绿廊等涉及城市格局的重要生态走廊	
	5. 城市建设用地在各区域的平衡	
	6. 建设总量控制的原则规定	（1）总量指标
		（2）分类别指标
		（3）年度指标
		（4）近期建设指标的原则性规定

---

① 2002年8月，建设部下发了《城乡规划强制性内容暂行规定》，从市域内必须控制开发的地域、城市建设用地、城市基础设施和公共服务设施、历史文化名城保护、城市防灾工程、近期建设规划等6个方面对城市总体规划的强制性内容进行了界定。

续表

		(1) 确定不准建设区
建议法定性内容	7. 三大类型用地的总量控制指标和具体范围	(2) 非农建设区
		(3) 控制发展区
	8. "六线"规划控制体系	(1) 建立城镇建设区规划控制黄线
		(2) 道路交通设施规划控制红线
		(3) 生态保护区规划控制绿线
		(4) 水域岸线规划控制蓝线
		(5) 市政公用设施规划控制黑线
		(6) 历史文化保护规划控制紫线
	9. 涉及国防等重要设施	
	10. 涉及公共安全问题相关内容	

（2）政策性内容

城市总体规划作为城市公共政策的实施手段，应当重点研究公共政策的组合及其在城市土地和空间利用上的具体体现。总体规划文本应当以政策陈述为主，规划图纸和表格作为政策文本的辅助说明。

作为政府干预城市发展的手段，城市总体规划必须积极介入城市发展活动之中，引导城市空间朝着有利于实现政府政策目标的方向发展，包括通过对政府投资项目的安排以实现对非公共投资的引导。此外，通过制定积极的公共政策对市场开发行为进行引导，并为各个部门制定具体政策提供依据和框架。总体规划的编制，也并非仅仅是规划部门的工作，而是政府各部门的实际操作过程，是对政府行政和政策的预先规定。城市总体规划中的政策性内容主要包含以下几方面（表7-3）[1]。

建议城市总体规划中的政策性内容   表7-3

	1. 城市人口政策	
城市总体规划中的政策性内容	2. 城市产业政策和产业布局政策	(1) 项目选址的政策规定
		(2) 产业园区的用地构成规定
	3. 城市空间政策	(1) 城市功能
		(2) 城市布局结构
		(3) 建设时序
		(4) 大型基础设施的配套政策
	4. 城市建设用地政策	
	5. 建设用地的权属政策和供应政策	

① 孙施文，陈宏军. 城市总体规划实施政策概要 [J]. 城市规划汇刊，2001（1）：7-13.

续表

城市总体规划中的政策性内容	6. 城市用地布局中的产业、仓储、经济适用房用地的相关政策	
	7. 根据近期建设规划成果制定的近期城市建设核心政策	
	8. 其他相关政策	(1) 住房
		(2) 交通
		(3) 城市设施配套
		(4) 城市环境
		(5) 重点地段开发政策
		(6) 指导有关部门为实施总体规划而制定部门政策的基本原则

（3）引导性内容（包括市场引导和技术引导）

除法定性和政策性内容之外的其他内容，均属于引导性内容。作为涉及城市长远发展的总体规划，应当对市场行为进行合理的引导，以确保正确的发展方向。引导性内容一般包括以下几个部分（表7-4）。

建议城市总体规划中的引导性内容　表 7-4

引导性内容	1. 城市特色风貌和景观控制与引导
	2. 公共空间奖励规定
	3. 一般地区开发强度的引导
	4. 一般性的技术规定
	5. 建设项目
	6. 资金筹措的市场化运作引导

7.2.2　分层次、分类别编制审批城市总体规划的构想

人民代表大会制度是我国的基本政治制度，是实现民主的最根本途径。一个城市的人大代表，应当说对自己所在的城市最为了解、最有感情，同时也必然会最负责任。尽管我国的人民代表大会制度还有待进一步完善，但城乡规划实现公众参与、民主决策的最佳方式，就是充分利用人民代表大会这一制度。因此，总体规划的法定性内容应当由地方人大审批，涉及影响城市发展的重要内容必须经过法定的批准程序，并且应当提高法定内容的修改门槛，减少随意性。笔者认为，城乡规划委员会作为规划决策部门，应当与规划行政主管部门相对分离，理想的模式是作为人民代表大会的专业委员会形式，暂时做不到这一点，至少也应当由人大授权政府成立，并接受人大的监督。

国内不少城市在规划实践中也意识到推进城市总体规划法制化的重要性，并提出在总体规划完成编制审批后，将重要内容加以提炼，进行地方性立法的观点。如果这样，政策

性内容难以针对法定性内容，而引导性内容也难以针对政策性内容和法定性内容。三者之间的关系仍然混淆不清，将来在实施中甚至可能与制定的实施方案相冲突。因此，"先干后枝"方为可取。当然，鉴于三种内容的内在联系，应当在最后的规划审批阶段才最终确定，之前还可根据实际情况进行调整。在此基础上，笔者提出"分层次、分类别城市总体规划编制审批模式"的构想（图7-1 "分层次、分类别城市总体规划编制审批模式"构想图）。该模式可以概括为"政府组织，专家领衔，公众参与，部门合作，地区协调，分类编制，分层审批"。

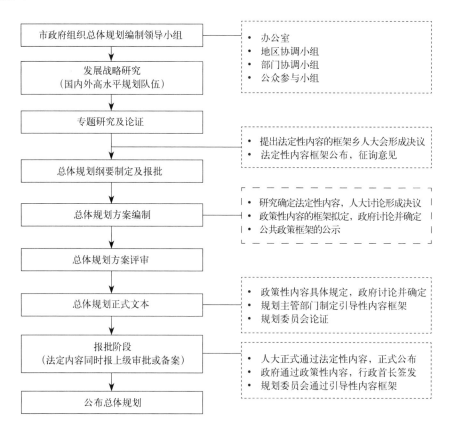

图7-1 "分层次、分类别城市总体规划编制审批模式"构想图

7.2.3 不同类别内容的编制和审批

（1）法定性内容

为提高法定性内容的科学性，建议在专题研究及论证结束后，即着手确定法定性内容的框架，经人大讨论通过后形成决议，并作为总体规划纲要的内容报请批准，报批之前还应当将其公布以征询公众意见。在总体规划方案编制阶段，完善法定性内容的具体规定，经人大讨论后形成决议，同时向社会公布。最后，在城市总体规划报请批准时，人大对法定性内容正式批准并公布。

（2）政策性内容

一些较为次要且因时而变的内容则应当简化审批程序，可以由行政首长签署后执行，做到灵活性与原则性相结合。在总体规划方案编制阶段，初步确定政策性内容的框架，经政府讨论后公布；在总体规划正式文本编制阶段，完成政策性内容的具体规定。最后在总体规划报批阶段，市政府讨论通过并由行政首长签发。

（3）引导性内容

总体规划正式文本编制阶段，制定引导性内容的基本框架，并在总体规划报批阶段，由规划委员会通过，并向社会公布。城市总体规划经审批后，城乡规划行政主管部门在基本框架的基础上，组织制定具体的引导性内容，同时协助相关部门制定落实总体规划的部门政策。

7.2.4 相关探讨

（1）城镇体系规划从总体规划中独立出来。我国将城镇体系规划纳入到总体规划中，是在区域规划缺失情况下的权宜之计，但并不符合规划分层的基本要求。随着区域规划工作的推进，城镇体系规划应当作为区域规划的内容而与总体规划相分离。

（2）城市总体规划与专项规划相结合。专项规划中涉及城市长远发展重要内容可以作为附件纳入总体规划之中。而专项规划则作为总体规划的下层规划，待总体规划批准后，再由相关部门组织，规划主管部门配合完成。

（3）加强总体规划对下层规划的指导。专项规划、详细规划等下层次的规划，是城市总体规划的落实。总体规划应当严格界定下层次规划应当遵循的基本原则和内容，必须确定规划实施过程中允许调整的幅度。而下层次规划在编制过程中和规划文本中，都必须反映对总体规划原则和内容的遵循体现在哪些方面，也应对有关调整的内容和程序作出说明。

7.2.5 城市总体规划实施的平衡机制

城市总体规划审批之后，关键还在于如何建立有效的平衡行政权与公民权的机制以保证其顺利实施。我国现阶段在总体规划实施层面，公民权往往还是通过各类机构或组织来间接表达，公民直接参与的机会并不是太多，因此，平衡机制的重点在于实施主体。在城市总体规划的实施中，应当根据法定性内容、政策性内容和引导性内容的不同性质，采取不同的实施方式和手段。城市总体规划实施的平衡机制包括实施组织机制、监督机制、反馈机制、绩效考核机制和救济机制等五个方面，以下分别进行阐述。

（1）城市总体规划实施组织机制

法定性内容：法定性内容的实施，由同级市级人民代表大会负责制定与实施城市总体规划相关的地方性法规或规范性文件，并组织制定城市总体规划法定性内容的实施方案。关于总体规划实施的地方性法规或规范性文件草案由规划主管部门拟订，经规划委员会讨论通过后，由人大组织地方性立法或准立法。

政策性内容：政府以法定性内容为依据，制定政策性内容的实施方案，并督促规划主管部门、相关部门和下级政府制定具体方案并实施。规划主管部门拟订关于总体规划实施的配套规范性文件，经规划委员会讨论通过后，由政府法制部门审议，报政府通过后公布。此外，规划主管部门委派地区联络人，协助下级政府制定实施总体规划的方案；委派部门联络人协助相关部门制定实施总体规划的部门政策，以及编制相关的专项规划。

引导性内容：引导性内容由规划主管部门制定并组织实施。主要采取行政许可、行政指导、建设量平衡、违法查处等手段实施总体规划。对于重大建设项目，以及总体规划下层规划的审议，则由规划委员会行使（图7-2　城市总体规划实施组织机制示意图）。

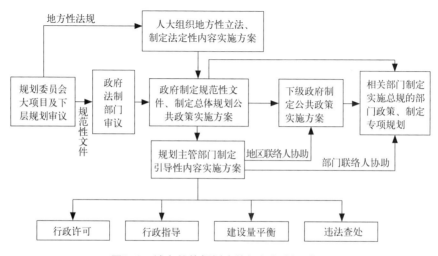

图7-2　城市总体规划实施组织机制示意图

（2）城市总体规划实施监督机制

法定性内容：城市总体规划法定性内容的实施情况由同级人民代表大会和上级委派的督察员共同负责监督，主要监督对象为同级政府。

政策性内容：政策性内容实施情况由政府负责监督，主要监督对象为规划主管部门、相关部门和下级政府。上级委派的督察员也应当对规划主管部门实施政策性内容的情况进行监督。

引导性内容：引导性内容的实施情况由规划主管部门进行监督，监督对象包括设计单位、施工单位和建设单位。规划主管部门可以建立一套业绩考核、历史记录查询等制度，根据相关单位在规划实施中的表现，采取限制开发许可、限制设计准入的手段，对违反城市总体规划的建设、设计和施工单位进行监督和制约。

此外，人民代表大会负责对规划委员会关于总体规划实施的工作进行全方位的监督，规划委员会则主要对规划主管部门进行政策性内容和引导性内容实施情况的监督（图7-3　城市总体规划实施监督机制示意图）。

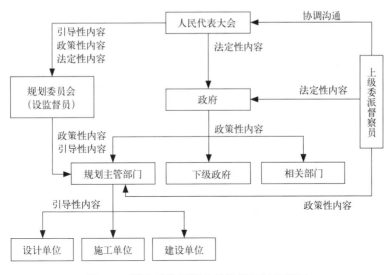

图7-3 城市总体规划实施监督机制示意图

（3）城市总体规划实施反馈机制

反馈机制主要通过规划主管部门和规划委员会作为主要的信息接收部门，并根据不同性质的内容向不同机构进行信息反馈。

规划主管部门接收到社会反馈的信息后，属于政策性内容向政府反馈，属于法定性内容通过规划委员会向人大反馈。

规划委员会接收到社会和规划主管部门反馈的信息后，属于法定性内容向人民代表大会反馈，属于政策性内容向政府反馈，属于引导性内容则与规划主管部门及时沟通（图7-4城市总体规划实施反馈机制示意图）。

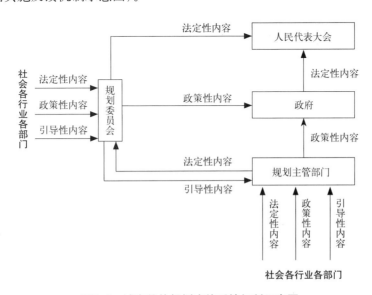

图7-4 城市总体规划实施反馈机制示意图

（4）城市总体规划实施绩效考核机制

城市总体规划的实施情况究竟如何，只有建立有效的绩效考核机制进行评价，包括考核的指标，考核程序以及奖惩办法等。并且这种机制应当与行政考核相结合，才可使总体规划的实施结果受到重视。特别是人大如何考核地方行政领导在实施城市总体规划上的绩效（其核心是考核法定性内容）；以及政府对规划主管部门、相关部门以及下级政府在实施城市总体规划上的绩效（其核心是考核政策性内容）。规划主管部门对引导性内容也应当逐步完善相应的绩效考核制度，其中包括内部考核和外部考核两种类型。内部考核的重点是行政许可和行政执法的相关处（室），而外部考核包括建设单位、设计单位和施工单位，通过建立业绩档案，并与开发许可、设计许可挂钩，促使其自觉实施城市总体规划（图7-5城市总体规划实施绩效考核机制示意图）。从目前的情况来看，重点应当从城市总体规划实施的效益指标、基本生活质量指标以及行政不当干预总体规划实施的严重违法事件等方面进行考核。

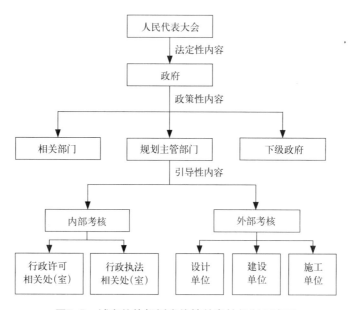

图7-5　城市总体规划实施绩效考核机制示意图

（5）城市总体规划实施救济机制

为保障行政相对方的合法权利，在城市总体规划实施中，应当针对不同类别的内容，分别采取有效的救济途径，同时，根据我国的现状逐步提高司法审查的力度。

法定性内容：对城市总体规划法定性内容不服的公民、法人或其他组织，可以向市人民代表大会申诉，申诉后仍然不服的，可以向人民法院起诉，但法院只作合法性审查。

政策性内容：对城市总体规划政策性内容不服的公民、法人或其他组织，可以向市人民政府申请行政复议，对复议结果仍然不服的，可以向人民代表大会申诉，当事人也可以直接提请行政诉讼。

引导性内容：对城市总体规划引导性内容不服的公民、法人或其他组织，可以向市规划委员会申诉，申诉后仍然不服的，可以向人民法院提起行政诉讼（图7-6 城市总体规划实施救济机制示意图）。

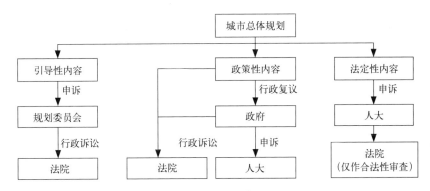

图7-6 城市总体规划实施救济机制示意图

7.2.6 城市总体规划实施中的激励与约束

根据城市总体规划实施中不同类型主体的特点，分析激励和约束机制的现状问题、经验教训、可能出现的违法行为等方面，并探讨相应的对策。由于城市总体规划属于战略层面，其实施主要体现在指导编制近期建设规划、年度建设计划、控制性详细规划、专项规划以及土地储备和出让计划、下级政府的近期建设计划等方面，规划行政权与公民权直接展开利益博弈的机会较少，因此，城市总体规划激励与约束的对象主要是政府部门中的各类实施主体。

根据《城乡规划法》的原则，各级人民政府是城市总体规划的实施主体，而人民代表大会则是城市总体规划实施的监督主体。由于在目前的国家政治体制上，对上述两类主体的制约还有赖于上位法的健全，因此本文不将其作为研究对象。此外，城市发展中的投资主体（包括各类开发商、财团或生产机构），以及社会公众，都是城市总体规划实施的主体，对其进行激励和约束同样重要。鉴于本章主要探讨行政管理体制内部的制度构建，是现有体制条件下的具体操作层面中的各类实施主体，因此也没有将投资主体和社会公众纳入研究范围。从城市总体规划实施的现实情况来看，其实施主体主要包括以下3种类型：一、城乡规划专业部门，包括城乡规划行政主管部门、城乡规划委员会以及城乡规划编制单位。尽管从形式上看，城乡规划委员会是政府的决策审议机构，但目前多数城市实际上还是由规划行政部门进行运作，因而本文暂时将其纳入城乡规划专业部门。二、相关部门（包括综合经济部门、国土部门、环保部门、基础设施部门、文教卫体部门等）。三、下级政府（包括城市规划区内的市辖区、街道及建制镇）。在总体规划实施中，应当针对不同类型的实施主体可能出现的违法或不作为等问题，同步强化激励和约束机制。

（1）城乡规划专业部门的激励与约束

城乡规划专业部门对于城市总体规划的实施至关重要，自然也应当成为激励和约束机制设计的主要对象。然而，从总体规划的地位和作用而言，城乡规划行政主管部门没有能力也不应当单独作为总体规划的实施主体。

①城乡规划行政主管部门

城乡规划行政主管部门作为城市总体规划最直接的实施主体，其可能出现的违法或行政不作为的主要情形有以下几种：一、在组织下层次规划上消极应付。未根据要求组织编制近期建设规划及年度城市建设计划、控制性详细规划，或者未会同有关部门编制专项规划。二、对下级政府制定近期建设计划或实施方案缺乏指导。下级政府具有强烈的发展诉求，对总体规划实施的影响力不容忽视，充分满足其发展诉求并引导其积极实施总体规划是规划行政主管部门的重要职责。三、违反法定程序修改和调整总体规划，或者未能及时调整总体规划。前者的违法性一目了然，而后者则不容易受到关注。实际上，总体规划必须根据社会经济发展进行动态调整，否则就容易引起对其整体合理性的质疑。四、违反总体规划实施行政许可。这种情况包括在确定的禁止建设区实施规划许可、违反规定在限制建设区实施规划许可、违反"四线"制度的行政许可，以及违反总体规划审批控制性详细规划或规划条件等。五、在与相关规划衔接方面消极应付。相关规划包括国民经济和社会发展规划、土地利用总体规划、环境保护规划、江河流域规划等，城乡规划主管部门应当积极与这些相关部门衔接，共同解决其存在的矛盾与冲突，否则，必然产生相互掣肘的局面。

目前的规划制度缺少对于城乡规划主管部门的激励机制，导致其实施总体规划的积极性不高。建议逐步建立上级规划部门的考核的垂直评价体系，由上级规划主管部门建立科学的考核制度，同时赋予规划行政机关对相关部门以及区、镇级政府一定的监督和约束权力。在约束机制方面，虽然《城乡规划法》第六十条进行了一定界定，但约束力度还不足，可操作性不强。可以通过完善决策公开、过错追究、损害赔偿、信赖保护以及上级督察等制度逐步加强约束力度。

②城乡规划委员会

我国城乡规划委员会的形式多样，其职责范围也有很大差异。由于缺乏有效的激励和约束机制，规划委员会的委员的审议效果并不理想。这种松散型的审议机构在城市总体规划实施中可能出现的违法情况主要有两种，一是审议通过与总体规划严重冲突的控制性详细规划或专项规划；二是在审议这些规划中消极应付或失当。关于城乡规划委员会制度的完善，将留待本章第四节论述。

③城乡规划编制单位

城乡规划编制部门作为技术服务机构，在总体规划实施中本不应承担直接责任。但由于规划管理体制的历史原因，大多数规划编制单位都或多或少地承担了部分规划主管部门的职能。在经济发展相对落后，规划技术力量欠缺的地区，规划编制单位的实际作用更是不容忽视。因此，要加强对城乡规划编制单位的管理。例如，可以由省级住建管理部门建立城乡规划编制单位信用制度，要求在省内承担规划编制任务进行登记备案，并建立信用档案。

在实施总体规划方面，规划编制单位违反总体规划强制性内容，编制控制性详细规划或者选址论证报告等现象并不少见。为确保总体规划的顺利实施，控制性详细规划的编制队伍应当逐步准公务员化，而不能完全由市场化的规划服务机构完成。控制性详细规划改变总体规划的，必须由规划主管部门出具书面调整意见后，规划编制部门方可进行调整。《城乡规划法》建立了一定的约束机制，但在实践中还欠缺有效的难以落实，需要进一步完善过错追究、损害赔偿、行业自律、信誉记录等方面的制度。

（2）相关部门的激励与约束

城市总体规划成为全社会共同纲领的必要条件有二：一是其自身具备了充分的合理性并达成共识；二是有相应的激励和约束机制促使相关部门积极实施总体规划。

①综合经济部门

综合经济部门包括发展改革、经贸、财政等在城市总体规划的实施中。如果发改部门在制定国民经济和社会发展规划重大项目立项与总体规划产生冲突，或者经贸部门在制定产业布局规划时与总体规划存在矛盾，或者财政部门不按照规定将城乡规划编制经费纳入本级财政预算、年度投资计划与城市总体规划不符等，都必然造成总体规划不同程度的落空。

当前针对综合经济部门的激励和约束机制都很欠缺，建议加强发改部门根据国民经济和社会发展规划监督总体规划实施的机制；加强经贸部门对产业用地布局的监督机制；加强财政部门对规划编制经费的审核和监管制度。同时，在《城乡规划法》第六十一条的基础上完善对综合经济部门的约束机制，特别是加强上级规划部门的督察或效能监察的作用。由于我国的城乡规划没有和政府财政投资计划紧密结合，对公共投资的引导作用十分微弱，并且因此对民间投资也起不到应有的引导作用，这就使得总体规划的实施失去了最重要的保障。因此，在实施规划中必须促使与财政投资计划的结合，并借此引导非公共投资的方向，使得城乡规划的实施具有坚实的经济保障。

②国土部门

由于行政体制原因，城市土地管理由国土和规划两个部门共同行使，城市总体规划的实施有赖于国土部门的密切配合，否则必然举步维艰。笔者曾担任地方规划行政主管部门领导多年，其中一项重要的工作便是与国土部门建立一种相互理解和信任，甚至相互妥协的工作机制。在认真研究国土部门的相关政策法规后，有时也会发现规划制度本身同样存在诸多问题，而并非完全是国土部门不予配合。当前，城市总体规划与土地利用总体规划相互脱节的现象十分普遍，城市发展在很大程度上受制于土地利用总体规划，城市建设只能在土地利用规划的夹缝中形成不断"拼贴"和"插花"。某种程度上，土地的供应对城市发展的引导力度远远高于城乡规划。哪里好用，好征地，哪里就迅速发展。土地管理中一个简单的用地指标就起到了重要的控制作用，而发展多年的城乡规划领域，一直沿用的用地许可制度的控制力度不断降低，以至于常常被土地部门所左右。

国土部门在城市总体规划实施方面可能出现的违法情况包括：土地利用总体规划没有

与城市总体规划衔接；土地储备和出让计划不符合总体规划；出让或划拨土地严重影响总体规划。由于部门之间的法律缺乏充分沟通，国土与规划部门之间的摩擦由来已久，国土部门并不关注城市总体规划的实施。笔者认为，完全可以赋予国土部门根据土地利用总体规划监督城乡规划部门审批控制性详细规划和专项规划是否合法的权力，从而提高其参与规划实施的积极性。对国土等相关部门的约束，采取上级规划部门监督的办法具有一定的实际意义。

③环境保护部门

环保主管部门的地位随着环境意识的提升而日趋重要，在项目主导型的建设项目中，环评和土地预审一样有着严格的审批制度并受到更多的社会关注。就目前城市总体规划实施情况而言，环保部门存在的主要问题是环境保护规划与城市总体规划的衔接和环境影响评价对建设项目的影响等两个方面。在激励机制方面，建议赋予环境保护部门依法监督城市总体规划实施的权力，有权要求规划主管部门就实施情况作出说明并更正实施中的错误。而在约束机制方面，建议城市环境保护规划与城市总体规划同步编制，其主要内容可纳入城市总体规划。在总体规划确定的建成区内，环境影响评价应当尽量简化，而一旦超出规划建成区范围，则应当严格审查。

④基础设施和文教体卫等部门

城市基础设施部门在城市总体规划的实施中的作用不容忽视，特别是在一些重点建设项目的具体实施方面。如果这类部门消极会同规划部门编制城市对外交通、给排水、园林绿地、供电等专项规划，或者所编制的专项规划严重不符合总体规划，或者其建设计划与近期建设规划不符或建设时序不同步，都会影响总体规划的实施。例如，重要交通线路的选线、场站布局，乃至通道预留等。

文教体卫部门与市民生活关系密切，由于历史原因，这些部门与规划部门的衔接并不紧密，在城乡规划中的话语权还十分微弱。而在编制文教体卫专项规划或会同规划部门编制历史文化名城保护规划等方面也显得消极，有些专项规划与总体规划可能还存在严重冲突。

缺乏激励机制必然导致基础设施部门不会自觉接受总体规划指导，建议赋予符合城市总体规划的专项规划法定地位，重要设施用地或路径的规划控制由专业部门负责监督，同时赋予专业部门根据重大变化要求修改或局部调整总体规划的权力。在约束机制方面，《城乡规划法》第六十一条有原则性的规范，但仍显力度不足。建议赋予城乡规划部门进行考核的权力，进一步完善过错追究和公众监督制度。在专项规划的编制组织方面，由规划部门牵头，专业部门配合的方式，逐渐转变为专业部门牵头，规划部门把关的方式。

（3）下级政府的激励与约束

城市总体规划的制定过程中，往往倾向于技术理性的思维模式，对不同地区的切身利益没有足够的关注，更没有研究切实可行的利益平衡机制，致使因总体规划而受到限制的区级和镇级政府对总体规划的支持不足，实施规划的积极性不高。我国一贯强调城乡规划的高度集中，这固然具有一定的现实意义，但如果作为重要力量的城市规划区内的市辖区、街道或建制镇对于总体规划漠不关心甚至持排斥态度，从而消极制定本区域的近期发展计划或者近期建设计划，都势必影响总体规划的实施效果。

因此，应当尽快完善对于区镇两级政府的激励机制，鼓励其积极参与城市总体规划的实施。建议规划部门建立利益协商机制，充分听取其利益诉求。规划部门应当更多地关注两级政府的实际问题。只有将城乡规划与其利益衔接，才能促使其更加支持规划实施。此外，区镇两级政府应当具有本区域内或者有影响的相邻区域内的规划布局的监督权，以及根据变化要求调整或修改总体规划的权利。在加强约束机制方面，建议区或镇级与城市建设相关的近期发展计划应当经过规划主管部门的审核。

7.3 控制性详细规划实施的平衡机制

围绕控制性详细规划如何实施的问题，各地都在进行积极探索。笔者认为，应当根据法定性内容和指导性内容分类编制审批的方法，并结合实际建构相应的规划实施平衡机制。

7.3.1 广东省的制度创新

广东省于 2004 年 9 月以地方性法规的形式，正式出台《广东省城市控制性详细规划管理条例》，开始了制度创新的尝试，并取得了较好的成效。然而，广东省的制度创新也存在一些不足，从而影响了其实施。首先是内容仍然较为混杂，未能针对不同类别的内容建立编制审批制度。虽然将控制性详细规划的成果分为法定文件、管理文件和技术文件，实际上前两者基本包含在后者之中，因此，在编制过程中，规划编制单位大多先按照国家编制办法完成技术文件的任务，再从中选取部分重要内容形成法定文件，根据技术文件改装成管理文件和法定文件。因为规划编制人员大多不具备法律基本知识和必要的规划管理实施经验，所谓的法定文件和管理文件很难真正适合规划管理部门和人员的实际需要。而且，过于繁杂的文件反而可能造成执行困难。在规划实施中，也没有根据控制性详细规划内容的不同性质，建立相应的实施机制。

7.3.2 控制性详细规划编制审批制度改革

控制性详细规划应当控制好城市最需要关注和把握的重点，从而加强市场经济体制下政府对城市空间的有效控制。可以说，根据控制性详细规划内容的重要程度采取相应的编制审批和实施制度，已成为国内不少城市探索和改革的方向。

从构建控制性详细规划实施的"平衡模式"来看，可以划分为法定性内容和指导性内容，分别进行编制和审批，这也正好分别对应了法学中的行政计划（拘束性）和行政指导。

（1）控制性详细规划内容的划分

由于控制性详细规划直接与利益关系人相关，法定性内容应当具备足够的刚性，因而其涉及面不宜过广，否则在规划实施中难以把握重点，也容易引发争议。就目前而言，法定性内容主要包括：一是规划单元的划分；二是建设量总量控制和重要地段的建设量控制；三是四线的具体划定；四是涉及国防等重要设施、涉及公共安全问题以及城市的生命线系统；五是上一层规划对控制性详细规划的强制性要求，以及为落实上一层规划强制性要求必须采取的实施措施；六是控制性详细规划的调整规定。

控制性详细规划的指导性内容主要包括：一是城市风貌和高度控制引导；二是公共空间奖励规定；三是具体地段开发强度的确定和调整制度；四是建设项目和资金筹措的市场化运作引导。

（2）分类编制审批控制性详细规划的设想

编制审批控制性详细规划是一个长期的日常性工作，因此，规划部门应当有常设的编制研究机构或类似技术部门。在编制控制性详细规划之前，应当由城乡规划行政主管部门和有关研究机构共同制定规划单元划分规划，从而提高规划实施的可行性。此外，鉴于控制性详细规划的编制审批实际上是一个技术立法过程，这就要求编制者不仅具有良好的专业基础，而且还要具备较好的政治和法律修养，对历史情况有深入的认识。

编制控制性详细规划之前，还应当明确总体规划层面确定的法定性内容和政策性内容（如有调整，则必须经过总体规划调整程序）。通过规划部门与、区、镇以及相关工作部门沟通协调，分别召开专题会议，明确控制性详细规划中必须纳入的上层次规划的法定内容。在此基础上制定本项控制性详细规划的编制计划。

控制性详细规划的法定内容应当经规划委员会审议后由人大批准实施，指导性内容根据法定性内容制定，由规划行政主管部门通过后由政府首长签发后公布实施。同时应当以法定内容形式明确规定控制性详细规划的调整问题，划分调整的权限，严格调整的程序，以及违反调整程序的处理办法。

规划编制中应单独提交控制指标专题研究，技术部门讨论并征询专家意见后作为指导控制性详细规划制定土地开发强度的依据。此外应当有法律咨询报告，对控制性详细规划中涉及的法律问题，特别是权属问题作出解释，避免侵权现象的发生。

7.3.3　控制性详细规划实施的平衡机制

借鉴行政法"平衡模式"的思想，控制性详细规划的实施过程应着重考虑"公民权"与"行政权"的平衡。根据法定性内容和指导性内容的不同性质，采取不同的实施方式和手段。规划实施的平衡机制包括实施组织机制、监督机制、反馈机制、绩效考核机制和救济机制等5个方面，以下分别进行阐述。

（1）控制性详细规划实施组织机制

法定性内容：法定性内容的实施，由规划委员会的专业委员会制定实施方案，经规划委员会讨论通过后批准实施。指导性内容由规划主管部门制定并组织实施，主要采取行政指导的形式（图7-7　控制性详细规划实施组织机制示意图）。

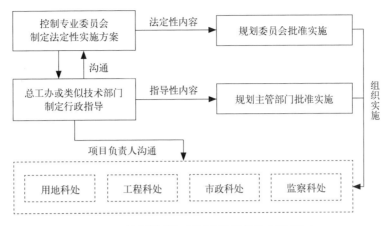

图7-7　控制性详细规划实施组织机制示意图

（2）控制性详细规划实施监督机制

法定性内容由市级人民代表大会负责监督，主要监督对象为同级政府和规划委员会。指导性内容的实施情况由规划主管部门进行监督（图7-8　控制性详细规划实施监督机制示意图）。

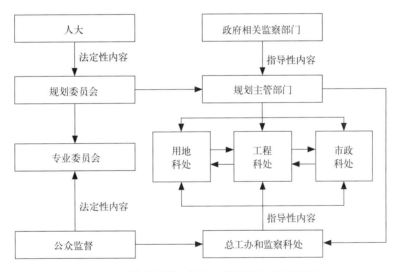

图7-8　控制性详细规划实施监督机制示意图

（3）控制性详细规划实施反馈机制

反馈机制主要通过规划主管部门（具体由总工办或类似技术部门负责）和规划委员会作为主要的信息接收部门，并根据不同性质的内容向不同机构进行信息反馈。规划主管部门接收到社会反馈的信息后，由总工办与业务科室沟通。规划委员会接收反馈信息后，通过规划主管部门的监察科室与业务科室沟通（图7-9　控制性详细规划实施反馈机制示意图）。

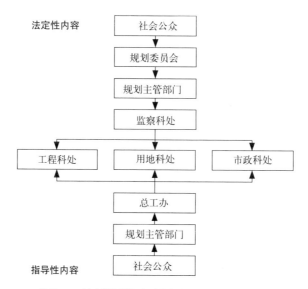

图7-9 控制性详细规划实施反馈机制示意图

（4）控制性详细规划实施绩效考核机制

建立有效的绩效考核机制对控制性详细规划的实施情况进行评价，包括考核的指标，考核程序以及奖惩办法等。特别是人大如何对规划委员会在实施控制性详细规划上的绩效考核（其核心是考核法定性内容）；以及政府对规划主管部门实施性内容的考核。规划主管部门也应当逐步完善相应的绩效考核制度，其中包括内部考核和外部考核两种类型。内部考核的重点是行政许可和行政执法的相关处（室）。规划主管部门可以建立一套业绩考核、历史记录查询等制度，根据相关单位在规划实施中的表现，采取限制开发许可、限制设计准入的手段，对违反控制性详细规划的建设、设计和施工单位进行监督和制约（图7-10 控制性详细规划实施绩效考核机制示意图）。

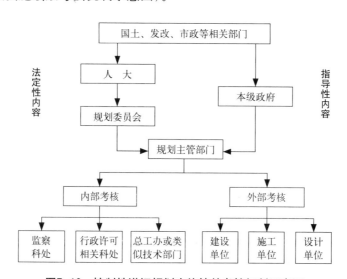

图7-10 控制性详细规划实施绩效考核机制示意图

（5）控制性详细规划实施救济机制

为保障行政相对方以及利害关系人的合法权利，在控制性详细规划实施中，同样应当针对不同类别的内容分别采取有效的调整和救济途径。对法定性内容有异议的公民、法人或其他组织，可以向规划委员会申诉，申诉后仍然不服的，可以向人民法院起诉，但法院只作合法性审查。对指导性内容不服的公民、法人或其他组织，可以向规划主管部门提出异议，提出异议经规划主管部门处理仍然不服的，可以向规划委员会提出申诉。法定性内容的调整必须经规划委员会审查公示，报人大审批后实施，指导性内容的调整由规划主管部门批准并公示后实施（图7-11 控制性详细规划实施救济机制示意图）。

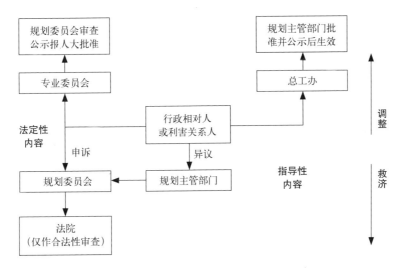

图7-11 控制性详细规划实施救济机制示意图

7.3.4 控制性详细规划实施的激励与约束

控制性详细规划是实施城市总体规划的主要方式，也是在规划实施上具有实际约束力的规划层面，因此，激励与约束机制的设置，必须是实施主体和行政相对方并重。此外，在控制性详细规划实施中，技术中介部门的作用也很特殊，应当纳入研究范围。

（1）实施主体

在控制性详细规划的实施过程中，起到实质作用的主要包括以下几类主体：一、人民代表大会和人民政府（本文不作研究对象）；二、城乡规划专业部门，包括规划行政主管部门、城乡规划委员会以及规划编制部门；三、相关部门，主要涉及国土、市政园林、交通以及各类管线部门。在实施主体的激励与约束机制中，控制性详细规划与总体规划有一定的类似，此处仅作简要的论述。

①城乡规划行政主管部门。城乡规划行政主管部门可能出现的违法或行政不作为的主要情形有以下几种：1、违反控制性详细规划出具规划条件；2、违反规划条件实施行政许可；

3、违反法定程序修改控制性详细规划；4、消极履行引导行政相对方积极实施规划的职能。目前的规划制度缺少对于城乡规划主管部门的激励和约束机制，尽管《城乡规划法》有一定程度的体现，但还显得力度不足。建议进一步加强行政执法能力，保障行政强制手段的有效性，从而激励规划行政主管部门积极行政，同时通过完善决策公开、过错追究、损害赔偿、信赖保护以及上级督察等制度逐步加强约束力度。

②城乡规划委员会。城乡规划委员会在控制性详细规划实施中可能出现的违法情况主要是违反控制性详细规划审议通过重点地段的修建性详细规划或建设方案。

③城乡规划编制部门。城乡规划编制部门可能出现违反控制性详细规划编制修建性详细规划的情况。是此，凡涉及调整控制性详细规划，必须获得规划行政部门的书面意见。规划行政部门可以建立执业信誉制度，改变经法定程序审批的控制性详细规划，必须由原编制单位和现编制单位共同出具书面审查意见。

④国土部门。国土部门可能出现的违法情况包括：土地出让或划拨没有申请规划条件；改变规划条件出让或划拨土地。对此，可通过完善操作层面的具体法律规范，确保土地出让转让符合用地规划许可。

（2）相对方

与城市总体规划的实施情况不同，控制性详细规划在实施中，相对方发挥着较大的作用。其中包括政府及军警等特权部门、开发商、一般建设单位和个人等几个类型。因此，激励与约束机制也应当根据这几类相对方的特点进行设置。

①政府、军警等特殊部门。政府、军队、警察等具有一定特权的部门，在控制性详细规划的实施中，往往可以通过一些特殊的途径对城乡规划专业部门施加影响，引导甚至迫使规划部门违反控制性详细规划的法定性内容进行建设。对于这些部门，激励机制的作用甚微，重点应当采取有效的约束机制。特别是完善操作层面的法律制度，通过上级规划主管部门的监督、公众监督等制度进行制约。

②开发商。开发商具有追求最大利润的天性，在规划实施中，开发商违反控制性详细规划的法定性内容进行建设的现象十分普遍。建议建立科学的考核制度，鼓励守法者，赋予开发商就控制性详细规划存在问题进行质询的权利。同时，重点加强经济制裁，信誉披露与不良记录等制度。

③一般建设单位和个人。企事业单位和个人违反控制性详细规划的法定性内容进行建设的情况也较为常见。建议赋予企事业单位监督规划实施的权利，建立单位负责人行政处分制度，通过公正执法和依法行政，形成良好的社会风气。

（3）技术中介部门

技术中介部门主要包括工程设计部门和审图部门。由于缺乏有效的激励与约束机制，为满足甲方的要求，工程设计部门有时违反控制性详细规划进行建筑设计，或者审图部门违反控制性详细规划审查图件。建议凡是涉及调整控制性详细规划，必须有规划行政部门意见。规划行政部门建立执业信誉制度。改变规划编制部门经法定程序制定和批准的控制性详细规划，必须由原编制单位和现编制单位共同出具书面审查意见。通过完善信誉制度、过错追究制度、依法赔偿制度。对违法进行工程设计或审查图件进行信息披露，情节严重者申请有关主管部门吊销资质。

7.4 城乡规划实施的具体措施

城乡规划必须依靠有效的手段才可能得以顺利实施，相关制度的完善应当作为重点进行研究，否则就会沦为一纸空文。

7.4.1 政府事权的合理划分

关于政府事权的划分，尹强在《冲突与协调——基于政府事权的城市总体规划体制改革思路》中，针对城市总体规划层面就政府事权进行了深入的探讨[①]。笔者认为，我国规划的内容设置过于庞杂，过于技术性，在内容分类、深度标准、范围划分、实施监督方面不利于各级政府的分级管理。而现行规划管理体制和政府管理事权严重脱节，无法实现规划的供给与政府实施需求之间的平衡。因此，建议在城市总体规划实施层面，通过合理调整总体规划内容，设置面向三级政府（城市上级政府、城市本级政府、城市下级政府）的反馈和协调机制和政府各部门实施城市总体规划的协同机制。

【观点引介】尹强关于事权的划分

（1）为了与上级规划（城镇体系规划）和其他相关规划（土地利用总体规划等）相衔接，在总体规划中设置对应上级政府管理事权，具有国家性、唯一性、公共性的资源与环境保护、历史文化名城、风景名胜区、自然保护区、基本农田保护区、军事用地、公共安全、生态敏感区、重要交通、重要基础设施、水资源保护等区域性或跨地区城市之间交叉事宜的规划，以法定性内容为主。

（2）在总体规划中设置对应本级政府管理事权和上下级交叉事权的规划内容，包括规划区设定、城市规模、城市空间布局、公共设施、道路交通、绿地景观、远景发展等法定性内容与政策性内容相结合，以政策性内容为主，强化近期建设规划，直接为本届政府服务。

（3）为了更好地履行本级政府职能和对下级各政府交叉事权进行管理，指导和监督下级政府以及涉及它们共同利益的发展与建设，应在总体规划中明确提出对应下级各政府交叉事权的规划要求，以法定性内容为主，包括下级政府辖区内的特殊保护地区、基础设施、水源地、城镇和村庄建设标准等内容。

（4）为保障总体规划的实施与政府事权相结合，建议进一步完善政府责任制。城市政府各个部门不得超越职权范围，一旦涉及与其他部门相关或交叉的内容时，就必须进行协

---

① 尹强. 冲突与协调——基于政府事权的城市总体规划体制改革思路 [J]. 城市规划，2004（10）：58-61.

调。在垂直结构方面，上级机构或首长不应越级作出决策。政府各部门在决策之前，应当进行信息互通与协商，在决策之后共同执行。

（5）城乡规划主管部门通过完善城乡规划编制手段，使规划真正发挥龙头作用；通过年度和五年建设计划，为城市建设的资金安排提供依据；建立与市政府定期通报制度，使政府了解规划动态，使规划部门了解政府近期决策、面临问题和决策意向，并对此及时作出规划政策调整和建议等；根据政府各项政策，及时提出规划政策，发布规划管理政策指引等。

7.4.2　规划委员会制度的完善

城乡规划委员会是实现科学和民主决策的重要方式，是规划实施的重要保障。尽管规划委员会制度在运行中出现了各种各样的问题，但这并不是这一制度本身原因，而是没有充分发挥这一制度的优势造成的。苏则民认为，应当由市人大常委会责成市政府成立城乡规划委员会。笔者认为，城乡规划委员会作为规划决策部门，应当与规划行政主管部门相对分离，理想的模式是作为人民代表大会的专业委员会形式。城乡规划委员会与人民代表大会制度的结合，作为其专业性质的下属委员会。暂时做不到这一点，至少也应当由人大授权政府成立，并接受人大的监督。因为人民代表大会制度是我国的基本政治制度，是实现民主的最根本途径。一个城市的人大代表，应当说对自己所在的城市最为了解、最有感情，同时也必然会最负责任。尽管我国的人民代表大会制度还有待进一步完善，但城乡规划实现公众参与、民主决策的最佳方式，就是充分利用人民代表大会这一制度。规划委员会由专业委员会、地区委员会（区级）和街道特派员组成。同时设立城乡规划审查委员会，负责对严重违反规划事件的认定和处理。

建立规划实施中的集体决策与个人负责制度。例如，完善规划委员会制度的关键之处又在于构建责任制度，使得委员的决策行为与责任相统一，对自己的决策行为承担相应的责任。如设立主办委员制度，某项议题中与决策相关的事务由主办委员承担，给予其充分的相应权力，同时也承担相应的责任。在规划许可制度中，同样也可以建立主办人员负责制。此外，规划委员会中应完善监督制度，可以和人大聘请的特别委员结合，实现对规划主管部门、相关部门和下级政府的监督。当然，对规划委员会的委员的议事能力的培训和考核，并根据决策能力、职业道德等动态更新委员组成，也必须通过有效的制度予以保证。

7.4.3　规划内部管理机构的健全

目前我国规划主管部门的机构划分均是以职能为依据，实际上规划主管部门是和计划部门类似的综合协调部门，因此，应当根据事权的划分完善内部管理机构。

（1）完善执法机构，充实从事行政救济、调解、咨询的专业法律人员，并加强与人大、政府法制部门、司法行政、人民法院的协调和沟通。

（2）完善公众参与机构，促进城乡规划实施与新闻媒体、社区、社团等组织的良性互动。

（3）联络人制度的建立。规划部门的管理要改变单纯内部职能分工为标准，与政府事权划分结合。建立与相关部门的固定联络人制度，便于对口管理，并协助相关部门制定符合城乡规划的部门实施方案。此外，还应当建立地区联络人制度，协助下级政府制定规划实施方案。

7.4.4　建设量控制与平衡

城乡规划划定的各类用地及开发强度，实质上是对不同区域的发展机会的重新分配，从公共利益上可能是合理的，但由于苦乐不均的现象极为突出，使得下层政府没有实施的积极性甚至有抵触倾向。如果这种不平衡不通过有效的途径加以解决，则城乡规划的实施是十分困难的。对此可采取建设用地指标和建设量指标进行宏观控制，作为城乡规划实施的重要手段，该实施手段还需要一系列相关的配套机制，才能够真正发挥作用，建议主要从以下几个方面逐步完善该制度。建设用地和建设量的总量控制；分类建设用地和建设量指标的控制；分地区建设用地和建设量指标的控制；五年和年度建设用地和建设量指标的制定和实施；不同地区之间的利益平衡制度。

7.4.5　城乡规划实施的经济保障

投资建设计划（CIP）在西方国家规划领域中已经实行了半个世纪，是一种联系长期性物质规划和城市年度支出预算的方式。其重要特征在于它清楚地指出了政府在未来几年中城市投资建设的倾向。因此，私人开发商和政府其他部门可以更好地计划他们的投资，从而保证规划对城市建设和发展的引导。CIP过程在两个层面上展开：每隔四年编制一份五年计划，每一年构成下一年度的财政支出，并且每年进行检测以调整项目的序列，以适应变化。CIP的基础是一种财政支出，主要针对城市的基础性物质设施，如道路、给排水系统等这些项目都是高成本的，也是长久性的。

由于我国的城乡规划没有和政府财政投资计划紧密结合，对公共投资的引导作用十分微弱，并且对民间投资也起不到应有的引导作用。这就使得总体规划的实施失去了最重要的保障。因此，在实施规划中必须促使与财政投资计划的结合，并借此引导非公共投资的方向，使得城乡规划的实施具有坚实的经济保障。

7.5　小结

城市总体规划和控制性详细规划实施的平衡机制建构，不仅受制于城乡规划体系本身，而且也受到国家行政管理体制以及法律制度的制约，因而必然是复杂而艰巨的任务。尽管本文在具体构想上不一定完全切合各地的实际，然而，针对目前我国城乡规划内容繁杂、主次不清的现状而提出的"分层次、分类别编制审批模式"，并在此基础上，提出了规划实施相应的平衡机制，应当具有一定的现实意义。

第8章

平衡之"信"——诚实信用原则

诚实信用，这个最普通不过的词语，缘何在西方被称之为私法中的"帝王条款"[①]，并对法治社会产生着深远的影响。随着行政法范围的日益扩张，私法逐渐渗入公法，诚实信用原则在西方两大法系国家中均得以发扬。大陆法系的德国发展了信赖保护原则，英美法系的英国则发展了合理期待原则，但"诚实信用"的精神内核并无本质差异。在城乡规划实施中，要达到行政权与公民权之间的"平衡"，其首要的前提就是政府与公众之间的互信。

我国并不乏诚实信用的文化传统，然而在民主与法治成为时代主题的今天，我们不难发现，城乡规划实施依然是困扰业界的一大顽症。规划制度无足轻重或朝令夕改，规划成果束之高阁或随意变更，已经成了一种常态。商鞅"三丈立木"取信于民的故事，我们早已耳熟能详。政府和人民之间的相互信任，既是和谐社会的应有之义，也是法治时代的必然要求。我国城乡规划实施困境的原因之一，就是制度和规划的变更频繁。如果能够吸收诚实信用原则的精髓，并构建行之有效的具体制度，必然会大大促进城乡规划的实施。

8.1 西方诚实信用原则的起源、发展和思想价值

德国法学家拉邦德曾说过："苟无诚信原则，则民主宪政将无法实行，故诚信为行使一切行政权之准则，亦为其界限"[②]。我国学者徐国栋认为："到目前为止，诚信原则仍是大陆法系国家使垂老的古典法典通导外部变化着的社会经济条件的窗口，是新的规则不断的源泉。没有对诚信原则作用的认识，就无法理解近百年前的社会与今天社会共享一个法典这一不可思议的现象"[③]。确实如此，对于一个被奉为"帝王条款"的法治理念，我们完全有必要全面认识其起源和发展，并深刻理解其现实意义。

8.1.1 起源和发展

关于诚实信用原则的起源和发展，法学界论述颇丰。按照杨解君先生的总结，西方法

[①] 私法中的诚实信用原则要求当事人行使权利，履行义务均应当善意真诚、恪守诺言、公平合理。可以看出，诚实信用原则在私法领域是对民事关系双方的制衡，而当该原则引入公法领域后，却主要体现在约束行政关系的一方，即行政机关和公务人员——笔者注。

[②] 杨解君. 中国行政法的变革之道 [M]. 北京：清华大学出版社，2011：218-220.

[③] 徐国栋. 民法基本原则解释——成文法局限性之克服 [M]. 北京：中国政法大学出版社，1992：80.

律中的诚实信用理念发轫于契约，明文于法典，渗透入公法[1]。

(1) 罗马法契约哲学的影响

诚实信用原则始于罗马法的契约精神。意大利学者朱塞佩·格罗索认为，罗马裁判官正是利用发源于契约关系中的信用和互相信任因素，将诚信从道德规范上升到具有普遍约束力的法律规范。这种具有约束力的信用关系在城邦中因其执法官的裁量权而得到普及，并使诚信这一古老的道德观念步入了法律领地，进而成为诚信原则的最初源头。

(2) 法典中的诚实信用原则

诚信一词最早见于 1804 年的《法国民法典》，该法第 1134 条第 3 项规定："契约应依诚信（善意）履行之。"1896 年公布并于 1900 年实施的《德国民法典》确认了诚信原则。此后，诚实信用原则作为私法的基本原则得到普遍认可。

(3) 诚实信用原则在公法中的确立

诚实信用原则在行政法中的确立，主要表现为信赖保护原则的产生[2]。所谓信赖保护原则，是指在现代法治国家中，基于保护人民正当权益的考虑，行政主体对其在行政过程中形成的可预期的行为、承诺、规则、惯例、状态等因素，必须遵守信用，不得随意变更，否则将承担相应的法律责任，即使因重大公共利益需要变更时也必须作出相应的补救安排。1956 年 11 月联邦德国的一个判例（BerwGE9.S.251 救济金裁定案）成为了重要的里程碑[3]。该判例改变了长期以来政府所享有的对违法授益行政决定的"自由撤销原则"，修正了由于"绝对依法行政原则"带来的对私权的损害。其后，联邦德国于 1976 年颁布了《联邦行政程序法》，正式以成文法的形式建立了信赖保护制度。

【案例分析】救济金裁定案

20 世纪 50 年代，联邦德国的柏林民政局长误认为，居住在民主德国的寡妇，如果迁居西柏林，就可以享受抚恤年金，并向该妇人传递了相应的信息。该妇人于是迁居西柏林，西柏林政府给付了相应的抚恤年金。事后，西柏林政府调查发现该妇人不符合获得年金的法定条件，停止向她发放抚恤金，并要求缴回已经领取的全部金额，于是引发了诉讼。柏林高等行政法院于 1956 年 11 月 4 日作出裁判，认为该案中两个重要的法律原则发生了冲突，即行政合法性原则与安定性原则需要一个权衡排序，以决定行政合法性原则中确立的基于公共利益而优先的行政权是否在实践中真正优越于保护公民对行政行为持续有效的信赖，明确提出政府应当从信赖保护的角度限制授益行政决定的撤销。

---

① 杨解君 . 中国行政法的变革之道 [M]. 北京：清华大学出版社，2011：218-220.

② 莫于川 . 行政指导比较研究 [J]. 比较法研究，2004 (5)：80-92.

③ 曾坚 . 信赖保护——以法律文化与制度构建为视角 [M]. 北京：法律出版社，2010：24.

8.1.2 思想价值

（1）制度的稳定性和行政成本的降低

在缺乏诚信的环境下，"人们无法通过政府行为预测自己行为的后果，为了维护自身的经济利益，私人不得不为一个可以预期的未来而投入过多的成本，包括通过某些非正当的手段，获得一个经济利益的相对稳定的保障"[①]。诚实信用原则要求行政机关在行使职权时保持谨慎，从而制约行政机关随意变更行政行为。既有利于保持制度的稳定性也有效降低了行政成本。

诚实信用原则可以提高法律规范和行政规划的可操作性。因为法律规范总是有所欠缺，而快速发展阶段会不断涌现新的情况，即使是社会经济发展相对稳定的西方国家，包括以严谨著称的德国，仍然用"原则"来弥补成文法的不足。我国正处于高速发展阶段，期望用法律来规范一切显然不可能，何况城乡规划属于对未来进行预设的学科，其把握的难度更大，甚至还有许多无法预知的成分。

（2）行政关系双方互信与和谐社会的构建

对于行政部门而言，在现实中往往更关注承担责任与否，是否诚实信用并非重点考量因素，规划实践中存在大量的违法建设逃避处罚的例子就是很好的说明。例如开发商希望用加层的方式获取更大利润，但这样做就违反了招拍挂条件，当无法正式通过方案时，如果出现某些行政干预，规划行政部门可能就会暗示或默许其采取违法加建，并处以罚款。这样，公务人员既没有责任，也卖了"人情"，这种情况并非特例。此外，某些建设项目（当然也可能是一些民生工程）难以满足技术规范，往往也可以通过类似办法得到"变通"处理。而相对人同样存在不诚信的动机，他们或者与某些要员关系特殊而对规划行政机关内部施加影响，或者通过合谋绕开法律约束，或者钻政策漏洞而实现其非法目的。况且，行政关系的双方并非完全独立，其中相互渗透、相互影响的现象无所不在。诚实信用原则反映了行政权与公民权之间的平衡，既保障双方权利，也约束各自行为。在诚实信用原则的构建中，既要重点针对行政机关的诚信采取对策，同时也要认识到相对人不诚信的可能，或者相对人与公务人员都不诚信的现实，并构建相应的制约机制。例如，德国《联邦行政程序法》就并非"单方面约束行政机关而保护相对人信赖利益"的法律，因为就在该法第 48 条第 2 款进行了例外规定[②]。根据该法，下列情况受益人不得以信赖为依据：（1）受益人以欺诈、胁迫或行贿取得行政行为的；（2）受益人以严重不正确或不完整的陈述取得行政行为的；（3）明知或因重大过失而不知行政行为的违法性。

诚实信用原则对于构建和谐社会具有积极意义。如培养社会认同感，减少社会矛盾，降低社会风险，维持社会稳定、培养自治和公众参与精神等。诚实信用原则要求城乡规划

[①] 刘莘.诚信政府研究 [M].北京：北京大学出版社，2007：117.

[②] 平特纳.德国普通行政法 [M].朱林译.北京：中国政法大学出版社，1999：236.

实施中，更加注重利益权衡和信赖保护，并倡导充分发挥行政合同、行政指导等非权力性行政方式的积极作用。因而沟通与协调、谈判等方式必然成为常见的行政手段，这对公务人员的素质也提出了相应的要求。此外，行政机关之间、上下级政府，乃至在相邻区域的政府之间，诚实信用原则亦不可或缺，这也是城乡规划（特别是区域规划）得以实施的制度保障。

8.2 传统文化中诚实信用思想之辨析

本章对传统文化的反思，并非尊尚西方之故。相反，笔者自幼受传统文化熏陶，内心深处有着浓厚的传统情结，只是希望在现代社会中，传统文化能够去弊存善，得以弘扬。

8.2.1 西方的"偏见"

对于中国传统文化中的诚实信用精神，西方人的评价总体上令人沮丧，这或许是一种"偏见"，但还是值得我们深思。孟德斯鸠就认为中国人虽然讲"礼"，但并不值得信赖，他宣称中国人"是世界上最会骗人的民族。"并举例说明："每个商人有三种秤，一种是买进用的重秤，一种是卖出用的轻秤，一种是准确的秤，这是和那些对他有戒备的人们交易时用的"[①]。他的结论是："在拉栖代孟，偷窃是准许的，而在中国，欺骗是准许的"。对于孟德斯鸠的"偏见"，作为译者的严复却予以认同，并提出自己的解释："所以如此，在于中西不同的社会观，西方人的自由主义本意，是个人之事每人有自由，如有侵犯他人自由，每个人都有权追究；而中国的信念则是，社会之事乃国家之事，唯有官方才有权力处理个人之间的纠纷。如果有人要图谋社会之事，则被视为'不安本分之小人'。在此环境之下，中国人'为诳好欺'就不足为奇了"[②]。在中国传统社会，政府与人民是一种依附关系，即所谓的"父母官"，"放羊人"，而平等、独立的思想淡薄，行政权的"随机应变"成为常态。因此，以平等、独立为基础的诚信，在传统社会中失去了生存的土壤。

古代中国法典中有许多条款，甚至完全由前朝继承而来，有些条款不仅不能被执行，而且从继承之日起，就没打算过执行。美国神父明恩溥甚至这样评价中国传统法律制度："各级官员颁布的告示比比皆是，内容包罗万象，措辞精巧得当。缺的只有一个，那就是真实，因为这些堂皇的命令并没有打算实施。所有有关人员都明白这一点，从未有过误解。"虽然他的观点有失偏颇，但也值得反思。

8.2.2 传统文化中诚实信用缺失之辩

关于中国传统文化中诚信思想的缺失，杨解君先生曾有过无情的批判，他甚至提出了：

---

① （法）孟德斯鸠.论法的精神（上册）[M].张雁深译.北京：商务印书馆，1961：316.
② （法）孟德斯鸠.孟德斯鸠法意（上册）[M].严复译.北京：商务印书馆，1981：395.

"诚信或许是中国传统社会里最稀缺的资源",并将矛头直指中国人的精神归宿——儒家思想。

【观点引介】杨解君对道德伦理的批判

当道德伦理这一儒家文化的手段被儒家文化奉为终极目标时,道德伦理便被中国传统文化推到了至高无上的地位。然而,二极相通,物极必反。儒家文化这种对道德伦理的过分推崇,其所产生的结果不是这个社会道德伦理的普遍提升,而恰恰是这个社会道德伦理的普遍沦丧和虚伪。产生这一现象的根本原因在于:那种道德圣人的理想是属于彼岸世界或少数人的理想,它不是此岸世界或者多数人所能趋达的境界。当这种彼岸世界的理想一旦作为现实世界的真实被普遍追求时,人们是难以趋达这种境界的。但在一个以道德伦理作为其最高崇尚并以道德圣人的标准去苛求每一个人的社会里,人是不敢将自己内心不道德的一面外示于他人的。在这样的社会里,人必须使他人、当然更是必须使自己相信他是道德的,于是,虚伪、伪善就不可避免。其结果是,在虚伪中人不仅丧失了真实,同时也丧失了人自己。我们是否可以作出这样的判断呢:诚信或许是中国传统社会里最稀缺的资源[①]。

那么,缺乏诚信的流弊是否真的是以孔孟为代表的儒家思想的滥觞呢?笔者并不这样认为。在《论语·颜渊》篇中,孔子甚至提出了"自古皆有死,民无信不立"的重要命题。孔子极为重视法律的实施效果,关于他的一个故事早已广为人知,从这一事例中可以看出,孔子并不认可没有实际意义的过高的行为准则。

【观点引介】子贡问政

子曰:足食,足兵,民信之矣。子贡曰:必不得已而去。于斯三者何先?子曰:去兵。子贡曰:必不得已而去。于斯二者何先?子曰:去食。自古皆有死,民无信不立。

【观点引介】孔子论"偿"

相传在孔子生活的时代,鲁国有一项古老的法律,就是为了国家人口不外流,规定凡是带回一个在其他国家发现沦为奴隶的鲁国人,可以到国库里领取一定数额的补助。孔子的弟子子贡带回了一个奴隶,但他为了体现自己的品德高尚而没有去领取补助。孔子的观点是:你必须去领回这笔补助,你如果不去,鲁国的人民当然会说,子贡的品德多么高尚,做了好事却不要报酬。可是这样一来,别的鲁国人遇到相同的情况,他就会矛盾了,将奴隶带回必然有一定成本,如果去领取补助,别人会不会认为他的品德还不够高尚,而如果不领,又没有足够的经济条件。这样,很可能的结果就是,干脆视而不见。于是,法律制

---

① 杨解君. 中国行政法的变革之道 [M]. 北京:清华大学出版社,2011:230.

定的初衷就无法实现。你表面上是获得了品质高尚的赞誉,但实质上却影响了法律实施的效果。

汉武帝"废黜百家,独尊儒术"之后,传统文化出现了重大变化。很多人可能没有注意这里的用词,一个是"家",一个是"术",难道仅仅是为了行文上的不重复吗?在一个语言文字高度发达的国度里,要想找一个合适的表达方式并非难事。笔者认为合理的解释是,以孔孟为代表的儒家思想,在董仲舒[①]那里并没有得到全面的传承,只有那些有利于封建统治的"术"才被独尊,而儒家中其他有价值但不利于统治者的内容,也就与其他"家"一样,同样被"废黜"了。例如"信",历代的统治阶层,要求的只是对他们"忠信",而是否作为社会准则就不那么重要了。武树臣先生认为,董仲舒的思想上承孔子、孟子,近取荀子,兼而吸收阴阳五行,天人合一等思想因素,神化中央集权的君主专制政体和宗法道德的"三纲五常"为封建社会的立法司法活动提供指导原则。

《周礼》、《易经》中都有诚实信用的相关记载,如易经的泰卦中有:无平不陂,无往不复。指买卖双方如未达成协议,卖方没有义务送货,卖方不送货,买方也没有义务交出价金。《唐律》中更是有对不守诚信者处以刑罚的具体条文。然而,在仁、义、礼、智、信之中,信列于最末。如果细细体会,这五者并非同一等级的伦理准则。仁居于最为显要的位置,信已经落在了智的后面。就是说,中国人要是不守信,可以从前面四个准则中寻找依据,显然这并不是一件难事。在中国古代,信义观念更多地表现在私文化传统中,一般局限在亲、朋等有限的范围内,并没有形成广泛的具有约束力的社会准则。

近代中国城乡规划制度转型,突出表现是中华法系的"礼法结合"的思想宣告终结,理性主义的思潮逐步成为规划立法活动的指导思想。虽然现代城乡规划在制度层面得以确立,但往往拘泥于生搬硬套西方理论,进行自上而下的制度层面的改革,由于对国情的研究不深,造成实际难以操作的结果。这与中国近代社会转型以来的国家立法,几乎始终没有主动考虑中国人自己的行为习惯有关。尹伊君深刻分析了其中的原因:一是文化自主性的缺失,二是激烈的社会动荡使人无暇顾及传统的保存,三是当时学习法律和从事立法者多是法律专家型人才,于经史通达者甚少,立法宗旨自然不能从社会文化根源上从长计议[②]。这种影响必然体现在城乡规划制度领域。而新中国成立后对近代城乡规划制度的忽视和冷漠,也导致了新中国成立后城乡规划长期不能迈入法制化道路。反观时下对城乡规划制度的探讨,大有不少"全盘西化"而不顾中国传统文化的论调,历史的经验和教训很值得我们深思和警惕,我们应当更为关注传统并从中汲取合理成分,辩证而历史地看待过去。

虽然法律制度层面的变迁可以十分显著,但其背后的文化基础却有着很强的延续性,

---

① 武树臣.儒家法律传统 [M].北京:法律出版社,2003:106.

② 尹伊君.社会变迁的法律解释 [M].北京:商务印书馆,2003:450-451.

任何强加的外来变革最终都会被证实是失败的，近代中国城乡规划制度转型的经历可以为证。近代城乡规划制度的转型，还仅仅停留在法律制度规范层面。而尊重个人权利的精神内核却被抛弃。与此同时，也失去了古代社会用以制衡行政权力的种种非官方手段和方式，从而导致近代城乡规划制度在实施层面的失效。

时至如今，我们仍然将个人的道德标准拔得很高，政府公务人员更是一个被假定为"先知先觉、公正无私、全心全意为人民服务的公仆"的形象。我们缺乏的是倡导一种经过适当努力可以达到的社会准则，于是虚伪和伪善就有了生长的土壤。中国语言中一个特别的现象，就是"老实说"、"说老实话"、"说实在的"、"说真的"等表达方式，已经成为口头禅。虽然在其他国家也有类似说法，但使用如此广泛，不也说明一点问题吗？至于"出家人不打诳语"背后隐含的意思，不也值得我们思考吗？

诚信缺失还在于传统文化对于"变通"的认可，所谓"识时务者为俊杰"。而"成王败寇"的现实主义，以及对不择手段之成功者的认可和对坚守信念之失败者的嘲讽，都使得在公共行政领域，认可或践行着法律规范与实际操作分离的"潜规则"。因而我们经常可以看到高谈阔论崇高品德与潜规则下的无所不为的卑劣行径并行不悖的讽刺画面，这不能不说是国人的悲哀。我国规划制度在新中国成立前出现重大转型，当时的做法是对传统制度的一概否定，并全盘引入西方制度。这种不顾国情的嫁接式移植方式，更加滋长了"潜规则"的生存空间。即在制度层面和实施层面的两种运作模式，这种影响流传至今，从未得到根本的扭转。如果说虚伪和"潜规则"是城乡规划实施困境的文化因素之一，并非没有丝毫道理。

8.3 我国诚实信用原则的发展

8.3.1 理论研究

早在 1970 年，台北大学法研所林树埔的硕士论文《论都市计划与人民权益之保护》就对信赖保护原则进行了论述。1977 年，何孝元先生出版了《诚实信用原则与衡平法》[1]，全面探讨了司法领域的诚实信用原则。进入新世纪以来，诚实信用原则越来越受到学者的重视。 2002 年，洪家殷《信赖保护及诚信原则》，探讨了信赖保护原则与诚实信用原则的关系。2008 年，闫尔宝的《行政法诚实信用原则》则系统地论述了诚实信用原则在我国行政法领域的发展和应用，并指出诚实信用原则作为行政法的法源之一，具有比其他行政法原则更高的位阶，可以调整行政主体作出的任何行政行为。

诚实信用原则作为私法最高原则，是否能够成为行政法治的基本原则，在法学界曾有一定争议。有的学者认为，行政法作为公法的主要形式，与私法有着严格的分野，主体地位不平等是行政法的重要特征。诚实信用原则的主要作用在于弥补法规的不足，因

---

① 何孝元. 诚实信用原则与衡平法 [M]. 台湾：三民书局，1977.

此，适用公法势必破坏法规的严格性。这种观点将公法和私法绝对对立起来，与现代法治方向相背离。社会法治国时代的国家任务发生了变化，行政机关与社会成员之间并非单纯的命令与服从关系，而是相互需要和相互依赖。这样，诚实信用在国家公共生活中同样重要。很多学者认为信赖保护原则是诚实信用原则的合理类推和具体应用[①]，因为基于诚信，相对方信任政府行为的真实性，从而产生一定的信赖利益，法律就应对这种信赖利益予以保护。

8.3.2 行政法层面

在行政法层面，诚实信用原则主要体现在对行政机关和公务人员的约束，强调保护相对方的信赖利益。最高人民法院1999年11月通过的《关于执行〈中华人民共和国行政诉讼法〉若干问题的解释》就反映了一定的信赖保护思想。该解释第59条规定："人民法院依照行政诉讼法规定判决撤销违法的被诉具体行政行为，将会给国家利益、公共利益或他人合法权益造成损失的，人民法院在判决撤销的同时，可以分别采取相关方式处理"。2003年8月通过的《中华人民共和国行政许可法》则吸收了诚信理念，并明确了行政许可的信赖保护原则。该法第8条明确规定："公民、法人或其他组织依法取得的行政许可受法律保护，行政机关不得擅自改变已经生效的行政许可。行政许可所依据的法律、法规、规章修改或者废止，或者准予行政许可所依据的客观情况发生重大变化的，为了公共利益的需要，行政机关可以依法变更或者撤回已经生效的行政许可。由此给公民、法人或其他组织造成财产损失的，行政机关应当依法给予补偿"。然而，在该法的第69条，却作出了相当大的限制，列出了行政许可机关或者上级行政机关，根据利害关系人的请求或者依据职权，可以撤销行政许可的五种情形，特别是其中的第五点："依法可以撤销行政许可的其他情形"，很容易为行政机关扩大使用。2004年3月，国务院第43次常务会议通过《全面推进依法行政实施纲要》将诚实守信作为依法行政的基本要求之一。该纲要第5条规定依法行政的基本要求为："合法行政、合理行政、程序正当、高效便民、诚实守信、责权统一"。其中，诚实守信的含义是："行政机关公布的信息应当全面、准确、真实。非因法定事由并经法定程序，行政机关不得撤回、变更已经生效的行政决定；因国家利益、公共利益或者其他法定事由需要撤回或者变更行政决定的，应当依照法定权限和程序进行，并对行政管理相对人因此受到的财产损失依法予以补偿"。

值得注意的是，诚实信用原则不仅局限于行政许可范畴，而是扩展到行政行为。正在酝酿的《行政程序法》（专家试拟稿）明确提出："行政机关实施行政行为，应当遵循诚实信用原则，维护公民、法人或其他组织与行政机关的信赖关系"。这些都表明，诚实信用原则在行政法领域的应用日渐广泛。

[①] 杨临宏.行政规划的理论与实践研究 [M].昆明：云南大学出版社，2012：82-83.

8.3.3 城乡规划法层面

我国城市建设制度在新中国成立前出现重大转型，当时的做法是对传统法律制度的一概否定，并全盘引入西方模式。这种不顾国情的嫁接式移植方式，更加滋长了"潜规则"的生存空间。使得制度层面和实施层面的两种运作模式并存，影响至今。传统法律象征性的流弊启示我们，在制度设定时应当保持谨慎，而在实施中应当坚决。时下包括城市建设在内的公共行政领域，但凡出现新的问题，则以"立某法"针对之，大有"立法膨胀"之势。似乎法律可以解决一切问题，而一切问题都必须通过立法来解决，这种论调实际上反而阻碍了依法治国的进程。

在城市建设制度的完善中，诚信体系的构建不可或缺。包括城乡规划制定时对于"可实施性"的客观评判，城乡规划公布和政府变更规划时政府的诚信，以及相关的信赖保护制度的完善等。当前，基于政绩和集团利益而迅速兴起的城乡规划编制，大有根本无法实施或者被别有用心地"选择性实施"的现象，从而严重削弱了社会公众对于城乡规划的信赖。例如，乡村规划许可证制度，就是一项未能经过充分论证而急于出台的制度。乃至于《城乡规划法》颁布实施超过 8 年之后，该制度在不少地区仍是一纸空文。城乡规划是对未来的预测和安排，具有一定的可变性，与一般行政行为存在差异。是否基于诚实信用原则给予信赖保护，关键在于相对人是否因信赖行政机关的而产生具体行动。如果行政机关的行动与规划矛盾，变更或废止规划、违法规划或不落实规划等，导致相对人或相关人信赖受损，则事实上存在承担责任的问题。如何承担相应责任，则与行政行为的法律形式和拘束力大小相关。城乡规划领域中的规划许可、行政合同、行政指导等行政行为，属于拘束力不同的法律形式。至于公布规划如何定性，还存在较大的争议。

我国《城乡规划法》在一定程度上体现了行政权与公民权之间的平衡，并初步认可了行政许可的信赖保护原则，该法第五十条明确了"一书三证"发放后，因依法修改城乡规划给被许可人合法权益造成损失的补偿责任，以及第五十七条关于城乡规划主管部门的违法行政许可被撤销后给当事人合法权益造成损失的赔偿责任。此外，该法第五十条还明确了规划变更的信赖保护，但其范围限定在"经依法审定的修建性详细规划、建设工程设计方案的总平面图"之内。而且，在现实中保护信赖利益往往难以操作。其原因有三：一是缺乏具体的实施制度；二是缺乏用以保障信赖利益的财政支持；三是如何解决行政机关及工作人员的责任追究问题。

诚实信用包括心理上、事实上、法律上和利益上的诚实，其内涵不仅局限于信赖保护范畴。诚实信用原则不仅要实现程序上的正义，更要实现实体上的正义。时下的规划委员会制度、公众参与制度、专家审查制度，存在不少"合法"程序下的"不当"决策现象。凡此，都是秉承诚实信用原则，不断完善制度的方向。

8.4 诚实信用原则对城乡规划实施的启示

8.4.1 规划公布

(1) 规划信赖

台湾地区行政法法院一般认为，行政官署基于行政权而公告实施一种规划，是针对一般不特定的规定，而不是个别具体的处置，因此，不得认为行政处分而对之提起诉愿（类似我们内地申诉和行政复议）。台湾地区行政法院 1976 年裁字第 103 号重申了这一观点。但后来台湾地区司法院大法官会议解释对此进行了修正，认为"主管机关变更都市计划，系公法上之单方行政行为，如直接限制一定区域内人民之权利、利益或增加其负担，即具有行政处分之性质，其因而致特定人或可得确定之多数人之权益遭受不当或违法损害者，自应许其提起诉愿或行政诉讼以资救济"。也就是说，对都市计划的个别变更属于具体行政行为，相对人可以提起行政诉讼，而对都市计划的通盘检讨（类似我们内地规划修编）属于抽象行政行为，一般不能提起诉讼①。日本对规划中止、变更导致利益受损的判决则确认了信赖保护的适用②。当然，这种认识也是一个较长的渐进过程，通过日本的以下案例可以有所了解③。

【案例分析】日本最高法院判决东京事业规划案

东京高圆寺车站附近区域系东京第二次世界大战后复兴规划进行土地整理的地区之一。该规划于 1948 年 3 月 20 日公告，经建设大臣认可于 1950 年 6 月 26 日着手进行。但是直到 1957 年，该规划的施工面积仅占整个规划区域面积的 10%。规划在 1954 年和 1960 年曾经进行过两次变更。变更后虽然规划区域范围大幅度缩小，但是工程建设进度依然未有进展。根据日本土地区划整理法的规定，该项规划确定公告后，规划施行区域内土地建筑物的相关权利均要受到各种限制。于是该地区内土地建筑物所有权人和租赁权人，即以该规划长期未能实施，且资金缺乏致规划未能推行为由，向法院诉请确认该事业规划无效。第一审和第二审均判决原告败诉。原告等人上诉到最高法院，最高法院经合议审理，以 8 票对 5 票，于 1966 年 2 月 23 日判决驳回原告上诉。争论的焦点是，规划是否属于具体行政行为。

【案例分析】日本最高法院判决大阪市街再开发事业规划案

大阪市于 1984 年 6 月 11 日依都市再开发法规定，制定本公告大阪市阿倍野 A1 地区第二种地区市街地再开发事业规划。有些 A1 地区土地和建筑物所有人对此规划向法院提

① 杨临宏. 行政规划的理论与实践研究 [M]. 昆明：云南大学出版社，2012：89-90.

② 宋雅芳. 行政规划的法治化 [M]. 北京：法律出版社，2009：138.

③ 郭庆珠. 行政规划及其法律控制研究 [M]. 北京：中国社会科学出版社，2009：99-105.

起了诉讼，认为规划中因干线道路东西分割而形成南北极为细长的街区，同时高层建筑将会导致当地商人的出走，因而会严重影响该地的发展和建筑物的利用。诉请该规划违法，请求法院予以撤销。第一审法院否认该规划是具体行政行为，因而驳回原告的诉讼。二审法院撤销了一审法院的判决，认为该规划属于具体行政行为，支持原告的请求。大阪市对此判决不服，并引用最高法院判决东京事业规划案的结论作为佐证，上诉至最高法院，但是最高法院最终支持了二审的判决。

规划能否得以实施是公众对规划的信赖基础，关键之处在于是否重视利益权衡。我国的城乡规划的制定、变更或中止时往往忽视这一重要环节。如果利益相关人被排除在决策之外，必然给实施留下隐患。当前，行政机关公布规划时对于能否实施、如何实施并没有给予充分关注。不同规划之间的矛盾、上下衔接、前后延续等，都存在诸多问题。既让规划管理者无所适从，也为某些别有用心者"选择性实施规划"留下了空间。古人云："轻诺必寡信"，总是给老百姓一个无法实现的宏伟蓝图，久而久之，政府的信誉就会受到削弱。在规划多次草率变更，或者无法实施的现实下，他们已经没有把规划太当作一回事了，更不会轻易地根据规划预设自己的经济行为——因为那样做的风险实在是太大了。因此，规划制定、变更或修改应持审慎之态度，当前大规模编制城乡规划的现状应该改变，所谓"规划全覆盖"的形式性要求应当反思。某些地区的规划编制几乎成为一种政治运动，对当地实际情况缺乏足够认识而粗暴地加以规划，其结果可能适得其反。

【观点引介】德国的规划裁量 [①]

德国的"规划裁量权"属于在国家权力范畴的普通立法裁量权。根据联邦建筑法典第1条，制定建筑指导性计划时，须"权衡所涉及的公共和私人利益"。例如：旅店业主G和周末度假屋占有人W反对一迂回道路计划，前者现位于主干道旁的旅店会蒙受生意损失，后者则会因迂回道路上的噪音受到健康损害。两人均指责该计划有缺陷。有关机关则以计划裁量权反驳之。实际上G利用道路提供便利，在法律上讲不受新道路的影响。相反，新设道路造成噪音对邻街住房的侵入，依照公害防治法则属于受影响。故相对人的权益须在制订计划中明文确定。完全忽视这一权益，或在与其他利益权衡存在错误时，这一计划即违法，当事人也会在法院胜诉。

(2) 规划稳定

城乡规划稳定性过低必然导致行政决策变更频繁，行政机关及其公务人员的信用不足，规划制定中集体作弊行为普遍存在。诸如规划实施请求权（要求行政机关遵守规划、制止

---

① （德）平特纳. 德国普通行政法 [M]. 朱林译. 北京: 中国政法大学出版社, 1999: 159-160.

违反规划的行为、保障规划实施的环境等)、规划补救措施请求权以及规划赔偿请求权等权益,在法律制度层面虽有所规范,然而在规划实施中却成效甚微[①]。在保证制度稳定性方面,台湾的司法实践中有许多值得借鉴的经验,例如存续保障、损失保障、过渡条款等。其中过渡条款是为了平衡制度变更所追求的公共利益以及当事人的信赖利益,对于城乡规划变更时如何保持稳定性具有指导意义[②]。具体手段包括:采取分别对待的方式,通过时间上或类型上的限制,有些事项可以继续适用旧法的范围;通过严苛的排除条款,对个别影响重大的事项进行特殊处理,避免对抗;尽量减轻行政冲击;分阶段适用新法;延后新法生效;渐进落实新制度等。

8.4.2 行政许可

(1)行政许可的权威性

德国行政许可的实施机关,具有排他的权威性,即便发生审批不当或者违法审批的情况,也只由行政许可机关负责处置[③]。

【案例分析】德国规划许可案

一位居民拟在村外建造住房,县建房许可机关拒绝颁布许可,理由是乡拒绝提供有关同意的依据。该居民认为该决定过于任意。根据建筑法规定,为保证共同规划权的运用,对颁发建筑许可需要有共同的同意。对于公民而言,只由建筑许可机关出面负责。公民只能对建筑许可机关起诉,乡作为反对者必须参加法院听证。相反,如果违反乡的意愿颁发建筑许可,乡也可以采取诉讼措施。

而我国则不同,规划许可机关可以设定诸多的前置条件,其中任何一个存在瑕疵,就可以一推了之。而其他部门同样设定前置条件,这种相互牵置的方式,出现了很多"谁都没有错,但该办的事情总是办不成"的情况。杨某不服厦门市交通委员会拆除违法建筑物路政处罚决定案,就很值得深思[④],该案反映了行政关系双方互不信任的状况。首先,杨某在路政部门要求停工并拆除建筑物的情况下,不是去核实是否符合公路部门规定,而是利用政策上的漏洞和部门之间沟通协调不足的弱点,通过土地、规划部门办理了相关合法手续。其次,从形式上看,杨某取得了合法的建房手续,却又被另外一个行政机关——交通委员会处罚,而法院也维持了处罚决定,这使得行政机关形象和行政许可的权威性都受到了负面影响。

---

① 兰燕卓.论城市控制性详细规划变更的实体要件——以规范分析为视角 [J].行政法学研究,2013 (2):119-124.

② 林三钦.法令变迁、信赖保护与法令溯及适用 [M].台湾:新学林出版股份有限公司,2008:23-29.

③ (德)平特纳.德国普通行政法 [M].朱林译.北京:中国政法大学出版社,1999:116,157.

④ 最高人民法院中国应用法学研究所.人民法院案例选(总第35辑)[M].北京:人民法院出版社,2001:374.

【案例分析】杨某不服行政处罚案

杨某于 1997 年 6 月在县道孙坂公路一侧修建了一层住宅，厦门市集美区公路路政管理所于 1997 年 7 月向其发出履行义务决定书，要求其立即停工并于 7 天内自行拆除。杨某没有履行该决定，集美路政所也没有申请法院强制执行。1997 年 8 月，后溪土地管理所发给了建设用地许可证。1998 年 7 月，后溪镇规划建设管理所发给了村镇建设许可证批准其可建 3 层。2000 年 1 月。杨某在修建第二层时被路政所工作人员发现并当场扣押了建筑工具，后厦门市交通委员会于 2000 年 2 月做出处罚决定，要求杨某限期拆除新建的第二层违法建筑。杨某不服于 2000 年 3 月向集美区人民法院提起诉讼。一审法院做出了维持市交通委员会的处罚决定，杨某不服，上诉至厦门市中级人民法院，市中级人民法院维持原判。

（2）行政许可机关的诚信

在行政许可中，基于诚实信用原则对行政机关的制约主要包括：一、行政许可的公共利益取向（不得行使与公共利益无关的权力滥用行为，或者虽然存在公共利益，但行政机关所采取的行为并不相称）；二、作出行政许可时对相对人或相关人的利益衡量，以及对公益和私益的权衡；三、行政机关的信息应当真实、准确、全面；四、行政机关恪守信用，保护信赖利益。

（3）行政相对方的诚信

相对方违背诚实信用原则的现象同样普遍存在，常见的情况是，相对方在行政部门之间游走，利用信息不对称的原理，以及行政部门的人事更替等各种机会而逐个破解，一些本不应当办理的事情却办理了。在行政许可中，基于诚实信用原则对于行政相对方的制约主要包括：一、行使权利和履行义务不得具有不良动机，不得谋取非法利益（例如，在获知建设项目之后的非法抢建，试图造成既成事实后通过各种手段获得行政许可）；二、相对人的意思表示真实准确，不得隐瞒事实以骗取行政许可，从而获利；三、相对人应当信守在行政许可中作出的承诺，不得出尔反尔；四、相对人提出的权利主张应当及时合理。与保护相对人信赖利益相对应，就是建立相对人的信用制度，促使其恪守信用。

8.4.3 行政合同

（1）西方的行政合同

德国允许行政机关按照私法中的契约精神签订公法合同，《联邦德国行政程序法》第四章对公法合同进行了较为详尽的规定。根据该法，公法合同采用书面形式，包括和解合同和交换合同。除非针对公民服从紧急强制执行达成协议，否则，一旦发生争议，只能通过诉讼的方式加以解决。作为典型的大陆法系国家的德国，也接受了在行政法中同样存在"平等主体之间的承诺"的观念。法国的行政合同应用广泛，与城乡规划相关较为密切的行政合同主要包括国家——大区间的规划合同、困难街区发展方面的合作——城市合同以及市政公用事业特许契约等三种形式[①]。

【观点引介】法国的行政合同

法国主要有 3 类行政合同。一、国家——大区间的规划合同：通过行政合同手段，促使地区发展相对平衡。2002 年至 2006 年间，国家投入 18 亿欧元，大区投入 17.9 亿欧元。内容主要包括就业、交通、通信、环境和住房等方面，针对不同地区的实际情况突出各自的重点。二、困难街区发展方面的合作——城市合同：对于一些区位条件较差，居民收入低，失业率较高，各种社会问题突出的困难街区，通过设立一种整体性合同，整合各方面力量共同解决。三、市政公用事业特许契约：通过行政合同方式，对政府和开发建设部门的权利义务进行详尽的约定。以特纳省议会与 PIERRE ET VACANCES 公司于 2003 年 9 月 9 日签订的 I'AILETTE 游乐场休闲娱乐中心的设计、建设和经营的特许权协议为例，合同包括授权、设计方案、工程实施、养护、项目开发、财务、审核、制裁等各个方面。

(2) 行政合同在城乡规划中的实践

在城乡规划领域，行政合同主要包括土地开发合同、公用事业特许合同以及区域性协议等类型。行政合同采用契约的方式，对于未来的一些重要条件进行约定，可以创造更多的发展机会。特别是开发商和政府关于开发活动的权利义务的约定方面，就完全可以通过行政合同的方式加以明确。政府在现状允许的条件下做出一定的承诺，以增强投资信心。而作为投资者，同样可以根据自身条件和政府提出的要求，做出相应的承诺。只要双方能够达到各自的利益底线，就存在以诚实信用原则为基础，通过行政合同促进城市建设的可能性。当然，行政合同应当避免通过合谋的方式让渡公共利益的倾向，这一点，只要做到公开透明并接受监督，就可以在相当程度上予以避免。行政合同要求行政机关和相对人依据契约解决纠纷，因而，行政机关对于契约的法律形式和责任承担应当有深刻的认识。

8.4.4 行政指导

(1) 西方的行政指导

行政指导是市场经济与民主政治的直接产物。日本在战后为保护公民权利和体现"温和行政"，将行政指导广泛应用于行政执法的几乎所有领域，特别是土地和建筑行政方面，这已成为其行政活动中的显著特点。日本在 1993 年的《行政程序法》第四章第 32 条至 36 条对行政指导进行了专门规定，从而成为第一部对行政指导加以规范的行政程序法。当相对人按照错误的行政指导从事活动并遭受损失时，有权申请国家赔偿，这一点在日本

---

① 杨解君. 法国行政合同 [M]. 上海：复旦大学出版社，2009：92-95，145-171.

已经得到逐步认可[①]。大陆法系的德国、法国在规划行政中也积极采用行政指导的方式。英、美、法系如英国的区域规划指导要点、规划政策指导要点等,也是一种行政指导。

【案例分析】日本鸟取县行政指导案

日本鸟取县的某公司拟修建旅馆,于1971年12月初向该县公署自然保护科咨询,并确认不属于国立公园地域之内,于是办理了一般建筑许可。后因建筑地块属于国立公园范围内而引发诉讼。法院以信赖保护为由判决原告部分胜诉并获得一定补偿,但法院驳回了其继续建设的诉求。

(2) 行政指导在城乡规划中的实践

我国广东省制定了一系列的"规划指引",但主要是上级规划部门对下级规划部门的政策引导,而缺少针对行政相对人的行政指导。城乡规划行政部门可以根据经批准的规划成果,用法律的、易于理解的表达方式,制定行政指导以促进规划的实施。在实施阶段发布的行政指导,其具体形式可以多样化,有时甚至还可以是"弹性"指导。通过政府有信用的行政指导,引导全社会积极实施城乡规划。

相对人依据行政指导实施经济行为而受到损失如何救济问题,则因我国的社会经济发展和法治现状而显得较为复杂。这就要求行政机关在行使行政指导时,根据具体情况充分研究行政指导可能产生的各种可能结果,并预设相应的纠纷解决方式。

8.5 小结

本章简要介绍了西方诚实信用原则的起源和发展历程,探讨了该原则的思想价值,包括制度的稳定性和行政成本的降低以及行政关系双方互信与和谐社会的构建等两个方面。并从理论、行政法以及城乡规划法等三个层面回顾了诚实信用原则在我国的发展。在此基础上,结合城乡规划实施中存在的实际问题,从规划公布、行政许可、行政合同、行政指导等四个方面,就制度层面如何借鉴诚实信用原则进行了探索。尽管有些观点未必十分中肯,有些对策未必完全奏效,但毫无疑问,诚实信用的精神内核值得世代传承,而以此为基石的制度建设必将深刻地影响城乡规划的未来。

---

① 莫于川,等.法治视野中的行政指导[M].北京:中国人民大学出版社,2005:393-394.

第 9 章

平衡之"度"——比例原则

在"平衡模式"的构建之中，以利益衡量的视角出发，以比例原则为依据，是把握行政权与公民权"平衡"的重要尺度。近年来，城乡规划领域的纠纷急剧增长。根据 2004 年以来全国法院司法统计资料，包括城乡规划在内的城市建设和资源类案件在所有行政案件中，始终排在前两位，占案件总数的 40%[①]。最高法院行政庭副庭长杨临萍曾指出，2008 年全国法院审理的行政案件中，排在前三位的是：规划、土地、拆迁行政案件[②]。河南省法院系统的调研也表明，城乡规划行政许可和行政处罚实践中的矛盾日益突出。根据调研结果，2004 年以后行政案件开始大幅度增长。其中 2004 年 188 件，2005 年 147 件，2006 年有 112 件。而以往每年只有二、三十件。在不断增长的案件中，与城乡规划有关的案件居多数。

从调查情况看，起诉城乡规划建设许可的，占 83%，起诉规划行政处罚的，占 11%，起诉农村建筑规划许可、规划不作为的，占 6%。从案件形成的原因看，主要是原告认为有关规划许可，特别是建筑规划许可影响自己的间距、采光、通风、消防等权益，此类案件占行政规划案件的 81%。原告认为用地规划许可侵犯原告的土地使用权，或者因行政规划变更引起侵权、产生安全隐患的，如污染、地震、电磁波辐射等，此类案件约占行政规划案件的 19%。值得关注的是，在为数众多的规划纠纷中，有不少行政案件的判决结果和法院援引的依据，都涉及行政法领域的一个重要原则——比例原则。比例原则在司法领域可能产生的导向性作用，对于促进城乡规划制度建设既具有积极意义，同时也带来一系列挑战。

9.1 比例原则的起源和发展

比例原则滥觞于德国 19 世纪的警察法时代，当时实际上是指必要性原则。也称为最小侵害原则，指为实现特定目标，已经不存在别的对公民权利损害更小的措施能够相同有效地实现目标。后来，均衡性原则（狭义比例原则）得到普遍认可，根据均衡性原则，是否对公民权利的损害达到最小已经不能完全符合利益多元化时代问题解决的要求，而需要

---

① 最高人民法院公报 . 2005—2009：3.
② 徐向华，郭清梅 . 倍率式罚款的特定基数与乘数倍率之实证研究 [J]. 中国法学，2007 (5)：163-180.

提供一套更为复杂并且多元的利益衡量工具，从而有助于整体推动社会福祉[①]。

比例原则被奉为"公法之皇冠原则"，一般认为包含适当性、必要性和均衡性等三个具体原则，具有实体和程序两个方面的内涵。行政法领域的比例原则一般是指，行政机关达成行政目的，要选择适当的手段进行，若遇有多种手段可以选择时，应选择对人民侵害最小的手段，且手段与目的之间要有一定的比例关系，即因采行该手段所造成的侵害，不得逾越所要达成的目的而获致的利益。例如，在强制执行措施的强度，不但要与客体的性质和大小相适应（实体比例），且要与程序的严格程度成比例关系。客体越严重和广大，执行措施也就可以越强大，而执行措施越强大，有关的手段就应当越严格。再如，行政处罚应当在目的和手段之间进行权衡，采取的手段要有助于达成目的。制度设计的"失衡"将导致权力滥用和公民权利受到侵害，或者导致制度失效。

1882年6月4日，普鲁士高等行政法院通过了一个"十字架山"案[②]，以行政法院判决的方式正式承认了比例原则。此外，德国国家行政法院曾以一个飞机场开放计划可能花费的资金与有关市镇可能提供的资金之间不成比例为由而宣告该计划违法。一个干线道路计划因对附近精神机构病人的危害而被撤销[③]。而在1971年的一项判决中，最高行政法院运用均衡原则审查一项市政建设工程计划，判定其中修建一条公路的收益高于因此而征用拆除的90所民房的价值，因而，拒绝了当地居民诉请撤销此项工程计划的要求[④]。

【案例分析】德国柏林"十字架山"案

柏林市有一座"十字架山"，该山上建有一个胜利纪念碑，柏林警方为了使全市市民仰首即可看见此令人鼓舞的纪念碑，遂以警察有"促进社会福祉"之权力与职责，公布一条"建筑命令"，规定今后该山区附近居民建筑房屋的高度，要有一定的限制，不能阻碍柏林市民眺望纪念碑的视线。原告不服，诉讼就此展开。最后普鲁士高等行政法院依据《普鲁士邦法总则》第10条第17款第2句的规定，即警察机关为了维护公共安宁、安全与秩序，必须为必要之处置作出判决，对警察机关援引为促进福祉而限制某地段内建筑物许可高度的一个警察命令无效。

进入新世纪以来，比例原则在我国行政法领域已经引起了广泛重视，并且在立法和司法实践中逐步得到体现。在立法方面，《行政处罚法》第4条规定："设定和实施行政处罚必须以事实为根据，与违法行为的事实、性质、情节以及社会危害程度相当"。而最近出台的《行政强制法》第5条也规定："行政强制的设定和实施，应当适当。采用非强制性

① 蒋红珍. 论比例原则——政府规制工具选择的司法评价 [M]. 北京：法律出版社，2010：19.
② 姜昕. 比例原则研究——一个宪政的视角 [M]. 北京：法律出版社，2008：17.
③ 许玉镇. 比例原则的法理研究 [M]. 北京：中国社会科学出版社，2009：78-99.
④ 王桂源. 论法国行政法中的均衡原则 [J]. 法学研究，1994（3）：36-41.

手段可以达到行政管理目的的,不得设定和实施行政强制"。这些重要法律都一定程度体现了比例原则的精神。值得注意的是,比例原则在行政诉讼中的应用,不仅最早发生在城乡规划领域,而且目前也相对集中于该领域。在日益上升的城乡规划纠纷中,法院援引比例原则作为判决依据的案件为数不少,下文将结合城乡规划实施进行深入探讨。

9.2 比例原则对于保护公民权利和公共利益的启示

比例原则体现了对公民权利的关注,然而,在处于快速发展阶段的中国而言,不仅要保护合法的公民权益,同时也要有效防范公民权利的滥用,从而导致公共利益受到侵害。两者之间如何维持一种动态的"均衡",正是城乡规划制度设计的关键所在。

9.2.1 利益、法益、权利以及容忍义务

(1)利益、法益与权利之关系

城乡规划纠纷的根源在于利益冲突。而义务不确定以及权利界限不清晰的地方往往容易产生冲突。法律对于利益保护有三个层次:利益、法益与权利。在数量上,利益最多,法益次之,而权利最少。在保护方法上存在差异,三者关系并非一成不变,在一定条件下会相互转化。利益经法律界定确认而成为法益,法益则是私权诞生的母体,存在转化为权利的可能性(图9-1 利益、法益、权利关系示意图)[①]。

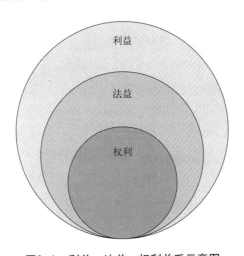

图9-1 利益、法益、权利关系示意图

根据王俊等人的观点,利益权衡具有位阶秩序[②]。即生命权最优,其次是身体权,第三是健康权,第四是前三者以外的人格权利,最后才是财产权。

---

① 王俊,林岚.采光日照纠纷案件裁判精要 [M].北京:人民法院出版社,2012:45.
② 王俊,林岚.采光日照纠纷案件裁判精要 [M].北京:人民法院出版社,2012:78.

（2）容忍义务

权利并非绝对，并不仅仅由法律事先确定，需要根据具体情势判断相应的边界。德国法院从 1987 年以来对不动产所有权创立了情势限制理论（或称为不动产所有权的情势义务）。认为每一块不动产和它的位置、状况、地理环境、风景、大自然等因素相关联，即与其情势密切联系，不动产所有权人在行使权利时必须顾及对该财产的情势，承担因情势限制而发生的社会性义务。《德国基本法》第 14 条第二款：所有权负有义务，行使所有权应同时服务于公共利益。

日本则在此基础上创立了容忍义务理论 [①]。所谓容忍义务，是一种独立的行为样态，一种虽对他人造成损害但无须承担责任的行为，该行为被法律赋予了"责任豁免"地位。司法实践设定了路径——容忍义务。容忍义务是权利人不得追究其忍受限度内加害行为法律责任的法律规范。"容忍限度"理论最初由日本学者于 20 世纪六、七十年代所创造，用于规范建筑物之间的日照妨碍。忍受限度有两层含义：一是不动产权益人负有容忍一定限度内妨碍的义务，二是不同地域不动产权益人应负的"容忍"限度不同。日本相关法律中，使用"容忍限度"来判定日照妨害标准，如果日照妨害超过了社会一般人的忍受程度，即构成违法；反之如果没有超出社会一般人的"忍受限度"，受害人则负有容忍义务，不构成侵权。对具体忍受限度的衡量标准，法律又根据日照纠纷的地域性、被害的程度、土地利用的前后关系、加害行为的形态、加害建筑物的公共性及损害回避可能性等情况的不同而作出不同的规定 [②]。

（3）技术标准

社会中人们之间的利益总是不可避免地发生冲突，如果人人都主张权利的绝对，那么就会形成僵局，没有人会真正拥有权利。也正因为如此，相互合作便成为实现人之权利的必由之路。容忍义务的功能就在于协调相互权利人之间的利害冲突，并为人之行为留出缓冲空间 [③]。我国的规划行政许可实际在赋予开发权的同时也设定了容忍义务，对此应当有共识，只是容忍限度如何界定，则没有明确的标准，往往将技术规范作为界限。然而，这一尺度的唯一性和刚性，在实践中操作困难，其本身也具有不合理的因素。

标准制定环节通常包含若干阶段，例如，收集信息、筛选信息、评估风险（或其他需要评估的利害关系）、价值树构造及赋权、最终选择标准，这些阶段各自都包含一个或若干个完整的行为行动过程，这些行动过程里包含着各种形式的权能，如筛选、赋值、最终决定等，导出一系列的问题：谁实际上有权提供信息？谁有权决定哪些信息重要与否？可靠与否？谁有权认定风险的类型和程度？谁有权选择和确立价值考量因素？真正的权力隐藏在最为精细、具体的行动之中，通过大量垄断的权能群组产生强大的实质性控制力 [④]。

① 王俊，林岚. 采光日照纠纷案件裁判精要 [M]. 北京：人民法院出版社，2012：47.

② 王俊，林岚. 采光日照纠纷案件裁判精要 [M]. 北京：人民法院出版社，2012：60.

③ 王俊，林岚. 采光日照纠纷案件裁判精要 [M]. 北京：人民法院出版社，2012：52.

④ 罗豪才，等. 行政法平衡理论讲演录 [M]. 北京：北京大学出版社，2011：39.

(4) 司法实践

如何设置合理的救济方式，也需要以平衡思想为指导：如一幢 20 层高层建筑对相邻住宅的一楼、二楼的部分住户构成日照、采光妨害，住户要求拆除建筑物明显不合理，造成社会财富的浪费，可考虑置换相应房屋的方式补偿，或者给予货币赔偿。邢克兢诉天津市和平房地产开发公司等相邻采光、通风纠纷案，原告主张拆除 13 层以上的建筑，法院不予支持，判决被告赔偿 34230 元损失①。

在司法审判实践中，形成了两种做法②：

一是对经过行政许可并按照许可实施，且没有违反相关工程建设标准规定的建筑日照的建设行为，即使影响了相邻住户的采光、日照，只要影响后的日照时间仍能达到规定标准，则不构成侵害。二是只要新建建筑物遮挡了相邻住宅的采光、日照，无论受损后是否符合规定标准，都认为构成妨害。

前者如 2003 年朱某等三人不服上海市长宁区规划局核发建设工程规划许可案，法院判决不予赔偿。2004 年北京市丰台区西罗园南里 14 号齐某诉某房地产公司日照纠纷案，建设工程依法办理了相关审批手续，但冬至日日照不足 1 小时，法院判决赔偿 10 万元。

后者如 2003 年上海市长宁区龚某诉某建设发展公司案。经核准，两居室南窗冬至日有效日照时间分别由 144 分钟和 112 分钟降低到 63 分钟和 37 分钟，居室一勉强达到最低标准，居室二则不能达到最低标准，原告主张补偿两个居室的损害，被告则主张只补偿其中一个居室的损害。法院判决支持了原告的诉求。

9.2.2 公民权利

在法院维持规划主管部门的行政许可的案例中，有一类基于比例原则作出的判决值得思考。例如赵某诉某市规划和国土资源局行政许可案和王某等 5 人诉某市规划局行政许可案。

【案例分析】赵某诉某规划局行政许可案

原告赵某为某市某花园的业主，2004 年 4 月 14 日，某市政公司向被告某市规划局申请建设培训中心的规划许可，被告经过有关程序进行审查，于同月 15 日颁发了《建设工程规划许可证》。原告认为该培训中心与自己居住的房屋相邻，将会影响自己的日照及采光。于是向法院提起行政诉讼，请求撤销被告颁发的《建设工程规划许可证》。一审法院认为，被告依法履行了行政审批的职责，某培训中心符合《某市城乡规划管理技术规定》中有关建筑间距的规定，判决维持被告《建设工程规划许可证》。原告不服，并提起上诉。二审法院认为，日照间距应按照各地区规划主管部门的规定执行，原规划许可符合法律，予以

---

① 王俊，林岚. 采光日照纠纷案件裁判精要 [M]. 北京：人民法院出版社，2012：227-234.

② 王俊，林岚. 采光日照纠纷案件裁判精要 [M]. 北京：人民法院出版社，2012：113.

维持，上诉人主张的通风、采光权利可通过民事诉讼另行解决。

【案例分析】王某诉某规划局行政侵权案

原告王某等5人为某中学教师，居住在某市某小区。2010年5月，王某等5人向法院提起行政诉讼，要求被告某市规划局撤销同年3月17日颁发的《建设工程规划许可证》，因为根据该行政许可，某公司将在自己所居住的住宅南面，兴建15层综合楼，而这将严重影响自己的日照和采光条件。法院审理过程中，被告某市规划局提交了由专业部门出具的《某综合楼日照分析报告》，该报告显示，综合楼建成后，确实对原告的日照、采光和通风条件产生较大的影响。部分住户的日照时间由原来的大寒日5小时减少为1～2小时，但仍然符合国家最低日照标准的要求。据此，法院判决，维持被告作出的行政许可。在庭审中，原告提出，自己的日照、通风和采光条件受到明显的影响，尽管符合国家规定的最低标准，但也应当给予补偿，或者将原批准的15层综合楼变更为13层，以减少对自己的影响程度。但法院没有予以支持。此外，原告还提出，其正南面的综合楼建成后，自己居住的住宅只能通过东西两个方向满足基本的日照要求，而与综合楼相邻的东南地块已经通过土地市场出让，如果根据批准的规划条件建设，很可能对其所居住的住宅产生不利的影响，甚至连国家规定的最低标准也难以满足，因此，要求被告作出承诺，确保自己的日照等权利不再受到侵害。对此，法院以与本案没有直接关系为由，不予支持。并表示如果出现侵权行为，再另行处理。

这类案例的特点是，利益相关人认为规划行政许可侵害了自身的合法权益并要求撤销或改变行政许可。事实上法院和规划行政机关也都承认，行政许可对相关人确实产生了一定的影响，有时甚至是较为明显的影响，但是，仍然符合城乡规划技术规范确定的最低标准，法院据此维持规划许可。

法院的判决依据可以表述如下："建设新的建筑物，有时对已建建筑会产生明显影响，由于土地稀缺，新建楼房必然对已建房屋的通风、采光产生一定的影响，国家不能、也不会因这种影响的存在而不发展，或减缓城市建设。制定规范的目的就是允许影响的存在，又限定其程度"。因此，在行政诉讼（行政复议也一样），只要规划行政机关的行政许可符合技术规范的最低标准，理论上就可以在法院胜诉。

对于这一类型的行政许可案件，往往还涉及另外一个重要问题，即规划部门的自由裁量权如何控制。从理论上说，只要满足技术规范的最低标准，规划部门的审批就不会败诉。而这种理解也会为违法建设者所利用，因为同样的道理，只要违法建设满足技术规范的最低标准，违法建设者就可能援引上述在比例原则指导下的判决作为"权利"诉求的依据，谋求以行政罚款的方式解决违法建设问题，而且其目的往往很可能得以实现。

我们应当认识到这一点，日照等强制性技术规范，只是现有生活条件下的一种最低标准，为此，我们是否可以考虑一种满足正常生活水平的"健康标准"，在此基础上依据比例原则的精神妥善处理相关争议。是此笔者建议按照比例原则的精神，建构相应的纠纷处理制度。首先，在技术规范的最低标准的基础上，根据自然条件的差异，确定一种满足正常生活水平的"健康标准"，并按照以下原则进行处理。

（1）不能满足最低标准时：规划行政机关不得作出行政许可，否则视为违法。利益相关人具有否决行政许可的权利。如果是既成事实，则只能通过协商补偿的方式解决纠纷。如果由于规划主管部门的审批失误（本文不探讨责任追究问题），造成没有满足国家强制性规范，比如，日照时间略少于技术规范，受影响的住户数量不多，而且建筑物已经建成，如果拆除造成较大的社会经济影响。这种情况下，是否一定采取拆除方式（实际上由于涉及多方的利益而难以实施）可以商讨，能否考虑同等居住条件的房屋价格与受影响后住房价格的差价对受到影响的住户进行补偿。如果拆除造成的直接经济损失为 1000 万元，而差价仅仅为 100 万元，此时就可以考虑依据比例原则的基本精神予以解决。然而现实中这类纠纷由于缺乏具体的操作标准难以妥善化解。往往不是受影响的权利人漫天要价，就是在行政权干预下损害公民权利。

（2）满足最低标准，但不能满足健康标准：利益相关人具有异议权，但规划行政机关可以作出行政许可。利益相关人可以按照标准获得一定补偿。

（3）满足健康标准：除非存在合法的相关约定，否则不得提出所谓的"权益诉求"。

9.2.3 公共利益

（1）公益诉讼

西方国家的司法实践中，关于公共利益的诉讼较为普遍[①]。当政府的规划可能危害公共利益时，通过赋予代表某些公共利益的社会团体行使诉讼权利，从而实现对公共利益的维护。而与此同时，公益诉讼制度还可以制约对公民权的滥用。例如，我国不断完善城市拆迁相关制度，公民权利越来越受到重视。

【案例分析】德国公益诉讼案

德国克尔市与法国斯特拉斯堡之间的莱茵河终于架起了一座壮观的步行桥，结束了德、法两国过境安检的历史，从此人们可以自由自在地步行于两国。可是，这个步行桥曾经发生了一起轰轰烈烈的行政案件。弗莱堡市政府负责步行桥的计划（相当于建设规划许可批准行为），经过四年的规划和全面听证后，颁布了建步行桥的计划（规划）。但是有部分市民持反对意见，他们认为建步行桥将改变周围居民的生活和生态环境，尤其是桥的附近是自然保护区，是候鸟多年的栖息地，每年秋季，候鸟就如期飞到这里过冬，在往回飞的过程中，吊桥上密集的钢丝会影响候鸟迁徙，甚至鸟会误撞钢丝而身亡。这是一个公共利益问题，这种公民普遍具有的利益不能构成启动一个行政诉讼的根据，也是普通公民不可以

---

① 宋雅芳．行政规划的法治化 [M]．北京：法律出版社，2009：312-313．

对步行桥规划提起行政诉讼。但是根据德国《行政法院法》的规定，其公共利益代表社团可以提起行政诉讼。最终，一个鸟类保护协会对上述规划提起行政复议。复议机关经过考察，论证了建桥不会对候鸟返回产生威胁，认为"候鸟不会那么傻"。鸟类保护协会不服，向弗莱堡行政法院提起行政诉讼，请求撤销该建桥计划。基于与复议裁决同样的理由，行政法院判决鸟类协会败诉。

然而，也有少数人利用制度上的缺陷，成为所谓的"钉子户"获取不合理的赔偿。他们抗拒拆迁行为的"成功"，实际上也让社会付出了公共利益的代价[①]。在这种情况下，代表公共利益的团体就可以通过公益诉讼，对抗不正当的诉求。

（2）行政强制

行政强制措施是行政机关为了预防、制止或控制危害社会的行为发生，依法采取的对有关对象的人身、财产和行为自由加以暂时性限制，使其保持在一定状态的手段。其目的主要在于预防制止或控制危害社会的行为发生。在地方立法实践中，鉴于违法建设的严峻局面，各地都在谋求执法力度的加强，如相对集中执法权、强制执行，程序上的保证（如送达）等。《城乡规划法》第六十八条对于采取查封施工现场、强制拆除等措施的制度保障，可以说体现了规划行政执法的现实需要。

从完善行政强制制度的需要来看，加强即时强制和执行罚的制度研究，在当下具有一定的现实意义。即时强制是指国家行政机关在遇到重大灾害或事故，以及其他严重影响国家、社会、集体或公民利益的紧急情况下，依照法定职权直接采取的强制措施。而执行罚是指行政相对人违反规定不履行已经生效的行政处罚而受到的处罚。德国有完善的执行罚制度，萨克森州首府德累斯顿的一个具体案件就可以清晰地认识这一点。违反建筑法建造一所家庭住宅，行政机关发出停止施工命令。业主没有服从停止施工命令，建筑业监督机关采取强制执行措施，最终业主被处以一万五千马克的执行罚[②]。执行罚作为实现公共利益的有效手段，对于城乡规划制度建设具有重要的借鉴意义。

【规划实例】某市拆迁违法建设的成本分析

2001 年，某市为扩建 S 路，发布了《关于扩大 S 路的拆迁公告》，宣称政府即将进行工程扩建，严令制止抢种抢建行为。然而，该公告只是从工程本身需要出发，界定的范围是现状道路 20m 范围内。为推进工程进度，2002 年年初，建设单位 G 按照一定标准给予以往的违法建设一定补偿，并签订了拆迁协议。在利益驱动下，沿线 3 个行政村的村民大规模地进行违法建设。经核查，至 2002 年 7 月，S 路沿线违法建设房屋共 42 幢（间），计 33 户，建筑面积 13679.86m²，建筑基底面积 6419.16m²。

① 肖岳. 一住户两年不搬海淀区政府称其索要 580 万元补偿款 [N]. 京华时报，2009-3-28.
② 陶玉霞. 行政强制的理论与实践 [M]. 北京：法律出版社，2001：31.

某市城乡规划局于 2002 年 7 月 10 日制定了《S 路沿线违法建筑拆除方案》，并决定拆除 S 路道路控制线内兴建违法建筑共九户 12 宗。根据这 12 宗的具体情况，建议首期拆除 3 户 4 宗。同日向违章户发预先通知，其后正式下达了限期自行拆除通知，并明确逾期不自行拆除的，采取强制措施，或者申请法院强制拆除。违法建设者在期限满后并没有自行拆除违法建设，规划部门、区政府从稳定与和谐的角度出发，继续开展大量的说服教育工作并取得一定成效。

至 2002 年年底，仍然有大部分违法建设者拒不制定自行拆除的处罚，但违法建设的势头已经得到有效的遏制。2003 年 1 月 22 日，某市城乡规划局向市政府发文《关于强制拆除三宗违法建设的请示》，鉴于当事人逾期仍拒不履行，根据有关规定，申请市人民政府批准对上述 3 宗违法建筑实施强制拆除。市政府批准后，2003 年 1 月 25 日，有关部门对违法建设进行了强制拆除，该项工作组织严密，因而进展顺利。在相当一段时间内对违法建设起到了震慑作用。

根据计划，参加强制拆除原计划为 60 人，根据后来的统计，为确保强制拆除工作的顺利进行，实际上参与此次活动的人员超过 150 人。拆除经费如果按《广东省定额管理规定》计算是 35 元 /m^2，首期拆除面积 425.6m^2，约需经费 14896 元。实际经费达到 56800 元，包括拆除费 38000 元，前期调查摸底外勤费、测绘、制图等费用 18800 元。平均拆除费用达到 110 元 /m^2。而为了维护稳定，其后政府部门继续付出了一定的行政成本。

9.3 比例原则对于违法建设查处制度的借鉴

违法建设，无疑是城市发展中面临的一大顽症。比例原则强调了在行政过程中对于公民权的保护和对于行政权的制约，这体现了法治社会的要求。然而，比例原则对现有的违法建设查处制度也提出了严峻的挑战。在法院依据比例原则改变规划部门对违法建设的行政处罚的案例中，较有代表性的包括汇丰实业有限公司诉哈尔滨市规划局案[1]；华达商厦诉某市规划局行政处罚案[2]；以及武汉市凤凰公司诉武汉市规划局行政处罚案[3] 等。随着城市建设进程的加速，这类案件在行政诉讼中十分普遍。

【案例分析】华达公司诉某市规划局行政处罚案

某市规划局为华达公司颁发工程规划许可，同意其沿江大道的二层楼房改为三层。华达公司申请增建两层未果，一年后，该公司建成五层楼房，命名为华达商厦。规划局以商厦所处的沿江大道为历史名街，而商厦 4～5 层对历史建筑武陵阁产生遮挡，为协调建筑

[1] 湛中乐. 行政法上的比例原则及其司法运用——汇丰实业发展有限公司诉哈尔滨市规划局案的法律分析 [J]. 行政法学研究，2003（1）：69-76.

[2] 顾越利，李小勇. 法学案例教程 [M]. 北京：中共中央党校出版社，2006：131-132.

[3] 肖金明. 行政处罚制度研究 [M]. 山东：山东大学出版社，2004：77.

风貌，限该公司 60 日内拆除 4～5 层。华达公司申请复议，请求减少拆除面积，未获同意，遂诉至法院。法院认为，华达商厦只有部分遮挡武陵阁，全部拆除超出了必要限度，造成不应有损失。根据比例原则，变更为，拆除遮挡部分，其余处以罚款。

【案例分析】凤凰公司诉 W 市行政处罚案

W 市规划局为凤凰公司颁发建设工程规划许可证，批准其临长江大街的楼房由两层加建为四层。其后，凤凰公司申请增建四层未获批准。一年后，凤凰公司建成八层凤凰大厦。市规划局认为超过批准范围部分属违法建设并下达行政处罚决定书。认为，凤凰大厦 5～8 层遮挡了长江大街的典型景观天主教教堂尖顶，严重影响了长江大街景观。根据城市规划法第四十条的规定，限凤凰公司 60 日内拆除大厦 5～8 层。凤凰公司请求规划局减少拆除面积未果，遂诉至法院。法院在确认凤凰大厦只有一部分遮挡教堂尖顶的事实上认为，凤凰大厦 5～8 层属于违法建设，规划部门有权责令凤凰公司采取补救措施，但必须同时兼顾行政目标和相对人权益，在实现行政目标的前提下应尽量减少对相对人权益的损害。以露出教堂尖顶为标准，可以拆除 5～8 层遮挡教堂尖顶部分。W 市规划局要求全部拆除5～8 层明显超出遮挡范围，使凤凰公司遭受过大损失，处罚显失公正。根据《行政诉讼法》第 54 条，《城市规划法》第 40 条规定，法院判决将处罚决定变更为：拆除凤凰大厦 5～8层的一部分，对违法建设行为处以相应罚款。

在司法审查过程中，法院一般都基于比例原则的精神，认为规划行政机关"限期拆除"的行政处罚过于严厉，导致相对人的权益受到不合理的侵害，因而是"显失公正"的。据此，法院变更了规划部门的行政处罚，将部分建筑物的拆除改变为处以罚款。这固然体现了现代法治对于行政权的控制，也保护了法院所认为的"相对人的合法权益"。然而，这些未被拆除而通过以罚款而合法化的违法建筑物，究竟是否应当认定为"合法权益"呢？笔者认为值得商榷。如果一定要认定为"合法权益"，那么，我们现行的城乡规划行政处罚制度就必须深刻反省并作出重大调整。否则，以比例原则为依据的上述判决将成为违法建设滋生的一个不容忽视的因素。因为只要从违法行为的成本收益角度进行分析，就不难得出结论，采取罚款方式必将给违法者带来巨大的获利空间。

笔者认为，根据比例原则的基本精神，可以从过罚相当、没收制度以及预防制度等三个方面着手，进一步完善或改革现有的违法建设行政处罚制度。

9.3.1 过罚相当

违法建设之所以难以控制，正是因为大量的违法行为没有受到相应的处罚。当违法行为能够带来巨大利益，而制裁只是小概率且成本极小之时，选择违法更为现实。只要进行成本分析，就不难发现，违法建设难以控制存在内在的经济根源。一般而言，违法行为的严重程度并没有绝对的界限，从轻微到严重之间是一条连续波段的"光谱"。而规划法确定的处罚方式（工程造价10%以下的罚款，与拆除或没收），却存在一条明显的"利益阶梯"，在巨额利益的驱动下，相对人必然会极力争取罚款了事。而对于规划机关而言，强制拆除的执行成本及存在的对抗风险，也使其倾向于采用罚款的方式。

我国《行政处罚法》确定了过罚相当原则："设定和实施行政处罚必须以事实为根据，与违法行为的事实、性质和情节以及社会危害程度相当"。过罚相当要求处罚的种类适当和处罚的力度适当。例如，在违法建设行政处罚中，采取罚款与拆除（或没收）应当存在与违法程度相应的基本均衡，从而使所有的违法行为都受到相应的制裁。然而，目前的实际情况却与过罚相当原则相背离。

（1）惩罚力度不足成为违法建设诱因

法院将规划局的拆除违法建设的行政处罚变更为拆除有影响部分，而其他部分则保留，采用罚款的方式予以处罚。实际上，这里面忽视了一个重要的考量因素。那就是，行政处罚的目的是要让违法者受到一定的制裁。我们不难分析，采取罚款的方式对违法者而言，具有巨大的获利空间，因而实际上是一种激励，是其所求之不得的。

社会主义市场经济改革带来了房地产业的繁荣。违法建设可能产生的经济利益迅速提升。违法建设行政处罚的方式主要包括罚款和拆除两种，而罚款比例基本都在工程造价的20%以内，只有上海市将比例提升到20%～100%。在计划经济时代按照工程造价课以处罚有其合理性，而在市场经济的商品化时代，决定房屋价值的因素远非工程造价所能包括。即便上海按照工程造价100%处罚，违法建设方仍可能存在盈利的空间。笔者曾经对广东省的两个具有代表性的城市广州和韶关（分别代表发达和欠发达地区）进行过分析，其结果验证了这种观点。研究结果表明，总体趋势是，违法建设方的经济能力越来越强，违法造成的影响越来越低，而收益却越来越高。此外，违法建设被拆除的可能性越来越小。罚款与拆除（或没收）之间出现"利益阶梯"，而且相差越来越悬殊。

（2）惩罚力度过大造成难以实施

与前面的情况相反，有些行政处罚显然与比例原则相违背，由于惩罚力度过大，在现实中实际得到执行的概率并不高。例如《城乡规划法》第三十九条规定的："规划条件未纳入国有土地使用权出让合同的，该国有土地使用权出让合同无效；对未取得建设用地规划许可证的建设单位批准用地的，由县级以上人民政府撤销有关批准文件；占用土地的，应当及时退回；给当事人造成损失的，应当依法给予赔偿。"尽管与《城乡规划法》相比，这一条的规定显得有所弱化。但是，同样作为政府组成部门，而且是实现垂直管理的国土部门正式批准使用的土地，由于没有取得建设用地规划许可证就一定要退回土地，这不仅不符合历史眼光（在城乡规划制度没有得到十分严格执行的地方，有些土地已经批准使用多年，并且地面建设活动基本完成，责任追究十分困难），也因为受到多方阻力而难以实施。实际上，一些地区在解决这类问题时，在与现行城乡规划没有根本冲突的情况下，以周边地块平均开发强度为基准，通过规范性文件的形式，以政府决策的形式补办建设用地规划许可证。虽然缺乏充足的法律依据，但却取得了较好的社会效果。

此外,违法建设如果被强制拆除,按照规定,违法建设方还要承担强制执行的拆除费用。地方实践也表明,这一貌似严厉的手段实际难以执行。

(3)关于违法程度界定标准"技术性"的思考

从《城市规划法》到《城乡规划法》,对于违法建设的严重程度,以及相应的行政处罚的严厉程度,都是以是否严重违反城乡规划作为唯一的界定标准。这种做法固然有一定道理,但是,由于是否严重违反城乡规划既有一定技术性,同时还有较大的模糊性。尽管各地出台了一些操作性的规定,但在实际中进行界定的难度仍然很大,而规划行政机关的自由裁量也有很大的空间。实际上,在行政执法和司法裁判领域,违法行为的主观恶意和行为的社会危害性才是界定违法行为的严重程度并进行行政处罚的最重要依据。而是否严重违反城乡规划,或者是否可以采取改正措施等标准,只是反映一种"技术标准",而不是"法律标准"。应该说,用法律标准界定违法行为的严重程度,更具有合理性,同时也便于实际操作。当然,"是否严重影响城乡规划"也是界定违法行为的社会危害性的重要因素之一。

例如,前面分析的几个关于法院更改规划主管部门的行政处罚的案件中,无一例外的是,违法建设方明知规划部门不予批准而强行进行建设,只是在建设过程中的监管不力而形成了违法既成事实。在实施违法行为时,违法者对"是否严重影响城乡规划"并没有明确的认识,而是在利益的驱动下,寄希望于将来以罚款方式实现合法化。如果他们的目的最终得以实现,那么,其主观恶意并没有得到相应惩罚,反而获得了利益报酬,这种"激励"不能不引起我们的反思。

再如,一条即将兴建的城市道路一侧的两个违法建设项目,前者在申请规划许可后,因放线失误而造成轻微超过道路红线(例如0.5~1.0m),而后者则是在没有取得规划许可的情况下,为谋取经济利益而进行的违法抢建,且拒不执行规划主管部门的停工通知并造成违法事实。如果仅仅从"是否严重影响城乡规划"作为界定标准,则前者将处以拆除,而后者将以罚款方式实现违法建设的合理化,这显然不尽合理。

(4)比例原则指导下的违法建设行政处罚

要彻底改变当前违法建设的严峻局面,就应当根据比例原则的精神,使处罚种类和处罚力度与违法行为的严重程度构成相应的、基本连续的"比例关系",同时消除罚款与拆除(或没收)这两类行政处罚之间由于"断裂点"而形成明显的"利益阶梯"。

为此,笔者建议:一方面应当有效减少拆除(或没收)等手段造成相对方的损失,政府应当适当承担部分责任(如果全面分析违法建设产生的原因,那么不难发现,政府部门在履行应尽的职责,包括宣传、监管或处理等方面,都对违法建设的产生或多或少地负有一定责任,完全由违法建设方承担责任显然不合理,而且将很可能产生激烈对抗)。而另一方面,应当加大罚款的力度,使违法建设都必须付出相应的代价。通过这种类似"削高填低"的做法,实现违法行为的严重性与处罚的程度之间的"比例关系"(图9-2 消除行政处罚"利益阶梯"的示意图)。

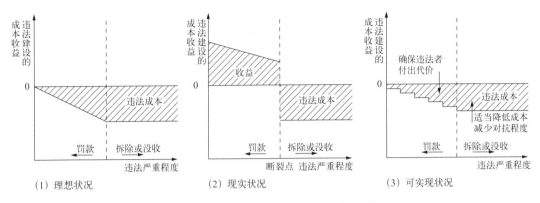

图9-2 消除行政处罚"利益阶梯"的示意图

9.3.2 没收制度

《城乡规划法》将原来的"没收违法建筑物"修改为"没收实物或违法所得",这应该说是一种进步,因为在操作中具有了更大的灵活性。然而这一制度付诸实践还存在不少困难,其原因在于相关配套制度的欠缺。特别是没收与罚款之间的"利益台阶"并没有因此而消除。而违法行为严重性的自由裁量空间相当之大,最终往往导致倾向罚款的方式,这又给违法建设留下盈利空间。违法动机因此激增,违法者用于"公关"的欲望和手段也大大增强,公务人员面临的压力和风险同步增大。

（1）关于违法所得的探讨

关于违法所得的界定,行政法学界进行过广泛的探讨,主要有以下四种不同的见解[①]：

①包括成本和利润在内的全部总收入。这种主张的理由包括：必须严厉打击违法行为,体现过罚相当原则；行为人实施违法行为后,只有承担责任的义务而无获取利益的权利,不存在合理支付问题；核算成本的难度系数大。

②扣除成本的利润部分。认为成本是相对人的原有财产,是当事人通过合法途径获得的财产,不应列为违法所得。

③以主观故意或过失作为评判标准。违法主体存在主观故意,则违法所得包括成本和利润。如果只是过失,则仅计算利润。这种观点由于概念不统一,一般不被认可。

④不以违法所得为依据,而是给违法所得一个基数,由执法机关视具体情节自由裁量。简便、易行、效率高。但如果存在较大的获利空间,则势必出现"甘愿受罚而违法"的情况。

（2）城乡规划领域的实践

关于没收违法建设如何计算违法收入的问题,各地都感到无所适从。2010年9月30日,长春市规划局向吉林省住房和城乡建设厅呈送了《关于对违法建设进行行政处罚计算违法收入的请示》（长规字[2010]35号）,提出了3种不同的计算方式：一是违法建筑的销售价

---

① 解志勇.行政法治主义及其任务 [M].北京：中国法制出版社,2011：87-89.

格；二是有相应资质的房地产评估公司评估的价格；三是销售价格与工程成本之差。吉林省住房和城乡建设厅收到长春市规划局的请示后，于 2010 年 11 月 9 日向国家住房和城乡建设部呈送了《关于对违法建设进行行政处罚计算违法收入的请示》（吉建文 [2010]86 号），认为法律解释权属于国家城乡规划行政主管部门的职责范围，请求住房和城乡建设部给予答复。住房和城乡建设部于 2010 年 12 月 3 日，向全国人大常委会法制工作委员会报送了《关于违法收入计算问题的请示》（建法函 [2010]313 号），认为："追究违法建设行为的法律责任，应当坚持提高违法成本，让违法者无利可图的原则，以达到惩戒违法行为、有效遏制违法建设的目的，为此，我们倾向于第一种意见"。全国人大常委会法制工作委员会于 2011 年 1 月 4 日回复住房和城乡建设部（法工委发 [2011]1 号）："原则同意你部意见，根据城乡规划法第六十四条规定，违法建设工程不能拆除的，应当没收实物或者违法收入。没收的违法收入应当与没收的实物价值相当"。2011 年 1 月 13 日，住房和城乡建设部《关于对违法建设行政处罚计算违法收入有关问题的函》（建办法函 [2011]25 号）正式下发各地参照执行。从住房和城乡建设部行文的表述来看，主管部门仍然在强调提高违法建设的违法成本。笔者担心，这一文件的出台，并不能改善当前违法建设行政处罚中的"利益阶梯"。规划执法方和违法建设方仍然存在博弈的共同利益取向——罚款。最近，住房和城乡建设部下发了《关于规范城乡规划行政处罚裁量权的指导意见》，根据违法建设的严重程度对相应的行政处罚方式进行了界定，对于无法采取改正措施消除对规划实施影响的情形，只能采取拆除或没收的方式，这应该说是重大的制度改革，也反映了加大处罚力度的倾向。然而，比例原则对于城乡规划制度建设仍然具有理论和实践意义。

（3）没收违法所得的执行标准

对于违法建设的行政处罚，必须坚持的原则是：不能容许违法所得的存在。"任何人不能通过自身的邪恶获利。"除非规划行政部门自身过错造成的违法行为，其他违法建设行为都不能通过罚款的形式合法化。特别是对于通过招拍挂形式取得的土地，其本身附带了一定的强制性指标。土地使用权获得者通过支付一定的价款的形式获得开发权利，这种权利与其支付的价款以及当时的社会经济状况具有相关性，既不能侵害开发者的应得权益，也不能扩大其开发权利。此外，对开发权利的变更还存在对招拍挂制度本身公正性的挑战，同时也存在增加环境容量或规避社会责任的可能。前者典型例子是提高容积率，而后者虽然不被关注，实际上也是不合法的。例如，有关部门对容积率下限的规定，也就反映了这一认识。

违法所得应当有明确的标准和操作规程，可以国家制定原则、各省（市、自治区）视实际情况制定具体办法。由于违法投入的成本理论上还可能涉及第三方的权益。假设当事人无法支付建设费用，则产生债权债务纠纷。理论上，应由建筑物拍卖予以偿还。但也可以理解为，违法建设行为本身的违法性，其投入的成本就是实现违法行为的过程，根据相关法律，可以没收。这里面又存在一个是否有主观恶意的判断，法律关系十分复杂，如果全部没收可能会导致较多纠纷的产生。但是，如果成本完全扣除，则违法人并未因违法行为受到制裁,即最不利的状态也是"不赔不赚",难以对违法动机起到威慑作用。因此笔者建议,没收扣除成本后的违法收入(这与国家主管部门的意见有不同之处),同时根据违法建设的主观恶意和行为的社会危害性处以罚款。

9.3.3 预防制度

根据比例原则,预防性处罚优于制裁性处罚。前者在于预防违法行为的再次发生或延续,如没收施工工具、机械等,后者则让违法行为额外承受损失。我国《城乡规划法》第六十条对执法部门进行了一定的约束,可以说对预防违法建设有一定的积极意义。但是,在城乡规划实施的实践中,不能及时发现违法建设行为,或者疏忽,或者默许违法建设的现象仍然普遍存在。对此,必须建立更为严厉的约束机制和处罚手段。违法建设的预防以及前期查处制度的健全十分关键,必须在赋予有关部门充分的执法检查和制止违法行为的权力的同时,建立对疏于履行职责的行政机关及其工作人员追究责任制度。

9.4 小结

比例原则作为西方公法中的"皇冠原则",强调的目标与手段的"相称"。这与中国传统文化中的"和"的思想有着深层次的精神相通,所以较容易为国人所认同,立法和司法的实践也印证了这一事实。然而,比例原则指导下的司法审判倾向,同时也提醒我们深刻理解这一原则在行政法领域产生或即将产生的重大变革。如何将比例原则更好地运用到城乡规划实施制度的建设之中,的确是亟待解决的现实问题。

在城乡规划实施的制度设计中,应当促使公民权与行政权之间的"平衡"。既要充分保护公民权益,也要创造正常行使行政权力的良好环境,从而保障公共权益不受到非法侵害。以比例原则为指导,将经济分析方法引入制度设计之中。一方面,应当构建"公益诉讼"制度,完善行政强制制度。另一方面,也应当力图构建合情合理的纠纷处理标准,有效化解城乡规划实施中的各种矛盾。

我国目前的违法建设行政处罚制度既有惩罚力度不足,从而成为违法建设诱因的弊端,同时又有惩罚力度过大,造成难以实施的尴尬局面。比例原则对违法建设行政处罚制度的完善具有指导意义。首先,必须尽快建立与违法行为的社会危害性"成比例"的行政处罚制度,使得惩罚力度和强制手段对违法行为具有足够的威慑力,同时,也必须具有实际操作意义。其次,没收制度的完善是体现比例原则的重要途径。第三,预防制度是有效制止违法建设滋生的最重要手段,而这一点恰恰被我们所普遍忽视。此外,目前对于违法严重程度界定的"技术性"标准,不仅因为具有较大模糊性而导致自由裁量的空间过大,而且也完全忽视了"主观恶意"和"社会危害性"这两个最为重要的因素。因此,"法律标准"取代"技术标准"不仅具有必要性,而且具有迫切性。

城乡规划作为司法领域应用比例原则的"先行先试区"和"集中应用区",不仅为制度建设带来了新的机遇，同时也对现有制度提出严峻的挑战。积极面对行政法治化的这一基本趋势并研究相应的对策，可谓时不我待！本章结合城乡规划实施中存在的实际问题，通过典型案例的剖析，探讨了比例原则在城乡规划实施中的制度意义。当前民主与法治已经成为时代主题，行政法司法实践中清晰体现了更为倾向于保护公民权的趋势，而城乡规划实施的相关制度缺陷很可能成为违法建设滋生的土壤，同时在维护公共利益和保护公民权利之间的平衡方面也存在诸多需要反思之处。如何充分借鉴比例原则尽快完善城乡规划实施制度，成为时下必须严肃面对的课题。

第 10 章

平衡之"和"——传统和谐理念及和解制度

和谐理念可谓传统文化之精髓，在人与自然、人与社会以及人与人之间，和谐始终都是中国人的理想。作为一个矛盾集中，而又常常为相关部门的矛盾所最终指向的领域，城乡规划行政机关及其公务人员在处理纠纷中耗费了大量的精力，然而效果却不容乐观。是否，我们应当重新思考一下解决纠纷的思维方式？

近代神权的式微，西方的信仰由"神"而"法"，公民不断被强化"法律是维护权利之武器和诉讼是权利之保障"的意识。这种思想影响深远，并随着西学东渐而为国内学界所接受。人类在解决纠纷中不断发展，选择合作抑或冲突，将产生完全不同的社会效果。现代社会的多元性使和谐理念的价值得以重新显现。政府与人民之间，以及人民之间的争议，更应当依赖双方建立在善意之上的和解，通过合理的机制设计，化解正在或可能发生的冲突。本章深入分析了传统文化中的和谐理念以及相应的和解制度，并结合当下城乡规划制定和实施的实际情况，探讨了传统和谐理念及和解制度的现实意义。

10.1 传统文化中的和谐理念

长期的农业文明形成了中华民族对自然的依赖和亲近，也培养了国人直观、模糊、和谐的个性。尽管传统文化流派纷呈，见解各异，但在"和"这一基本观念上，却有着深层次的精神相通。兹举儒、道、法三家之要义而论之。

10.1.1 儒之"和"

儒家思想中的和谐精神主要体现在人与人之间以及人与社会之间。"礼之用，和为贵，先王之道，斯为美，小大由之"①。儒家倡导中庸之道，认为通过中庸可以达到和谐。"中"是一个恰到好处的标准，是一种完善的象征，而"过"与"不及"都并非"尽善"。当然，中庸并不是在数量或表面上的绝对平均，而是追求内在和实质的平衡。

儒家追求的和谐，是一个由小到大并逐步扩展的过程，即"个体——家——家族——宗族——社会——国家"，其实现途径是"修礼——复仁——和谐"。在维护社会结构稳定

---

① 程石泉. 论语读训 [M]. 上海：上海古籍出版社，2005：8.

性方面，一些令人难以理解的思想却有着深层的道理。例如"隐"的思想①，其实质就是支持亲人不去做有违"良心"的事，虽然从个案上缩小了取证的途径，就局部而言似乎与西方法律的"正义"相背离，但却从整体上维系了社会结构的和谐。这一思想对中国社会的影响极为深远，直到近代才受到根本动摇。

10.1.2 道之"和"

道家的和谐思想主要体现在人与自然的关系方面。"人法地，地法天，天法道，道法自然"②。道家认为整个自然界应当是一个和谐的整体，人只有顺应自然才能够达到和谐。道家追求无为，认为统治者应当顺应事物的发展而不应干预自然规律。统治阶级应当无为而治，减少对民众的干扰，让其休养生息。"圣人处无为之事，行不言之教。""我无为而民自化，我好静而民自正，我无事而民自富，我无欲而民自朴"③。其实现的途径是"无为——和谐"。

道家认为，社会充满矛盾，但解决的办法并非消灭对方，而是使矛盾各方达到平衡而和谐相处。老子反对社会生活的反复变化，追求平静和稳定，认为制度朝令夕改会扰乱社会而失去和谐。"天下多忌讳而民弥贫……，法令滋彰，盗贼多有"④。道家认为法律越多，矛盾也越多。同时反对法律的严密而提倡宽和，即所谓的"天网恢恢，疏而不失"⑤。道家反对虚伪的道德，如庄子认为天下失和的重要原因之一，就是儒家的圣人道德标准。

10.1.3 法之"和"

法家一向倡导严刑峻法，似乎与和谐理念相左。实际上，法家也追求"至安之世"，然而其所追求的和谐是建立在重刑的基础上，通过重刑使"民不敢犯"而达到社会稳定和谐。如《商君书·去强》中提到的"以刑去刑，国治，以刑致刑，国乱。"法家认为虚伪的道德并不能实现社会和谐，韩非子就说过"故法之为道，前苦而长利，仁之为道，偷乐而后穷。"可见，法家的实现途径是："重刑——去刑——和谐"。

至于法律的实施效果，法家认为"国皆有法，而无使法必行之法"，就是说缺乏一种使法律得以实施的"法"。荀子尖锐地批评了法家的思想，他指出，法家表面上"尚法"，却不懂法的要旨，其结果是欺惑愚众。"尚法而无法，下修而好作，上则取听于上，下则取从于俗，终日言成文典，反循查之，则偶然无所归宿，不可以经国定分。然而其持之有故，其言之成理，足以欺惑愚众，是慎到，田骈也。"反映了对法家的法律实施效

---

① 程石泉. 论语读训 [M]. 上海：上海古籍出版社，2005：226.《论语·子路》叶公语孔子："吾党有直躬者，其父攘羊，而子证之。"孔子曰："吾党之直者异于是。父为子隐，子为父隐，直在其中矣。"

② 王弼. 老子道德经校注 [O]. 北京：中华书局，2008：64.

③ 王弼. 老子道德经校注 [O]. 北京：中华书局，2008：150.

④ 王弼. 老子道德经校注 [O]. 北京：中华书局，2008：149.

⑤ 王弼. 老子道德经校注 [O]. 北京：中华书局，2008：182.

果的质疑。

10.2 传统和谐理念下的制度建设

传统和谐理念在制度构建方面的影响无处不在，兹举其要。

10.2.1 遵循自然

《礼记·月令》中，就已有遵循自然规律进行建设的论述，如百工毋悖时序[①]。在城乡规划选址中追求"和"，即强调与自然的和谐。"以土圭之法测土深，正日景，以求地中……日至之景尺有五寸，谓之地中，天地之所合也，四时之所交也，风雨之所会也，阴阳之所和也。然则百物阜安，乃建王国焉，制其畿方千里而封树之"[②]。根据记载，伍子胥在建设阖闾城时，"相土尝水，象天法地"。范蠡建越城时，"乃观天文，拟法于紫宫"，他自己说："臣之筑城也，其应天矣。昆仑之象存焉"。越王认为越国地偏东南，无法与王者比隆盛。而范蠡则解释说："君徒见外，未见于内。臣乃承天门制城，合气于后土，岳象已设，昆仑故出，越之霸也"。古人对自然怀有敬畏之心，甚至行刑也要遵从自然规律在"肃杀"的秋后进行。

图10-1 睡虎地竹简

---

① 李国豪. 建苑拾英（第二辑上册）[M]. 上海：同济大学出版社，1997：15.《礼记·月令》：季春之月，命工师令百工审五库之量，……。季秋之月，霜始降，则百工休。乃命有司曰：寒气总至，民力不堪，其皆入室。孟冬之月，命工师校功，陈祭器。按度程，毋或作为淫巧，以荡上心。

② 李国豪. 建苑拾英（第二辑上册）[M]. 上海：同济大学出版社，1997：93.

《睡虎地秦墓竹简·秦律十八篇》规定（图 10-1　睡虎地竹简 [1]）："春二月，毋敢伐材木山林及雍隄水。不夏月，毋敢夜草为灰（取草烧灰），取生荔……" [2]，充分反映了保护自然生态，维护人与自然和谐的精神。其后出土的《张家山汉墓竹简·二年律令》也作出了类似的规定："禁诸民吏徒隶，春夏毋敢伐材木山林，及雍隄水泉，燔草为灰，取产鹿耳（麛：幼鹿，泛指幼兽）卵鷇（鷇：生而须母哺者曰鷇——说文）；毋杀其绳（孕）重者，毋毒鱼，勿以戊已日为土功 [3]"。总之，此类规范在古代各类典籍中不胜枚举。

10.2.2　崇尚调解

和谐理念制度化的突出表现就是调解制度发达，通过利益平衡促使各方的和解，从而达到维护社会和谐的目的。城市建设中的一些民间纠纷，一般都作为"细故"而采用调解的方式加以解决。其重要的价值取向，就是重视法律实施的社会效果。调解制度与其所处的社会状况相适应，有利于社会秩序的稳定，有助于特定地域内人们的相互关系的维持。早在西周的铜器铭文中，就已有调处的记载 [4]。

（1）传统调解制度的特点

中国人在利益之外往往还要考虑面子和人情等因素，由于和谐价值观念的深刻影响，调解或和解制度往往能够有效解决纠纷。反过来，纠纷的调和式解决也使得和谐理念得到强化。然而，崇尚妥协与谦让也导致权利意识的淡薄、保障及救济制度严重缺失等弊端。调解的目的在于息事宁人和维持相互关系，是非曲直并非十分重要 [5]，因而出现许多不公平的现象，在一定程度上压制了民众为自身权益作斗争的精神。中国古代的调解带有一定的强制性，实践中不经过调解而直接判决的案件很少，只有调解不成，才会对簿公堂。

（2）传统调解制度的主要形式

传统调解主要有官府调解和民间调解两大类型。民间调解包括亲族调解、乡里调解和自行调解等多种形式。调解的目的都是息讼，促成和解。河南内乡县衙的大门上，至今仍高悬"天理国法人情"的门匾（图 10-2　河南省内乡县衙大门门匾 [6]），即此可见一斑。

---

① 中华古玩网.

② 睡虎地秦墓竹简整理小组.睡虎地秦墓竹简 [O].北京：文物出版社，1978：26.

③ 朱红林.张家山汉简《二年律令》集释 [M].北京：社会科学文献出版社，2005：164-165.

④ 张晋藩.中国法律的传统与近代转型 [M].北京：法律出版社，2005：272.

⑤ 张中秋.中西法律文化比较研究 [M].南京：南京大学出版社，1999：341.

⑥ 凤凰河南网.

图10-2　河南省内乡县衙大门门匾

官府衙门的大堂之后有时还专门设有二堂，作为调解纠纷的场所，不少民间纠纷就是通过调解而平息的。《名公书判清明集》记载了许多案例，在判词中都要求当事人"贵乎和睦"或"以亲情和睦为念"，如"傅良绍与沈百二争地界纠纷"① 和"李茂林赁屋起造纠纷"②等。还有一个更为典型的例子，清代的陆陇其任知县时，有兄弟二人争财产诉到县衙，陆陇其"不言其产如何分配，及谁曲谁直，但令弟兄互呼。一个叫弟弟，一个叫哥哥。未及五十声，已各泪下沾襟，自愿息讼"③。

（3）调解人制度

《周礼》地官司徒中有"调人"一职"掌司万民之难谐而和之"。此外，大宗伯"以礼乐和天地"、大司乐"以和邦国"等有关"和"的记载比比皆是。秦朝设乡啬夫，专门负责民间纠纷的调解，所有民事纠纷都必须先经过调解，调解结果要申官备案，不得反悔。明朝的王阳明制定了一个带有民间公约性质的《十家牌法》，其中就很重视调解的作用："每日每家照牌互相劝谕，务令讲信修睦，息讼罢争，日渐开导，如此则小民日知争斗之非，而词讼亦简矣"。明朝在各州县及乡之里社设立申明亭（图 10-3　婺源李坑的申明亭，笔者拍摄），由里老调解民间纠纷④，过错方的名字还会被写在匾上悬于亭中。一般而言，民间调解所依据的乡规民约要报官府备案审查，经同意后立碑公示并生效。由于调解人享有的威望，和解方案往往容易落实。为彰显社会和谐，诉讼往往受到压制。各种官方文件中，

① 张晋藩.中国法律的传统与近代转型[M].北京：法律出版社，2005：272.傅良绍与沈百二争地界，调处的结论：事既到官，惟以道理处断，……然所争之地不过数尺，邻里之间贵乎和睦，若沈百二仍欲租赁，在傅良绍亦当以睦邻为念。却仰明文立约，小心情告，取无词状申。

② 中国社会科学院历史研究所宋辽金元史研究室点校.名公书判清明集[M].北京：中华书局，1987：334.李茂林赁屋起造。李茂林租赁亲戚蒋邦先的房屋，当李茂林改建租赁来的屋舍为店面，屋主以未经告知而兴讼。知县胡石壁剖析后认为双方应当有言在先，事后屋主反悔。于是采取召唤邻里，从公两平，达成和解。其判词曰："夫同气同声，莫如兄弟，而乃以身外之财产，伤骨肉之至情，其愚真不可及也。"

③ 张晋藩.中国法律的传统与近代转型[M].北京：法律出版社，2005：272.《陆稼书判牍·兄弟争产之妙判》。

④ 张晋藩.中国法律的传统与近代转型[M].北京：法律出版社，2005：276.

经常用劝阻甚至威胁的方式以求"息讼",而"刑措"俨然成为"圣代"的象征。《史记·周本纪》记载"成康之际,天下安宁,刑措四十余年而不用",太史公的文笔中流露着对和谐社会无尽的向往。

图10-3　婺源李坑的申明亭

（4）息讼制度

《周易》"讼,有孚,窒惕,中吉,终凶"[1]。认为中途停止诉讼,还可以"吉",如果坚持争讼,最终必然是"凶"。在地方各种官方文件中,经常用劝阻甚至威胁的方式以求"息讼"。如明代王阳明《禁省词讼告谕》中,就有:"一应小事,各宜含忍,不得辄兴词讼。不思一朝之忿,锱铢之利,遂致丧身亡家,始谋不臧,后悔何及"[2]。前文提到的"隐",就有着一系列相关制度。《二年律令·告律》规定"妇告威公（威:释为婆母）,奴婢告主,主父母妻子,勿听,而弃告者市。"汉宣帝地节四年（公元前66年）诏书:"自今子首匿父母,妻匿夫,孙匿大父母,皆勿坐。"这种以局部缺陷为代价,换取社会结构整体稳定的制度,正是中华民族的一种智慧。时下关于刑事诉讼法中证人制度探讨和改革,也反映了"和谐"精神的回归。

① 孔颖达.周易正义[M].上海:上海古籍出版社,1997:24.

② 张中秋.中西法律文化比较研究[M].南京:南京大学出版社,1999:335.

10.3 西方的和解制度

10.3.1 和解制度的兴起

近代社会崇尚权利本位，认为诉讼是实现权利的基本手段。"和为贵"的思想与核心法律观念相抵触，和解则是对法律秩序的破坏，应当予以摈弃。"在社会利益上，每个人都是为权利而斗争的天生的斗士[①]"。现代社会日趋复杂多元，实现权利和解决冲突的途径也必然多样化。通过妥协和让步而达成的和解，可以使复杂的纠纷得到相对符合情理的解决。和解不再被视为是对法治的破坏，而是"鼓励谦让妥协的现代人文精神的彰显，是根据特殊情况温情地解决纠纷的有效方式[②]"。如今，行政纠纷不得和解的认识逐渐被突破，西方各国对和解制度普遍持肯定和鼓励的态度，和解制度得以广泛建立（如德国《行政程序法》、《行政法院法》中皆有和解的规定）。此外，非正式的和解手段亦被大量运用，包括和解在内的替代性纠纷解决方式（ADR[③]，Alternative Dispute Resolution 的简称，又可称非诉讼纠纷解决机制）也开始渗入行政法领域。英国、美国、澳大利亚、新西兰等具有普通法传统的国家，以及法、德等大陆法系国家都开始广泛运用[④]。在英国，城乡规划中的争议颇为普遍，卡罗尔·哈洛引用一位规划官员的抱怨："尽管每年只有数个决定被提出异议，但我们在作决定时必须好像每个决定都将被提出异议"[⑤]。政府鼓励通过协商解决规划争端，而规划上诉则被委任给检察官处理。简言之，替代性争议解决又重新回到议事日程，上诉前的协商被认为是非常重要的环节，在协商中鼓励规划交易并达成协议。

10.3.2 实践及其效果

西方各主要国家不仅在理论和观念上肯定了和解精神，在实践中还建立了相应的实施制度并收效明显，和解制度在 20 世纪 60 ～ 70 年代开始受到重视，到 20 世纪 90 年代已经在司法实践中得到普遍采用。可以说，和解机制与裁判机制一样，在纠纷处理中发挥着重要作用（表 10-1 若干国家和地区调解制度及实际效果[⑥]）。

---

① （德）鲁道夫·冯·耶林. 为权利而斗争集 [A]. 胡宝海译，载梁慧星. 民商法论丛（第 2 卷）[C]. 北京：法律出版社，1994：36.

② 杨解君. 中国行政法的变革之道 [M]. 北京：清华大学出版社，2011：296.

③ 吴志豪. 浅介美国 ADR 制度之意义与模式－以美国加州为例（上）[N]. 司法周刊，2007-02-01.

④ 杨解君. 中国行政法的变革之道 [M]. 北京：清华大学出版社，2011：298.

⑤ （英）卡罗尔·哈洛，理查德·罗林斯. 法律与行政（下）[M]. 杨伟东译. 北京：商务印书馆，2004：737-738."ADR"相对于正式的法律制度而言，更强调非正式的或制度外的纠纷解决，或者说相对于法院通过诉讼程序来解决纠纷而言，更强调当事人通过双方交涉或利用不具有国家权威的种种社会机构来自行处理纠纷。解决纠纷的方式多样，如加州法院，初审采取的ADR 包括：谈判（Negotiation）、调解（Mediation）、早期中立评价机制（Early Neutral Evaluation）、中立事实发现机制（Neutral Fact-finding）、纷争解决会议（Settlement Conference）、迷你审判（Mini-trial）、简速陪审团审判（Summary Jury Trial）、仲裁（Arbitration）、迷你法官（Private Judging）等。

⑥ 本表根据杨解君（中国行政法的变革之道 [M]. 北京：清华大学出版社，2011：312-317）的相关内容进行整理和修改。

若干国家和地区调解制度及实际效果 [1]　　　　　　　　表 10-1

国家	相关制度	实际效果
英国	1.《英国民事诉讼规则（1998）》第 36 条规定：和解要约及相关和解制度，同时适用于行政纠纷 2. 监察专员制度的申诉审查普遍采用协商或和解 3. 裁判所制度中的和解方式	1. 和解的效果明显，如 1996 年时，裁判所总数超过 2000 个，每年正式审理的案件有 30 万件，而撤回、和解或以其他方式解决的案件有 95 万件之多 2. 政府鼓励通过协商解决规划争端
美国	1.《行政纠纷解决法》（ADR）（1990 年国会通过，1996 年国会修改并确定为永久法律）：明确授权和鼓励行政机关广泛使用各种替代性纠纷解决技能 2.《协商立法法》：授权和鼓励行政机关使用协商谈判的立法方式以代替《行政程序法》中的对抗式的传统立法方式	1. 通过和解和协商的方式解决行政争议的做法越来越普遍，范围越来越广，过程越来越灵活 2. 和解贯穿于行政程序和司法审查的全过程 3. 在政府侵权赔偿诉讼中，60%～75% 的案件为通过和解解决 4. 美国联邦环保署制定了专门的和解规则及程序，约 90% 的司法审查案件均通过和解而解决
法国	1. 行政法院相关和解制度 2.1973 年创立了"调解人"制度，调解人是一种受最高行政法院监督的享有行政权的行政机关 [2]	1. 行政法院审理案件时普遍使用和解手段 2. 调解人效果明显，每年处理 4 万到 4.5 万个卷案，成功率达到 85%
德国	1. 联邦德国《行政程序法》的和解契约制度规定行政程序中的各个阶段均可采用契约方式解决纠纷 2.《行政法院法》的法庭和解制度	1. 柏林地方行政法院每年结案约 400 件，其中 70% 通过和解方式解决，某些善于和解的法官甚至以高达 97% 的和解比例终结诉讼 2. 其他地方法院一审案件约 25%～40% 通过和解方式解决
日本	1.《促进裁判外纷争解决程序利用法》（2007 年 4 月实施）；相关实施令、施行规则以及实施指导先后出台；包括司法型、行政型和民间型 2. 非正式机制：苦情处理。核心程序为调停，方式灵活，没有严格法律限制和标准	1.1996 年，行政诉讼的第一审案件为 345 件，其中和解案件 33 件，其比例为 9.6% 2. 相关资料表明，在行政诉讼中越来越重视采用和解方式解决纠纷

10.4　传统和谐理念及和解制度的现实意义

　　传统社会关系具有长期性和稳定性，现代社会则表现为短暂性和流动性，和谐理念及和解制度所依赖的土壤条件确实存在较大差异。然而，随着快速城市化过程的逐渐完成，社会关系的稳定性也将重新体现，当然这并非再次回到原点，而是螺旋式上升到更高的层面。因此，和谐理念及和解制度也必然回归社会生活。2014 年 2 月 12 日，中共中央办公厅印发了《关于培育和践行社会主义核心价值观的意见》，正式提出了："富强、民主、文明、和谐、自由、平等、公正、法制、爱国、敬业、诚信、友善"的二十四字社会主义核心价值观，其中，传统文化中的"和谐"理念，在新的时代被重新赋予了重要的意义。城乡规划涉及百姓的切身利益，争讼不断，形式多样，有时一个简单的纠纷就能耗上几年。和谐理念及和解制度的回归，可有效缓解当前城乡规划中的困境。在城乡规划制定中，必须充分重视利益的权衡，而不能一味强调所谓的"技术理性"。在规划实施中，包括规划许可前、规划许可后以及处理规划纠纷之时，都应当积极运用调解的方式，化解现有或即将产生的

---

① 本表根据杨解君（中国行政法的变革之道 [M]. 北京：清华大学出版社，2011：312-317）的相关内容进行整理和修改。

② 调解人有权调解国家行政机关、对本辖区有独立管辖权的地方行政机关、负责公共事业的行政机构以及被授予公共任务的其他任何机构与公民之间所发生的各种行政纠纷。

矛盾,而并非必须通过诉讼等对抗方式维护权利。

清代幕僚汪祖辉在《学治臆说》中说:"勤于听断善矣,然有不必过分皂白,可归和睦者,则莫如亲友之调处。盖听断以法,而调处以情,法则泾渭不可不分,情则是非不妨稍措。"当然,传统法律为维护秩序性而崇尚妥协与谦让的精神,客观上也导致了权利意识淡薄、保障及救济制度严重缺失等弊端。调解的目的在于息事宁人和维持相互关系,是非曲直并非十分重要①。因而出现许多不公平的现象,在一定程度上压制了民众为自身权益作斗争的精神。中国人"和"的心态,也曾经使中华民族在对抗外敌入侵的历史中付出了惨重的代价。在城市建设制度建设中,这也是我们必须客观面对的"本土资源"。而今倡导的和谐,是建立在正确面对历史的基础上,考虑形式与实质的"和合"制度,而非简单的回归或复古。同时,和解也是建立在利益平衡的基础上,并保留诉讼这一法律武器作为最终的保障。

10.4.1 新中国成立后和解制度的发展

我国行政法对和解的态度经历了一个由短暂肯定到否定的过程。1989年颁布的《人民调解委员会组织条例》,1990年司法部颁布的《民间纠纷处理办法》,以及现行的《民事诉讼法》(1991年通过,2007年修改)等,形成了人民调解、行政调解、司法调解等多种形式的和解制度。在《行政诉讼法》(1989年)出台之前,行政案件的审判原则主要由当时的民事诉讼法规定。虽然在审判实践中,最高法院对部分行政案件作出了"不适用调解"的司法解释,但基本上还是承认和解的②。在《行政诉讼法》制定之时,也有学者提出了建立调解、和解制度的主张③。但在"执法必严,违法必究"的主流思想之下,这种提议没有得到重视。1989年的《行政诉讼法》和1990年的《行政复议条例》皆确定了"行政纠纷中不适用调解"的原则。然而在实践中,和解的手段并没有消失,各种类似调解的做法如谈判、协商和协调等灵活变通的办法仍然显示了强大的生命力。和解虽然在制度层面被否定,却为执法者(包括行政执法人员和行政审判人员)在具体操作层面广泛运用。

最高人民法院多次组织专题探讨和解制度,并提出"探索行政诉讼和解制度"的要求。山东省高级人民法院则率先尝试制定了《行政诉讼和解暂行规定》(2006年12月28日开始实施)。在司法实践中,和解的作用越来越受到重视,地方法院采取和解方式结束诉讼的情况也越来越多。例如,江苏省阜宁县人民法院在2006年受理的39件行政诉讼案件中,就有26件通过和解方式结案,其比例达到了2/3④。据《信息时报》2007年9月27日报道,广州市萝岗区法院,将法庭设在始建于宋代的"云谷祖祠"之内(图10-4 云谷祖祠内的调解),让当事人感受到血缘、亲情、邻里之情,并结合现代法律积极探索适合时代特

---

① 张中秋.中西法律文化比较研究 [M].南京:南京大学出版社,1999:341.

② 杨解君.中国行政法的变革之道 [M].北京:清华大学出版社,2011:302-304.

③ 柯昌信,鲁国桢.行政审判同样适用调解原则 [J].法学,1987(12):26-27.

④ 杨解君.中国行政法的变革之道 [M].北京:清华大学出版社,2011:334.

点的民间调解方式。近年来，调解民事案件率、息讼服判率在 93% 以上。我国台湾地区在"行政程序法"中确立了和解契约制度，有专节共计 10 条对和解作了细致规定。据报道，高雄高等法院成立第一年通过的和解案件就有 158 件，占全部案件（517 件）的 30.56%；从 2000 年至 2007 年，台湾地区行政诉讼的和解数从 280 件上升至近 9000 件。

图10-4　云谷祖祠内的调解

和解是一种有效解决纠纷的便捷形式。规划行政部门作出决定之前，就可与相对人达成和解而避免争议的发生；在行政决定作出之后，亦可通过和解来平息双方的争议；即便进入复议或诉讼阶段，同样也还可以利用和解的方式来缓解对抗的局面。判决或裁决表面上可以解决一些纠纷，但有时会埋下更多纷争的种子，而且还有诉讼成本高昂、救济迟滞、程序复杂、过程对立、结果分明、心理负担重等弊端[1]。"你死我活"的争斗势必破坏今后合作的情感基础，往往双方都不能满意，彼此之间的关系随着不断上诉或申诉而恶化。在一些规划纠纷中，有时比解决争议更为重要的是恢复和谐，比清算过去的违法过错更为重要的是未来的合作。和解不仅可以迅速解决争议，降低行政成本，而且有利于争议双方建立互信。

10.4.2　城乡规划制定中的和谐

现代公共行政是民主合作的行政，突出地表现为参与式行政，即行政主体与行政相对人的共同事务，行政活动在很大程度上体现了自由裁量与相对人参与，甚至是双方的合意。因此，和解制度在城乡规划中具有一定的实际意义。美国的协商立法已经成为行政机关日常活动中的经常性命题，在规章制定和其他行政过程中广泛存在着公众的参与。在规划制定中，如何能够真正代表大多数人的利益，是城乡规划改革和完善的方向。德国具有约束力的城建规划属于地方法（规章）范畴，因为"批准一城建规划对于乡而言是行政行为，对于市民而言则是颁布法规程序的一部分"[2]。我国法定规划是否可以纳入广义的法律范畴，

---

① 杨解君 . 中国行政法的变革之道 [M]. 北京：清华大学出版社，2011：310.

② （德）平特纳 . 德国普通行政法 [M]. 朱林译 . 北京：中国政法大学出版社，1999：116，157.

目前还存在一些不同的认识。

城乡规划必须寻求不同利益的平衡点，通过利益平衡实现社会和谐。不同群体，不同地区之间，往往有不同的利益诉求，一味强调所谓的技术理性必然导致规划难以实施。城市总体规划的制定过程中，往往倾向于技术理性的思维模式，对不同地区的切身利益没有足够的关注，更没有研究切实可行的利益平衡机制，致使因总体规划而受到限制的区级和镇级政府对总体规划的支持不足，实施规划的积极性不高。如果城市的某市辖区内有大量山体、水面、历史文化保护区域等用地被划为禁止或限制建设区，且城市发展的方向和布局却明显对本地区不利。凡此，都会导致下级政府之间的苦乐不均，从而阻碍了总体规划的顺利实施。而在控制性详细规划中，对直接利益关系人（包括权利方、相邻方等）、间接利益关系人（如直接使用某公共设施的附近居民）的利益权衡，也是规划能否落实的关键所在。

通过沟通和协调机制，可以避免因规划制定主体的单方面意志而在实施中发生纠纷，还可通过与其他相关主体的协商而防止权限争议，体现了多元利益主体的共同意志。可见，规划制度的确定本身就是利益博弈和协调的过程，体现了对和谐及和解的追求。公众参与规划制定到由公众制定规划，是和谐理念的必然要求。如何将公众参与转变为一个真正的利益博弈和协调过程，而非仅仅象征性地参与，甚至为少数人所操纵，是规划编制制度改革最重要的方向。

10.4.3 城乡规划实施中的和解

（1）规划许可前的和解

规划许可前的和解，主要通过规划部门与相对人经由协商达成妥协，从而解决或避免争议。既可在行政许可中融入和解性内容，也可采取和解契约的方式。当然，和解有一定的适用范围，所达成的合意不能损害公益或他人的合法权益。因此，规划许可中的前期调解或和解十分重要，笔者在工作中处理过大量的规划许可的纠纷，相当部分是通过和解的方式在前期化解的。例如，日照纠纷已经成为城乡规划领域常见的争议类型，技术规范中的气候分带只是一张小比例尺的示意图，甚至有些城市就正好位于气候分带的分界线上，这种精度的标准，在实施时却精细到以分钟来计算日照时数并作为诉讼的依据，这种不相称的状况也造成大量矛盾的积压。

【案例分析】某开发项目的规划许可前的和解

20世纪90年代末，开发商G通过土地拍卖形式获得了某市中心城区约2万 m² 的土地，由于规划部门出具规划条件时缺乏足够的技术论证，土地的容积率确定为5.5。但该地块所在的区域受到工程地质条件的约束，如果超过30层，则成本十分高昂，加之旧城区有一定的限高要求。现有条件下，比较经济的层数只能是20层左右，这样就难以满足地块周边以及内部的日照标准。解决的办法有3种：①严格按照拍卖时的规划条件，建设 30 层以上的大体量建筑，这样不仅开发商难以承受高昂成本，也会对旧城风貌造成破坏。②选择 20 层左右的建筑方案，且必须满足日照等强制性要求。则容积率只能达到 4.5 左右，开发商不接受。③通过协商以达成和解，在可能的情况下尽量满足各方的利益诉求。

最终，规划部门通过多次沟通协调，与开发商达成了和解。开发商在满足以下条件下进行方案设计：①保证地块以外的日照条件满足国家规范；②通过内部功能调整，尽量将不能满足日照标准的房间作为居住以外的用途，少量确实难以达到日照标准的住房，在房屋预售前，通过公示的方式告知购买者，且在签订购买合同时，购买方必须作出知悉该项内容并同意购买的书面意见，并报规划部门备案。

这个纠纷通过以上方式得到解决，开发商最终的设计方案的容积率为 5.0。尽管该处理方式可能与某些规定有冲突，但从实施的效果来看，还是有效地化解了尖锐的矛盾。

(2) 规划许可后的和解

规划许可后的和解包括多种原因，既有规划部门的失误，也有相对方的过错，或者双方都有一定的责任。此外，也可能是出现了没有预计的新情况。不管出于何种原因，都要求本着实事求是的态度，妥善化解纷争，避免事态恶化。

【案例分析】某开发项目规划许可后的和解

开发商 H 于 2010 年 4 月 26 日获得了某市主干道南侧的一幢 18 层建筑物的规划许可，建筑后退红线按照原来的标准确定为 7m。在进行施工前期准备时，该市编制了道路红线规划，根据该规划，要求该建筑物在原来的基础上多后退红线 8m。一般来说，新的规划对以往的行政许可没有约束力，规划部门和开发商都可以理直气壮地按照原规划许可开展工作，谁也不用承担责任。但这样，主干道的规划控制就受到影响。在规划部门与开发商沟通多次后，取得了共识。2012 年 5 月 31 日，韶关市 J 评估有限公司出具了相关评估意见，认为该项目临路红线退让 8m，宽度 44.6m，减少面积 345m² 造成的损失进行市场价格评估，并经过韶关市财政局审核中心进行了核定。开发商同意后退，规划部门则通过程序调整建筑限高，并允许开发商多建两层作为补偿。

(3) 规划纠纷的和解

规划纠纷往往非常复杂，并非"黑白分明"的关系，有时甚至还夹杂着民事因素，如积怨、争执、嫉妒等各种心态。通过对抗性的法律途径解决一个纠纷，并不一定会缓解对立局面，还可能造成彼此的仇恨，并埋下矛盾升级的种子。采取和解方式解决规划纠纷，往往能够产生理想的社会效果。当然，调解应当保留采取法律手段的可能性，同时只有在特殊时才采取严厉的制裁，集中力量处理严重违法行为。

【案例分析】某市 G 局与 R 银行的电梯建设纠纷案

R 银行的 9 层住宅楼（建于 1998 年），与其北面的 G 局 8 层宿舍楼相邻（建于 1999 年）。两者相距 12.5m。两楼之间的土地所有权属于 R 银行，G 局宿舍楼基本是压土地界限而建设。2008 年 8 月开始，为解决 R 银行年老退休职工上下楼不方便的问题，经银行住宅楼全体住户的同意，拟在住宅楼北侧加建电梯一部。设计方案突出原基底线 1.5m。规划部门在批准之前，R 银行征询 G 局的意见，G 局于 2008 年 9 月出具了同意银行加建电梯的书面意见并加盖本局公章。2009 年 1 月，规划部门出具了建设工程规划许可证。在电梯建设过程中，G 局宿舍职工投诉，要求规划部门撤销行政许可，理由是加建电梯对他们的权益有重大影响，应当先行公开听证。G 局亦致函 R 银行要求停止建设电梯的行为，并要求收回原来的复函意见。规划部门认为经过日照分析，加建电梯后，对 G 局宿舍楼 6～9 层产生一定影响，但仍然符合《城市居住区规划设计规范 GB 50180—93（2002 年版)》的日照要求。R 银行表示可以给 G 局受影响的住户适当补偿。由于在处理本事件上，没有充分引导采取和解的方式。G 局职工诉至法院，此案经基层、中级人民法院二审终审，认为规划部门应当听证，要求规划部门在完善程序后重新作出行政许可。此案判决后，搁置至今。R 银行已经支付数十万元的工程款，并坚持按照有关规定申请规划许可。

在这起纠纷中，实际上无论 R 银行、G 局、住户以及规划部门等各方，都存在一定的责任，并没有绝对正确的一方，而是处于一种混合的状态，本来是有可能通过和解化解矛盾，而对簿公堂且经判决之后，各方长期处于僵持状态，彼此心存不满。

（4）执行和解

违法建筑的严重程度并没有绝对的界限，从轻微到严重之间是一条连续波段的"光谱"，而规划法确定的两类处罚方式（建筑工程造价 10% 以下的罚款，以及拆除或没收），却存在一条明显的利益"台阶"，在巨大的利益驱动下，相对人必然极力争取罚款了事。对于规划机关而言，往往也不愿承担强制拆除的执行成本以及潜在的对抗风险。因此，现实中经常出现的情况是：不是罚款了事，就是置之不理，或者开具一张难以得到执行的限期拆除通知书。只有个别影响恶劣，需要作为典型的违法建设，才会组织一个轰轰烈烈的强制拆除运动。这样也许暂时有一点震慑作用，但用不了多久，违法建设又会卷土重来。

违法建设行政处罚的执行也可采用和解的方式。在行政机关的拆除经费范围内，可以以"协助执法"的形式对自行拆除违法建设的相对方给予一定补偿，有条件的地区，甚至可以适当增加补偿标准，因为相对方配合执法，可以减少大量的行政成本。对于相对方而言，自己组织的拆除，成本相对较小，而且可以回收部分建筑材料，其损失程度要小一些，因而对抗执法的程度也会小。只要保证违法建设的成本高于违法所得，就可以有效遏制违法建设。

10.5 城乡规划冲突及应对

国民经济和社会发展规划、城乡规划、国土规划、环境保护规划等在内的各种规划，都具有行政计划的法律属性。行政计划具有整合、优化、引导等多种功能，其制定权亦称之为"第二立法权"，或者立法、司法、行政之外的"第四种权力"。行政计划的综合调整功能要求其必须具备合法性和科学性，因此，行政计划之间应当协调一致，避免产生各种冲突。所谓城乡规划冲突，是指不同的城乡规划就同一事项或相关事项的强制性内容作出矛盾的规定，以致无论实施哪一个规划都将导致另一规划无法实施，或者产生冲突的规划均无法实施的情形。尽管城乡规划冲突的产生有其必然性，但相当一部分冲突可以通过努力尽量避免，或者得到更为合理的化解。规划冲突在现实中很容易被选择性利用，或者被有意忽视。在处理规划冲突中，规划机关面临十分复杂的局面，往往也会付出高昂的行政成本。因此，如何预防和应对城乡规划冲突，有着重要的现实意义。

10.5.1 城乡规划冲突产生的原因

我国社会经济高速发展促进了城乡规划编制事业的繁荣，而日益普遍的规划冲突却未能引起充分重视。城乡规划冲突的产生，有着认识上和制度上的原因。主要包括有限理性的制约、规划制定中利益权衡的缺失、诚实信用理念的缺失、规划协调机制的缺失等四个方面，有关内容在前文已进行了阐述。

10.5.2 城乡规划冲突的类型

以规划效力层次为依据，城乡规划冲突可划分为不同层次规划之间的纵向冲突和同一层次规划之间的横向冲突，以及不同时间编制的同一层次规划之间因衔接问题而产生的前后冲突。

(1) 城乡规划纵向冲突

城乡规划纵向冲突即不同层次规划在同一事项或相关事项的强制性内容上作出了矛盾的规定。一般而言，上层规划的控制力大于下层规划，但规划实施中的情况十分复杂，有时上层规划也要受到下层规划的制约。城乡规划纵向冲突主要包括城镇体系规划与城市总体规划的冲突、上层城镇体系规划与下层城镇体系规划的冲突、城市总体规划与控制性详细规划的冲突、上层城市总体规划与规划区内的下层总体规划的冲突等类型。

【规划实例】广东省韶关市总体规划中的纵向冲突

韶关市地处粤北山区，自古为中原与岭南的交通咽喉。作为广东省的重要工业城市和生态屏障，曾经在广东省占有重要的地位。改革开放之后，韶关市与珠江三角洲的差距逐渐扩大。在《韶关市区总体规划（1995—2015年）》中，规划将城市西部的龙归镇纳入城市规划区，并规划依托京珠高速公路发展成为相对独立的工业、物流组团。由于此时尚未进行行政区划调整，该镇还属于曲江县管辖范围。在编制和审批《龙归镇总体规划（1998—2015年）》过程中，曲江县政府出于县级经济发展的考虑，在建设用地预留、基本农田划定、基础设施建设、项目投资等方面，并没有将龙归镇的发展与韶关市区的发展结合起来，而是基本按照一个普通的建制镇进行规划和建设。导致实施韶关市区总体规划中设定的关于该组团的相关目标十分困难。即便2005年进行行政区划调整，曲江县撤县设区，龙归镇划归武江区管辖之后，情况也未能得到根本的好转。

（2）城乡规划横向冲突

城乡规划横向冲突是指同一层次规划之间就同一事项或相关事项的强制性内容发生了明显的冲突。目前主要包括城镇体系规划、城市总体规划以及控制性详细规划等三个层面。修建性详细规划阶段的确定性较强，产生冲突的可能性较小。城乡规划横向冲突可能导致义务规避、恶性竞争、资源浪费、重复建设等不良后果。城乡规划横向冲突在现实中十分普遍，在本位主义思想的指导下，地方政府往往对此不以为然，有时甚至有意为之。湖南省郴州市作为湖南省有色金属业主导产业与广东韶关市作为广东省生态城市的目标严重冲突，在湘粤边界地带大量的矿产开采，导致作为珠江三大支流之一的北江面临严重的水源污染。崇明岛西北部少量泥沙淤积的土地，由于隶属江苏省南通市管辖，于是，在边界地带产生了大量的建筑群，与崇明岛作为上海市生态岛的特色形成鲜明的对比。

（3）城乡规划前后冲突

城乡规划前后冲突指不同时间制定的同一层次规划对于同一事项或相关事项的设定存在重大差异，导致规划衔接困难。前后冲突同样主要反映在城镇体系规划、城市总体规划以及控制性详细规划等三个层面。新旧规划之间是一种取代关系，新规划生效后，旧规划就自然失效，因而前后规划之间本来不应当产生冲突。然而，现实情况并非如此。由于我国城乡规划编制体系并非十分完善，前后规划在内容上往往存在显著差异。新规划有时并没有对旧规划完全覆盖，旧规划中的部分内容（有时甚至是十分重要的合理内容），在新规划中并没有作相关表述，于是规划实施中就不可避免地产生冲突。新规划对旧规划的重大变更，如果缺乏合理的过渡方式，也很可能在实施中出现规划冲突。此外，有些城乡规划的编制时间很长，在新规划编制开始到新规划审批生效之时，如何实施规划也存在很多争议。

【规划实例】广东省韶关市规划变更的前后冲突

在《韶关市区总体规划（1995—2015年）》中，城市行政中心被确定在市区西部的前进村马停脚一带。该片用地面积约为2km²，建设用地与农田、水塘、山林交错分布。区内有齿轮厂、工具厂、制药厂等多个重要的工业企业，蓝屋、邹屋等两个自然村。这一轮总体规划确定后，政府着手制定并审批通过了《韶关市中心区控制性详细规划》，根据规划，市委、人大、政府、政协等四套机构办公场所将西移至此，相关行政、司法等部门也可在该片区选址兴建办公场所。市法院、市检察院、市人事社保局、市防疫中心、武警消防支队等机构先后迁移到该片区。由于种种原因，四套班子的办公机构一直没有启动搬迁工作。2006年，随着武广客运专线、赣韶高速公路的建设推进，在《韶关城市总体概念规划》的论证基础上，制定了《韶关城市总体规划（2006—2020）》，新一轮总体规划确定了将位于城市西南面的西联地区作为城市新区，并形成新的综合性城市中心，将高速铁路客运站、京珠高速出入口、长途汽车客运站等重要的基础设施集中布置在新区。这样，就必然产生与已经部分实施的原行政中心区规划相冲突的现象。合理的规划调整固然必要，关键是衔接与过渡如何能够更为妥当。

10.5.3 城乡规划冲突的应对

规划冲突是对城乡规划体系统一性的破坏，必然削弱公众对于规划的信赖，从而降低规划的引导作用。规划冲突的预防首先应当从规划制定着手，公众参与以及规划制定中对于利益权衡的关注，是减少规划冲突的重要手段。城乡规划冲突一旦产生，就必须根据实际情况对产生冲突的某一方，或者对双方作出一定调整，有时甚至涉及调整相关的第三方。忽视或回避不仅解决不了问题，而且可能导致矛盾激化，甚至产生新的冲突。

（1）城乡规划冲突的应对思路

化解城乡规划冲突的基本要求。规划冲突的化解，首先应当从合法性审查入手，公正、合理加以解决。由于规划冲突涉及面广、影响范围大，因而及时有效、简便易行的原则十分重要。规划冲突的化解应当追求和谐，不能因为解决一个冲突而诱发新的冲突。

城乡规划冲突解决机制。在西方国家，解决行政规划冲突的方式包括行政裁判（如英国的行政裁判所、美国的行政裁决）、司法审查（英、美、法、德等主要西方国家普遍采用）、议会救济（英国、美国）、调解（法国）等。我国则有司法救济和行政救济。总体而言，城乡规划纵向冲突适用刚性解决机制，城乡规划横向冲突适用柔性解决机制。至于城乡规划前后冲突，则重点在于建立相关实施制度，并对过渡期的规划实施进行规范。

无效规划和可撤销规划的认定。城乡规划冲突产生后，必然会产生无效规划或可撤销规划的认定问题。无效规划包括实体违法（规划事务越权、规划地域越权、规划层级越权）、程序违法（在规划期内无法实施，或实施将导致恶性后果）、采取不正当手段制定规划等形式。而可撤销规划则包括一般性违法规划和明显不合理。当然，城乡规划冲突中，大多数是部分无效或部分可撤销的情况。

城乡规划制定后的实施保障。城乡规划公布后，如何促使其顺利实施是关键。一般而言，实施保障包括立法或准立法方式（如珠三角城镇群规划实施条例，武汉市城市总体规划实施条例、深圳法定图则）、建立统一的实施机构、对任务进行分解（包括地方任务分解、部门任务分解）等3种方式。

（2）纵向城乡规划冲突的应对策略

①下层规划服从上层规划。上层规划包括直接上层规划和间接上层规划。如城市总体规划是控制性详细规划的直接上层规划，却是修建性详细规划的间接上层规划。虽然与间接上层规划的冲突并不普遍，但也客观存在。一般而言，上层规划是下层规划的依据与基础，下层规划是上层规划的执行与延伸。因此，上层规划对于下层规划的制定具有指导和约束作用，下层规划不得违反上层规划。上层规划的变更调整之后必然要求对下层规划进行相应调整。各层次的规划应有各自的侧重面，上层次规划对下层的指导应明确刚性和弹性部分，不应面面俱到，越俎代庖。各层级的政府都应发挥规划联席会议（或规划委员会）制度的作用，不仅审议城市规划还应审议和协调其他类相关的规划，以减少规划冲突。

城乡规划纵向冲突的解决还有赖于分级审批与事后监督制度的完善。目前的分级审批制度具有审查范围大和审批时间长的特点，上级政府往往没有足够的精力行使审批职能。笔者认为，城乡规划中的法定性内容理应由同级人大审查，上级审批部分完全可以限定在法定性内容之内，而且并非其全部，重点应当在涉及宏观调控和跨区域的内容。上级政府更应当关注审批后的监督，以及及时解决实施中的规划冲突。

②上层规划对下层规划的调适。所谓调适，是指在下层规划服从上层规划的基础上，上层规划基于对现实的尊重和实施的可能性，尊重下层规划的个性和灵活性，避免刚性太强而导致实施困难。我们已经习惯了从宏观到微观的技术路线，然而在城乡规划实践中，微观有时也可能决定宏观。例如，在山地小城镇总体规划中，有时对外交通干线中的桥址选择，就可能决定镇区的规划布局。这种情况下，确定桥址的重要性甚至大于规划方案比选。因此，在处理城乡规划纵向冲突中，也要充分考虑上层规划对下层规划的调适问题。包括在制定上层规划时为下层规划留下一定弹性，并充分尊重已经生效的下层规划，尽量不产生过大的冲突。如果冲突不可避免，则应当设置合理的过渡策略。

（3）横向冲突的应对策略

① 符合共同的上层规划。同一层面的规划虽然要求不同，但在同一事项或相关事项上的规定应当协调一致，这样才能保证规划的统一性。对于解决城乡规划横向冲突，首先要遵循共同的上层规划原则，核实规划制定的合法性问题。如果冲突双方均为合法规划，则应当尊重享有主导性地位的规划。例如，当一个一般地区的控制性规划与相邻的历史街区控制性详细规划发生冲突时，尽管两者均具有合法性，但更应当尊重后者的主导地位。此外，还应以损害分析为基础，避免规划实施对某一方产生严重的不利后果。

②协商机制。协商机制包括规划信息的通报和共享机制、听取意见机制、对话机制等。在缺乏共同的上层规划为依据时，防止或解决冲突应当遵循协商原则。所谓协商原则，是指同一层次规划的制定者就冲突事项进行磋商，以达成一致。如果无法或者不愿协商，则只能请求上级行政机关作出裁定，但协商更有可能获得双赢的效果。

③行政协议。涉及不同行政范围之间的城乡规划，可以在制定规划时通过行政协议的方式，避免冲突的产生。协议中还可以约定相关责任以及处理方式。当发生冲突时，可以采取上级行政机关解决、缔约机关自行解决、条款约定模式以及仲裁解决等方式。

（4）前后冲突的应对策略

化解城乡规划前后冲突的关键在于正确处理动态性与稳定性的关系。我国现行《城乡规划法》强调规划的稳定性，对规划的修改作出了程序十分严密的规定。然而应当看到，规划动态调整实际上是对规划本身的科学性的不断反思，其本身就是一个规划的过程，回避现实过于强调规划的刚性必然导致规划脱离现实、规划冲突或者规划失效。

因此，制定新规划时应当避免与现有的、已经生效的规划相冲突。同时，制定规划时应当考虑发展变化的可能性，并预留必要的弹性，从而避免将来必须调整规划时付出过高的代价。已经生效的城乡规划在未撤销或撤回之前，应得到行政机关的尊重，不得任意否定其效力或终止其执行，特别是不得通过草率制定新规划来否定旧规划的效力。当前，我国应当尽快完善规划制定制度，以定期统一开展的规划制定和检讨为基础，结合社会经济发展，适应形势而通过特别程序组织的规划为补充，并将后者平稳嵌入前者。

城乡规划稳定性过低必然导致行政决策变更频繁，行政机关及其公务人员的信用不足，规划制定和实施中集体作弊行为普遍存在。诸如规划实施请求权（要求行政机关遵守规划、制止违反规划的行为、保障规划实施的环境等）、规划补救措施请求权以及规划赔偿请求权等权益，在法律制度层面虽有所规范，然而在规划实施中却成效甚微。在保证制度稳定性方面，前文所述的台湾的司法实践中的许多值得借鉴的制度，对于城乡规划变更时如何保持稳定性从而减少规划冲突具有重要启示。

10.6　小结

自由裁量权并不可怕，可怕的是失去制约和监督的自由裁量权。只要程序严密，过程公开透明，并不会损害法律的权威，相反，更容易合情合理地解决各种矛盾。时下某些学者视自由裁量如洪水猛兽，其实是缺乏城乡规划实施的切身体验而受西方某些法学思想的引导的结果。殊不知西方国家也在反思严密法律制度的弊端，同时积极借鉴东方的和谐文化。在快速发展阶段的中国，城乡规划领域的自由裁量必然长期存在，防止其不当使用的办法是完善监督和制约机制，而不是片面强调缩小自由裁量。在现代行政中，规划主体在一定的范围内行使自由裁量权，促成与行政相对人的和解，从而减少行政成本，维系社会关系，促进社会和谐，可以说具有极为重要的现实意义。而城乡规划人员提高自身沟通、协调、和解的素质，也成为时代的必然要求。

第 11 章

结语：规划之"衡"

　　以"平衡模式"作为理论指导，逐步完善城乡规划制度，是促进城乡规划学科发展的重要方向，特别是构建面向实施的城乡规划制度，在当代中国显得尤为重要。本书介绍了行政法领域"平衡模式"的理论背景和基本观点，并通过分析以及与之对应的"管理模式"和"控权模式"的局限性，在考察我国现阶段的行政法治的宏观背景基础上，结合中西城乡规划发展的趋势，提出"中西殊途，平衡同归"的判断。

　　我国古代城乡规划制度并没有形成完整的体系，一般是以零散的单行法规出现，有的学者甚至认为中国古代根本就没有产生真正意义的城乡规划。本书论述古代城乡规划制度的发展历程，其目的是追溯"管理模式"的思想渊源，同时也为正确认识"控权模式"创造条件。虽然，传统城乡规划制度具有鲜明的"管理模式"色彩，但在思想意识上却具有"平衡模式"的深层基础。尽管近代中国城乡规划制度曾出现重大的转型，但由于战局的变化，这种转型在中国大陆中断了相当一段时间。本书分析了近代转型的特点和启示，特别是城市自治、公众参与、公示以及关注规划实施等重要思想，并引发新中国成立后城乡规划制度受苏联"管理模式"的深刻影响而忽视公民权所造成严重后果的反思，从而清晰地认识到"管理模式"不符合民主与法治的时代潮流。

　　在经济全球化的背景下，西方制度文化对我国产生了强大的冲击，城乡规划界"与国际接轨"的呼声也愈加强烈。不少学者将英美国家的"控权模式"视为医治我国现阶段规划实施困难的灵丹妙药。为正确认识西方国家城乡规划制度，本书进行了横向比较研究，其结论主要包括三点。一是西方各国的城乡规划制度相差悬殊，并与其本国的社会背景和历史传统相适应，不存在一种普遍适用的国际模式；相反，无论大陆法系国家，还是英美法系国家，均有向着"平衡模式"转化和演变的趋势。二是西方国家城乡规划制度以规划实施为核心的特色十分明显，这与我国以规划编制审批为核心的情况十分不同。三是城市自治的思想一向浓厚，尽管上级政府有一定干预，但城乡规划总体上属于地方事务，这与我国集权化的倾向有所不同。对西方国家城乡规划制度的比较研究，启示我们必须结合国情探索自己的制度建设道路。当然，这并不是提倡闭关锁国，而是合理地借鉴西方的城乡规划思想，吸取其有益的精神内核，摈弃那些不适合国情的具体制度。

　　新中国成立后我国延续并不断强化了根深蒂固的"管理模式"传统，这种以行政权为核心的模式显然难以适应当今时代民主政治的潮流。而英美国家的"控权模式"也并非尽善尽美，且与我国的历史传统和现实国情不符。罗豪才教授结合中国实际，创造性地提出了行政法"平衡模式"，为我国乃至世界行政法的发展提供了理论平台和全新视角。本文试图将"平衡模式"引入到城乡规划制度建设，并从规划实施的角度思考制度设计的方法。

城乡规划的意义在于实施，本书在分析当前我国城乡规划实施中存在问题的原因的基础上，重点探讨了"平衡模式"在实施层面的构建。并从城市总体规划和控制性详细规划两个法定规划层面，针对目前城乡规划内容繁杂、主次不清的弊端提出分层次分类别编制审批的模式。以平衡行政权与公民权的思想为指导，从实施组织机制、监督机制、反馈机制、绩效考核机制和救济机制等5个方面建构了城乡规划实施的平衡机制。此外，本书还探讨了支撑"平衡模式"的3个重要制度设计准则，即"信、度、和"，并在此基础上对城乡规划具体制度提出了构想。

在本书即将付梓之际，《中共中央关于全面推进依法治国若干重大问题的决定》于2014年10月23日正式出台，所提出的不少重要观点和具体举措，对于本书的核心思想是一个有力的支持。

其一，在指导思想上，提出了坚持依法治国和以德治国相结合。认为必须从中国实际出发，"汲取中华法律文化精华，借鉴国外法治有益经验，但绝不照搬外国法治理念和模式"；

其二，在行政权方面，既强化对行政权力的制约和监督，也明确地方立法权限和范围，依法赋予设区的市地方立法权；

其三，在公民权方面，既强调构建对维护群众利益具有重大作用的制度体系，也要求保障加强社会诚信建设，健全公民和组织守法信用记录，完善守法诚信褒奖机制和违法失信行为惩戒机制。

此外，该《决定》明确倡导契约精神，弘扬公序良俗。认为法律的权威源自人民的内心拥护和真诚信仰。法律的生命力在于实施，法律的权威也在于实施。在健全社会矛盾纠纷预防化解机制中，特别提出了"加强行业性、专业性人民调解组织建设，完善人民调解、行政调解、司法调解联动工作体系"。

不难发现，当前对于城乡规划的法学探讨，仅在规划行业内部少数学者中展开，由于缺乏法学基础理论和法学实践的不足，致使研究很难深入。另一方面，由于对城乡规划的技术性的强调，法学研究者又缺乏必要的规划专业知识，导致研究的积极性不高。然而，在城乡规划相关的环境保护、国土、房地产等相关领域，法学研究者已经深度介入，并形成了良好的研究氛围，对于促进相关领域的法治化作出了重要贡献。目前，规划界对城乡规划的法律属性尚存在较大争议。笔者认为，城乡规划应当以行政计划的定位，及早融入法学研究领域，加强城乡规划制定和实施过程的法学研究。即便存在一些不准确的理解，法学研究者必将最终解决这些问题，只要我们不过于拘泥于城乡规划的技术至上原则。从法学角度研究城乡规划实施中的制度设计，推进城乡规划的法治化进程，必须突破专业的局限而真正融入法学研究领域。

关于行政权与公民权的平衡，是一个不断探索的过程。既有理论魅力下的无限遐想，也有现实困境中的苦苦追寻。有时似乎找到了可行的方案，有时又会陷入迷惘之中。

溯洄从之，道阻且长。

溯游从之，宛在水中央。

——《诗经·秦风·蒹葭》

附录一 作者发表的相关论文

[1] 马武定，文超祥.我国城市总体规划的改革探讨.城市规划，2006（10）.

[2] 文超祥，马武定.论比例原则在城市规划实施中的制度意义.城市规划学刊，2013（3）.

[3] 文超祥，马武定.我国城市总体规划的法理学思考.规划师，2007（2）.

　　2008 年 10 月获金经昌中国城市规划优秀论文三等奖。

[4] 何流，文超祥.论近代中国城市规划法律制度的转型.城市规划，2007（3）.

[5] 文超祥.走向平衡——经济全球化背景下城市规划法比较研究.城市规划，2006（10）.

　　2004 年 10 月获第二届中国城市规划学会青年论文二等奖（一等奖空缺）。

[6] 文超祥，马武定.博弈论对城市规划决策的若干启示.规划师，2008（10）.

[7] 文超祥，马武定，王玥.关于我国城乡规划制度设计的思考.城市发展研究，2013（10）.

　　2008 年 10 月获金经昌中国城市规划优秀论文佳作奖。

[8] 文超祥，马武定.传统城市规划法律制度的发展回顾.城市规划学刊，2009（2）.

[9] 文超祥.论城市规划执法行政不作为.城市规划，2001（11）.

[10] 文超祥，马武定.论控制性详细规划实施的平衡机制.规划师，2009（8）.

　　2011 年 10 月获金经昌中国城市规划优秀论文佳作奖。

[11] 张其邦，文超祥，马武定.规划之"和"——传统和谐理念及和解制度的现实意义.城市规划，2015（4）.

[12] 文超祥，马武定.论西方诚实信用原则对我国城市规划实施的启示.国际城市规划，2014（1）.

　　2008 年 10 月获金经昌中国城市规划优秀论文佳作奖。

[13] 文超祥，张其邦，马武定.论违法建设行政处罚的必定性和相当性.城市规划，2013（10）.

[14] 文超祥，马武定.论城市总体规划实施的激励与约束.规划师，2013（8）.

[15] 文超祥，黄天其.中国古代城市建设法律制度初探.规划师，2002（5）.

附录二 术语解释及说明

由于本书中有较多的专业术语，为便于读者更好地理解相关内容，特将术语解释及说明列于下。

1. 城市规划与城乡规划

我国《城乡规划法》于 2008 年颁布实施，在 2010 年的国家专业目录中，原来一级学科建筑学的二级学科"城市规划与设计"升格为"城乡规划学"一级学科。实际上，城市规划与城乡规划，很难严格地进行区分，专业更名之前，所谓的城市规划，也包含了城乡规划的内容。因此，在本书中，除非作为特定名称的"城市规划"（如《城市规划法》）不予改变之外，作为一般意义上的表述均采用"城乡规划"。

2. 公法与私法

公法调整的主要是国家及国家与个人之间的关系，而私法则主要是调整公民个人之间的关系。公法规定的权利义务是通过国家强制力量来保证实施的，公法领域的法律主体的双方（国家及国家与个人）在地位上是不平等的……私法从本质上说完全是民事性的，因此法律主体的双方（公民与公民或公民与法人）处于平等的地位。

3. 法系（大陆法系、英美法系、中华法系）

法系（Legal family）是西方法学首先使用的一个概念，它对比较法学极为重要，但其含义却不很确定。一般地说，它可以理解为由若干国家和特定地区的、具有某种共性或共同传统的法律的总称。西方资本主义国家一般分为大陆法系和英美法系两大类，前者又称民法法系（Civil law family），通常是指以罗马法为基础而形成的法律的总称，因而，也称为"罗马法系"。有法国和德国两个支系，后者又称普通法法系，是指英国中世纪以来的法律，特别是它的普通法为基础的，与以罗马法为基础的大陆法系相对比的一种法律制度。包括英国和美国两个支系。

中华法系，指涉及我国近代以前所有的法律以及一些仿效这种法律的亚洲国家法律，以《唐律》为其代表，具有鲜明的"礼法精神"特征。

4. 法律效力

法律生效的范围。包括：(1) 时间效力，指法律开始生效的时间和终止生效的时间；(2) 空间效力，指法律生效的地域（包括领海、领空），通常全国性法律适用于全国，地方性法规仅在本地区有效；(3) 对人的效力，指法律对什么人生效，如有的法律适用于全国公民，有的法律只适用于一部分公民。

5. 法律渊源（制定法、判例法）

制定法又称成文法，指国家机关依照一定的程序制定和颁布的，表现为条文形式的规范性法律文件。习惯指经有权的国家机关以一定方式认可，赋予其规范效力的习惯或者惯例。现行我国大部分法律为制定法。习惯法并不是指某一整部法律均为习惯法，而是在制定法中对某些惯例予以承认。比如农村土地承包经营制，还有一些少数民族的古老制度。事实上也表现为了制定法的形式。习惯法这个概念在我国意义不是很大，主要是在英美法系应用的多。非要在我国找出完整意义上的习惯法只有国际法中的国际惯例。

判例法是英美法系国家的主要法律渊源，它是相对于大陆法系国家的成文法或制定法而言的。判例法的来源不是专门的立法机构，而是法官对案件的审理结果，它不是立法者创造的，而是司法者创造的，因此，判例法又称为法官法或普通法。

6. 法律部门

部门法所指的同类法律，不包括国际法，如国际公法、国际私法和国际经济法等，它仅指国内法。不包括已经失效的法，它仅指现行法；也不包括将要制定但尚未制定的法律，它仅指已经颁布生效的法律。我国的法律体系大体上分这几个门类：宪法及宪法相关法、民商法、行政法、经济法、社会法、刑法、诉讼与非诉讼程序法等法律部门。

7. 民法

是调整平等主体之间人身关系和财产关系的法律规范的总称。

8. 刑法

是规定犯罪、刑事责任和刑罚的法律规范的总称。

9. 行政法

是指行政主体在行使行政职权和接受行政法制监督过程中而与行政相对人、行政法制监督主体之间发生的各种关系，以及行政主体内部发生的各种关系的法律规范的总称。它由规范行政主体和行政权设定的行政组织法、规范行政权行使的行政行为法、规范行政权运行程序的行政程序法、规范行政权监督的行政监督法和行政救济法等部分组成。

10. 实体法和程序法

实体法是指规定具体权利义务内容或者法律保护的具体情况的法律，如民法、刑法等。程序法是规定行使具体实体法所要遵循的程序，如民事诉讼法、刑事诉讼法等。

11. 行政计划

是指行政机关为达成特定的行政目的，为履行行政职能，就所面临的要解决的问题，从实际出发，对有关方法、步骤或措施等所做的设计与规划。

12. 行政相对方

指在行政法律关系中与行政主体相对应一方的公民、法人和其他组织。例如，在税收征管关系中，税务机关是行政主体，纳税人就是行政相对人；在工商管理关系中，工商机关就是行政主体，而作为工商管理对象的企业、个体工商户及其他经营主体就是行政相对人。无论是包括行政机关在内的国家机关，还是公民、法人或其他组织以及外国人、无国籍人、外国组织，都可以作为行政法律关系的行政相对方主体参加行政法律关系，享受一定的权利，并承担一定的义务。但是行政主体是国家行政权的享有者、行使者和为此而承担相应法律责任者。公民、法人或其他组织，在一般情况下不能以行政主体的资格参加行政法律关系。

13. 行政许可

指行政机关根据公民、法人或者其他组织的申请，经依法审查，准予其从事特定活动的行为。

14. 行政处罚

行政机关或其他行政主体依照法定权限和程序对违法行政法律规范尚未构成犯罪的相对方给予行政制裁的具体行政行为。

15. 行政救济

指当事人的权益因国家行政机关及其工作人员的违法或不当行政行为而直接受到损害时，请求国家采取措施，使自己受到的损害的权益得到维护的制度。

16. 行政诉讼

指公民、法人或者其他组织认为行政机关的具体行政行为侵犯其合法权益，依法向人民法院提起诉讼，由人民法院进行审理并作出裁决的司法活动。

17. 行政复议

是指公民、法人或者其他组织不服行政主体作出的具体行政行为，认为行政主体的具体行政行为侵犯了其合法权益，依法向法定的行政复议机关提出复议申请，行政复议机关依法对该具体行政行为进行合法性、适当性审查，并作出行政复议决定的行政行为。是公民、法人或其他组织通过行政救济途径解决行政争议的一种方法。

18. 行政赔偿

指国家行政机关及其工作人员违法行使职权，侵犯公民、法人或其他组织的合法权益并造成损害，由国家担赔偿责任的制度。

19. 行政补偿

行政主体的合法行为造成相对人损失而对相对人实行救济的制度。

20. 行政自由裁量权

是指行政主体依据法律、法规赋予的职责权限，针对具体的行政法律关系，自由选择而作出公正合理的行政决定的权力。

参考文献

[1] 罗豪才，袁曙宏，李文栋.现代行政法的理论基础——论行政机关与相对一方的权利义务平衡 [J]. 中国法学，1993（1）.

[2] 袁曙宏，赵永伟.西方国家依法行政比较研究——兼论对我国依法行政的启示 [J]. 中国法学，2000（5）.

[3] 沈宗灵.比较法研究 [M]. 北京：北京大学出版社，1998.

[4] 包万超.行政法平衡理论比较研究 [J]. 中国法学，1999（2）.

[5] 方世荣.论行政相对人 [M]. 北京：中国政法大学出版社，2000.

[6] 李娟.行政法控权理论研究 [M]. 北京：北京大学出版社，2000.

[7] 郭润生，宋功德.论行政指导 [M]. 北京：中国政法大学出版社，1999.

[8] 宋功德.行政法的均衡之约 [M]. 北京：北京大学出版社，2004.

[9] （德）平特纳.德国普通行政法 [M]. 朱林译.北京：中国政法大学出版社，1999.

[10] 林莉红.行政救济基本理论问题研究 [J]. 中国法学，1999（1）.

[11] 周佑勇.行政法基本原则的反思与重构 [J]. 中国法学，2003（4）.

[12] （美）道格拉斯·G·拜尔，等.法律的博弈分析 [M]. 严旭阳译.北京：法律出版社，1999.

[13] 尹伊君.社会变迁的法律解释 [M]. 北京：商务印书馆，2003.

[14] 叶孝信.中国法制史 [M]. 上海：复旦大学出版社，2002.

[15] 张乃根.西方法哲学史纲 [M]. 北京：中国政法大学出版社，2002.

[16] 张越.英国行政法 [M]. 北京：中国政法大学出版社，2004.

[17] 张中秋.中西法律文化比较研究 [M]. 南京：南京大学出版社，1999.

[18] 莫于川.行政指导比较研究 [J]. 比较法研究，2004（5）.

[19] 尹伊君.社会变迁的法律解释 [M]. 北京：商务出版社，2004.

[20] 丁煌.西方行政学说史 [M]. 武汉：武汉大学出版社，2004.

[21] 罗豪才，宋功德.行政法的失衡与平衡 [J]. 中国法学，2001（2）.

[22] 袁曙宏.建设法治政府的行动纲领——学习《全面推进依法行政实施纲要》的体会 [J]. 国家行政学院学报，2004（3）.

[23] 罗豪才，宋功德.链接法治政府——《全面推进依法行政实施纲要》的意旨、视野与贡献 [J]. 法商研究，2004（05）6.

[24] 杨解君.关于行政法理论基础若干观点的评析 [J]. 中国法学，1996（2）.

[25] 王青斌.论行政规划 [J]. 中南民族大学学报（人文社会科学版），2005（1）.

[26] 姜明安.行政规划的法制化路径 [J]. 郑州大学学报（哲学社会科学版），2006（1）.

[27] 应松年.政府职能的演变与行政规划 [J]. 郑州大学学报（哲学社会科学版），2006（1）.

[28] 郭润生，宋功德.论行政指导 [M]. 北京：中国政法大学出版社，1999.

[29] 林三钦.法令变迁、信赖保护与法令溯及适用 [M]. 台湾：新学林出版股份有限公司，2008.

[30] 杨解君. 中国行政法的变革之道 [M]. 北京：清华大学出版社，2011.

[31] 杨解君. 法国行政合同 [M]. 上海：复旦大学出版社，2009.

[32] 杨临宏. 行政规划的理论与实践研究 [M]. 昆明：云南大学出版社，2012.

[33] 徐国栋. 民法基本原则解释——成文法局限性之克服 [M]. 北京：中国政法大学出版社，1992.

[34] 阎尔宝. 行政法诚实信用原则研究 [M]. 北京：人民出版社，2008.

[35] 曾坚. 信赖保护——以法律文化与制度构建为视角 [M]. 北京：法律出版社，2010.

[36] 刘莘. 诚信政府研究 [M]. 北京：北京大学出版社，2007.

[37] 宋雅芳. 行政规划的法治化 [M]. 北京：法律出版社，2009.

[38] 最高人民法院中国应用法学研究所. 人民法院案例选（总第 35 辑）[M]. 北京：人民法院出版社，2001.

[39] 孙施文. 现行政府管理体制对城市规划作用的影响 [J]. 城市规划学刊，2007（5）.

[40] 孙施文.《城乡规划法》与依法行政 [J]. 城市规划，2008（1）.

[41] 耿毓修. 城市规划管理实施《物权法》的深层思考 [J]. 上海城市规划，2007（5）.

[42] 王利民，耿毓修. 试论上海市土地再开发中规划控制的策略——"不夜城"案例引起的思考 [J]. 上海城市规划，1999（1）.

[43] 郑德高. 城市规划运行过程中的控权论和程序正义 [J]. 城市规划，2000（10）.

[44] 张萍. 从国家本位到公众本位——建构我国城市规划法规的思想基础 [J]. 城市规划汇刊，2000（4）.

[45] 唐子来. 英国的城市规划体系 [J]. 城市规划，1999（8）.

[46] 冯晓星，赵民. 英国的城市规划复议制度 [J]. 国外城市规划，2001（5）.

[47] 孟晓晨，刘旭红. 从城市规划法看澳大利亚城市规划管理体制的特点——以昆士兰州为例 [J]. 国外城市规划，1999（4）.

[48] 赵民. 澳大利亚的城市规划体系 [J]. 城市规划，2000（6）.

[49] 吴唯佳. 中国和联邦德国城市规划法的比较 [J]. 城市规划，1996（1）.

[50] 吴唯佳. 德国城市规划核心法的发展、框架与组织 [J]. 国外城市规划，2000（1）.

[51] 唐子来，李京生. 日本的城市规划体系 [J]. 城市规划，1999（10）.

[52] 刘强，刘武君. 规制放松与现代城市法——日本城市规划法研究（之四）[J]. 国外城市规划，1994（1）.

[53] 唐子来. 新加坡的城市规划体系 [J]. 城市规划，2000（1）.

[54] 唐子来，吴志强. 若干发达国家和地区的城市规划体系评述 [J]. 规划师，1998（3）.

[55] 吴志强. 城市规划核心法的国际比较研究 [J]. 国外城市规划，2000（1）.

[56] 张萍. 中国城市规划法的价值研究 [D]. 上海：同济大学，博士学位论文，2003.

[57] 邹兵. 探索城市总体规划的实施机制——深圳市城市总体规划检讨与对策 [J]. 城市规划汇刊，2003（2）.

[58] 张留昆. 深圳市法定图则面临的困难及对策初探 [J]. 城市规划，2000（8）.

[59] 王兴平. 城市规划委员会制度研究 [J]. 规划师，2001（4）.

[60] 房艳. 新时期城市总体规划编制技术路线的探讨 [J]. 城市规划，2005（7）.

[61] 何兴华. 管治思潮及其对人居环境领域的影响 [J]. 城市规划，2001（9）.

[62] 许瑞生，赖慧芳. 规划政策指引：规划控制和实施的一种工具——从英国制订"伦敦策略指引"中得到的启示 [J]. 国外城市规划，1999（3）.

[63] 文超祥. 走向平衡——经济全球化背景下城市规划法比较研究 [J]. 城市规划，2003（5）.

[64] 任致远. 城市规划实施管理. 中国规划设计研究院. 1996.

[65] 广东省建委城建处. 城市建设文件汇编. 1980.

[66] 城乡建设环境保护部城市规划局. 城市规划法规文件资料汇编. 1980.

[67] 城乡建设环境保护部办公厅. 城乡建设环境保护部文件汇编（1982—1984）[M]. 北京：中国环境科学出版社，1986.

[68] 建设部办公厅. 中华人民共和国建设部 1985—1988 年文件汇编 [M]. 北京：测绘出版社，1989.

[69] 建设部城市规划局，中国城市规划设计研究院. 城市规划管理文件资料汇编. 1989.

[70] 尹强. 冲突与协调——基于政府事权的城市总体规划体制改革思路 [J]. 城市规划，2004（10）.

[71] 叶贵勋，金忠民. 上海城市总体规划指标体系研究 [J]. 城市规划汇刊，2002（3）.

[72] 孙施文，陈宏军. 城市总体规划实施政策概要 [J]. 城市规划汇刊，2001（1）.

[73] 孙施文. 城市总体规划实施政策的理性过程 [J]. 城市规划汇刊，2001（2）.

[74] 孙施文. 城市总体规划实施的政府机构协同机制——以上海为例 [J]. 城市规划，2002（1）.

[75] 孙施文，周宇. 城市规划实施评价的理论与方法 [J]. 城市规划汇刊，2003（2）.

[76] 马武定，文超祥. 我国城市总体规划的改革探讨 [J]. 城市规划，2006（10）.

[77] 文超祥，马武定. 我国城市总体规划的法理学思考 [J]. 规划师，2007（2）.

[78] 同济大学课题组. 武汉市城市总体规划实施机制与法制化研究 [R]. 2005.

[79] 贺业钜. 中国古代城市规划史 [M]. 北京：中国建筑工业出版社，1996.

[80] 李国豪. 建苑拾英·第一辑 [M]. 北京：中国建筑工业出版社，1989.

[81] 王溥. 唐会要 [O]. 北京：中华书局，1998.

[82] 王溥. 五代会要 [O]. 北京：中华书局，1999.

[83] 王钦若. 册府元龟 [M]. 北京：中华书局，1960.

[84] 王溥. 旧五代史 [O]. 北京：中华书局，1983.

[85] 欧阳修. 新五代史 [M]. 北京：中华书局，1985.

[86] 古今图书集成·律令部 [M]. 北京：中华书局，民国.

[87] 赵冈. 中国城市发展史 [M]. 台湾：台湾联经出版事业公司，1995.

[88] 张友渔，等. 中华律令集成 - 清卷 [M]. 长春：吉林人民出版社，1991.

[89] 钱玄，谢秉洪，等注释. 周礼 [M]. 长沙：岳麓书社，2001.

[90] 陈子展. 雅颂选译 [M]. 上海：上海古籍出版社，1986.

[91] 薛安勤，王连生注释. 国语 [M]. 上海：上海古籍出版社，1994.

[92] 周秉钧注释. 尚书 [M]. 长沙：岳麓书社，2001.

[93] 睡虎地秦墓竹简整理小组. 睡虎地秦墓竹简 [O]. 北京：文物出版社，1978.

[94] 张家山汉墓竹简·二年律令释文注释 [M]. 北京：文物出版社，2001.

[95] 何流，文超祥.论近代中国城市规划法律制度的转型 [J].城市规划，2007（3）.

[96] 文超祥.从《周礼》看西周时期的城市建设制度 [J].规划师，2006（11）.

[97] 仁井田陞.唐令拾遗 [O].长春：长春出版社，1989.

[98] 曹漫之.唐律疏议译注 [M].长春：吉林人民出版社，1989.

[99] 厉生署.内政法规·营建类 [M].南京：内政部，1947.

[100] 重庆市档案馆.抗日战争时期国民政府经济法规 [M].北京：档案出版社，1992.

[101] 张仲礼.近代上海城市研究 [M].上海：上海人民出版社，1990.

[102] 董鉴泓.中国城市建设史 [M].北京：中国建筑工业出版社，1987.

[103] 文超祥，黄天其.中国古代城市建设法律制度初探 [J].规划师，2002（5）.

[104] 尹伊君.社会变迁的法律解释 [M].北京：商务印书馆，2003.

[105] 耿毓修.城市规划管理 [M].北京：中国建筑工业出版社，2007.

[106] 耿毓修.城市规划管理与法规 [M].南京：东南大学出版社，2004.

[107] 孙施文.城市规划实施的途径 [J].城市规划汇刊，2000（1）.

[108] 卢新海，傅建群.公共管理视角下的城市规划职能探析 [J].城市规划学刊，2005（6）.

[109] 张兵.城市规划实效论 [M].北京：中国人民大学出版社，2004.

[110] （英）W·鲍尔.城市的发展过程 [M].北京：中国建筑工业出版社，1981.

[111] （美）刘易斯·芒福德.城市发展史 [M].宋峻岭，倪文彦译.北京：中国建筑工业出版社，2005.

[112] 张京祥.西方城市规划思想史 [M].南京：东南大学出版社，2005.

[113] （美）约翰·M·利维.现代城市规划 [M].孙景秋，等译.北京：中国人民大学出版社，2003.

[114] 张庭伟.城市发展决策及规划实施问题 [J].城市规划汇刊，2000（3）.

[115] 石楠.试论城市规划中的公共利益 [J].城市规划，2004（6）.

[116] 孙施文.中国城市规划的理性思维的困境 [J].城市规划学刊，2007（2）.

[117] 孙施文.多元文化状况下的城市规划 [J].城市规划汇刊，2002（4）.

[118] 梁鹤年.政策分析 [J].城市规划，2004（11）.

[119] 童明.政府视角的城市规划 [M].北京：中国建筑工业出版社，2005.

[120] 孙施文.城市规划哲学 [M].北京：中国建筑工业出版社，1997.

[121] （英）P·霍尔.城市和区域规划 [M].邹德慈，金经元译.北京：中国建筑工业出版社，1985.

[122] （英）埃比泽尼·霍华德.明日的田园城市 [M].金经元译.北京：商务印书馆，2000.

[123] 仇保兴.中国城市化进程中的城市规划变革 [M].上海：同济大学出版社，2005.

[124] 王兴平.城市规划委员会制度研究 [J].规划师，2001（4）.

[125] 谢识予.经济博弈论 [M].上海：复旦大学出版社，2002.

[126] 王颖，孙斌栋.运用博弈论分析和思考城市规划中的若干问题 [J].城市规划汇刊，1999（3）.

[127] 白波，潘天群，等.博弈游戏、博弈生存 [M].哈尔滨：哈尔滨出版社，2005.

[128] （古希腊）柏拉图.理想国 [M].郭斌，张竹明译.北京：商务印书馆，1996.

[129] 张迎维.博弈论与信息经济学 [M].上海：上海三联书店、上海人民出版社，1996

[130] （德）菲迪南·腾尼斯. 共同体与社会 [M]. 林荣远译. 北京：商务印书馆，1999.

[131] （日）仁井田陞. 中国法制史研究：土地法 [M]. 东京：东京大学出版会，1981.

[132] （日）仁井田陞. 唐令拾遗 [M]. 东京：东京大学出版会，1964.

[133] 赵民. 城市规划行政与法制建设问题的若干探讨 [J]. 城市规划，2000（7）.

[134] 罗豪才. 行政法学 [M]. 北京：北京大学出版社，2012.

[135] 周佑勇. 论行政不作为 [J]. 行政法论丛，1999，02（1）.

[136] David Bbrock. Planning obligations：ideas for reform [J]. Journal of planning & environment law，2003.

[137] J·Cameron Blackhall. Planning law and practice [M]. London：Caredish Publishing，1998.

[138] Moore. Victor. A practical approach to planning law [M]. London：Oxford University Press，2012.

[139] Scott Gissendanner. Mayors，governance coalitions，and strategic capacity（drawing lessons from Germany for urban governance）[J]. Urban affairs review，2004，40（1）：44-77

[140] Scott Adams & David Neumark. The economic effects of living wage laws（a provisional review）[J]. Urban affairs review，2004，40（2）：210-245

[141] Jon Pierre. Comparative urban governance（uncovering complex causalities）[J]. Urban affairs review，2005，40（4）：446-462

[142] Nurit Alfasi & Juval Portugali. Planning Just-in-time versus planning just-in-case [J]. Cities,2004,21(1)：29-39

[143] Paul Stokes & Dr. Jona Razzaque. Community participation：UK planning reforms and international obligations [J]. Journal of planning & environment law，2003.

[144] Alec Samuels. Are the local planning authority liable for defective design? [J]. Journal of planning & environment law，2003.14-15.

[145] John Pugh-Smith. Recent case developments in planning law and practice 2003 [J]. Journal of planning & environment law，2004.

[146] Alan Chaplin. Planning for local development frameworks：a new development plan regime [J]. Journal of planning & environment law，2004.

致谢

我从地方来到高校，原本已经淡忘的学术追求，在新的环境中得以重新燃起。这本小册子是在我的博士论文基础上，经过近几年的总结提炼而成的。

感谢我的导师马武定先生多年来给予的鼓励与指导，先生不仅培养了我的学术素养，而且让我感悟了许多人生哲理。在先生的热情推荐下，我也顺利地实现了从一名政府官员到大学教授的转变。

感谢我的家人，特别是父母和妻子，没有家人的全力支持，我难以顺利地实现不同的人生追求。

感谢我的老领导和引路人建华书记，不仅对我有栽培之恩，更有难以报答的深情厚谊。

感谢韶灵局长，人生能有这么一位宽厚的长兄，是我一辈子的福分。

感谢崔功豪、黄天其、赵民、王德等老师，他们在不同的阶段支持我的成长。

感谢刘波、何流、张京祥、钱欣、陈鹏、陈小卉、张伟、黄春晓、陈松、罗仁朝、周纪延、吴勇、赵强、常延聚、雷诚、刘征等同窗挚友，他们用不同的方式关心着我的学业和家庭。

感谢朱查松、林小如两位同事提出的宝贵意见。

感谢研究生刘希、戴磊勃、王丽芸等为本书出版所做的辛勤工作。

最后，特别感谢中国建筑工业出版社吴宇江编审提供的热情帮助。

文超祥

2015 年 10 月 15 日